寒区河沼系统演变与生态需水核算保障技术

胡 鹏 杨泽凡 崔 嵩 等 著

科学出版社

北京

内 容 简 介

本书以黑龙江流域为研究区,系统揭示了寒区河沼系统演变规律及生态需水影响机制,重点解析了水利工程调控、农垦开发与社会经济用水对湿地水文过程的复合效应,揭示了水利工程调控对河沼系统洪泛过程的影响机制,定量评估了农垦开发引发的湿地景观破碎化及污染负荷输入强度,研发了水文-水动力-栖息地耦合模拟技术,构建了涵盖河流-沼泽-河沼过渡带多维需求的河沼系统生态需水核算方法体系,提出了时空协同的寒区河沼系统生态需水保障及空间格局修复技术。

本书可供水文水资源、水环境和水生态等相关领域的科研人员、高校师生参考阅读,也可为从事寒区流域水文分析、水资源与水生态环境规划管理的技术人员提供参考。

审图号:GS 京(2025)0551 号

图书在版编目(CIP)数据

寒区河沼系统演变与生态需水核算保障技术 / 胡鹏等著. -- 北京:科学出版社,2025.2. -- ISBN 978-7-03-081271-1

Ⅰ. X321

中国国家版本馆 CIP 数据核字第 2025198DR9 号

责任编辑:王 倩 / 责任校对:樊雅琼
责任印制:徐晓晨 / 封面设计:无极书装

科学出版社 出版

北京东黄城根北街 16 号
邮政编码:100717
http://www.sciencep.com

北京建宏印刷有限公司印刷
科学出版社发行 各地新华书店经销
*
2025 年 2 月第 一 版 开本:787×1092 1/16
2025 年 2 月第一次印刷 印张:10 1/2
字数:250 000
定价:168.00 元
(如有印装质量问题,我社负责调换)

前　言

河流与沼泽通过不同时空尺度的耦合互动形成复合生态系统，其水文连通性是维系物质循环与能量流动的关键纽带。然而高强度人类活动导致河沼系统水文连通性断裂，诱发湿地退化、生物多样性衰减等生态危机，保障生态需水是修复连通性割裂的关键。现有研究多聚焦河流或沼泽单体的需（耗）水量，忽视了河沼界面通量对生态需水保障的内在影响，导致需水核算存在系统性偏差。为了更准确反映河沼系统的生态需水要求，生态需水核算和保障应以河沼连通性为关键切入点，结合重点保护目标不同时期的生态需求，在系统尺度上研究河沼生态需水问题。

自 2017 年以来，依托国家重点研发计划项目"河湖沼系统生态需水保障技术体系及应用"，笔者以扎龙湿地、三江平原为研究区，针对水利工程建设和农垦开发背景下河沼系统时间尺度上洪泛过程减弱、空间尺度上景观格局变化等问题，建立了刻画河沼系统水文过程及生态效应的生态水文模型，揭示了水利工程调控对河沼系统洪泛过程的影响机制，分析了农垦开发导致河沼系统景观空间格局变化的规律和机理，提出了面向寒区河沼系统时空格局修复的生态需水核算方法和调控保障技术，为我国沼泽湿地生态修复提供技术支撑。

按照"演变规律—影响机制—核算方法—调控技术"的总体思路，本书主要研究内容分为五个方面：①寒区河沼系统演变规律及演变成因分析。系统梳理东北寒区河沼系统空间分布和演变规律，识别河沼系统生态需水影响因子，重点解析社会取用水、水利工程调控和农垦开发对河沼系统演变的复合效应。②水利工程对河沼系统洪泛过程影响机制研究。以扎龙湿地为例，研究水利工程调控和社会经济取用水对河沼系统洪泛过程的影响机制，定量评估流域农业用水规模对入湿地水量、水库调度对湿地核心区淹没格局的影响特征。③农垦开发对河沼系统空间格局影响及生态效应研究。以三江平原七星河湿地为例，探索农垦开发对河沼系统景观空间格局的影响及水质、水量效应，深入解析了下垫面改变引起的水文过程变异机理，量化了大规模农垦开发对农业面源污染迁移转化过程的影响。④河沼系统生态需水核算方法研究。基于河沼系统水分运移规律，研发了河沼系统水文–水动力–栖息地耦合模拟技术，实现了径流漫散区产汇流过程的准确模拟，构建了涵盖河流–沼泽–河沼过渡带需求的河沼系统生态需水核算方法。⑤河沼系统生态需水调控技术研究。分别针对流域社会经济取用水调控、生态补水调控和湿地水位动态调控，提出了河沼系统生态需水调控保障技术体系，并在乌裕尔河及扎龙湿地示范区系统开展了实践应用，全面提升了沼泽湿地生态水位达标情况。

全书共分 9 章，由胡鹏、杨泽凡、崔嵩统稿，各章主要撰写人员如下。第 1 章：胡鹏、杨泽凡、曾庆慧、侯佳明；第 2 章：朱乾德、杨钦、胡鹏、侯佳明、杨明达；第 3 章：曾庆慧、侯佳明、刘欢、罗静、杨钦；第 4 章：杨泽凡、王伟泽、张璞、闫肖瑶、罗静；第 5 章：崔嵩、闫龙、刘欢、张福祥、杜涛；第 6 章：杜涛、杨泽凡、王伟泽、闫肖瑶；第 7 章：胡鹏、王伟泽、杨泽凡、杜涛；第 8 章：杨钦、崔嵩、朱乾德、张璞；第 9 章：刘欢、闫龙、崔嵩、胡鹏、杨明达。

在项目研究和本书撰写过程中，得到项目负责人杨志峰院士以及崔保山、付强、严登华、尹心安等专家的悉心指导，得到研究单位领导、同事和研究生的大力支持，在此表示衷心感谢！本书的出版得到了国家自然科学基金委员会优秀青年科学基金项目"生态水文过程与调控机理"（编号：52122902）、国家重点研发计划课题"河沼系统生态需水核算及调控技术"（编号：2017YFC0404503）、"沼泽–河/湖连通性优化与生境功能提升技术"（编号：2022YFF1300902），以及中国科学技术协会青年人才托举工程的资助，在此一并表示感谢！

由于作者水平有限，不足之处在所难免，敬请广大读者批评指正。

作 者

2025 年 1 月

目　　录

第1章 | 绪 论

1.1 研究背景与意义

沼泽湿地是介于陆地生态系统和水生态系统之间的过渡形态，具有气候调节、水源涵养、水体净化及生物栖息等多重生态功能。根据第二次全国湿地资源调查结果，我国沼泽湿地总面积约 21 万 km²，占我国湿地总面积的 40.5%，主要分布在东北的三江平原、大小兴安岭及青藏高原等重要生态屏障区。因其独特的自然地理条件，沼泽湿地在环境功能和生物多样性维持等方面具有不可替代的作用。然而，20 世纪 80 年代以来，随着大规模农垦开发，我国东北地区沼泽湿地面积急剧萎缩，从 4.67 万 km² 减小到 3.46 万 km²，面积减小了 25.93%，且破碎化严重。与此同时，社会经济用水量急剧上涨，伴随而来的各种点、面源污染也对沼泽湿地生态系统造成重要影响。而长期的农垦开发和水资源侵占，破坏了沼泽生物的生境条件，尤其对珍稀候鸟的栖息和迁徙造成了强烈干扰。沼泽湿地生态功能的持续退化，已经严重影响了区域生态安全。

河流、沼泽之间具有不同时空尺度的耦合和互动关系，沼泽湿地及与其连通的河流共同形成河沼生态系统。河流和沼泽间的水文连通性是河沼系统物质和能量交换的基础，但高强度人类活动造成了河沼系统割裂，进而引发了系列生态环境问题，保障生态需水是修复这种割裂的关键。现有研究大多将河流和沼泽作为单独个体，强调满足其各生态要素的需（耗）水量，而忽略了河流对沼泽生态需水的内在影响，这在一定程度上削弱了生态需水的调控和保障效果。为了更准确反映河沼系统的生态需水要求，生态需水核算和保障既应考虑河流、沼泽个体，更应考虑整体的连通关系。因此，以河沼连通性为关键切入点，结合重点保护目标不同时期的生态需求，在系统尺度上研究河沼生态需水问题具有重要意义。

1.2 国内外研究现状

1.2.1 河沼系统生态需水基本内涵

早期河沼系统生态需水研究多聚焦于单一生态要素的最小水量（流量）需求，如维持河道基流或沼泽需水量阈值，但随着生态水文学与系统科学的发展，学界逐渐认识到河沼系统作为"河流-沼泽"连续体的特殊属性（章光新等，2018）。河沼系统生态需水的核心在于维持"河流-沼泽"连续体的生态水文耦合关系，其特殊性体现在河流对沼泽湿地的动态补给与物质传输。研究表明，河流通过侧向渗流和洪水脉冲向沼泽输送水源，保障河道基本生态流量可维持枯水期河流系统与沼泽系统地下水位衔接，而汛期脉冲式洪水过程可驱动营养物质在河流–沼泽界面交换（董哲仁和张晶，2009）。例如，松花江支流在丰水期向三江平原沼泽区补给水量达年径流量的30%，不仅保障了湿地植被的水分需求，还维持了地表水–地下水的交互通道。但近年来，农垦区地下水位下降，导致河沼界面水力梯度减少，迫使生态需水量增加15%～20%以抵消人类活动干扰（孟博，2022）。

河流与沼泽的相互补给作用直接塑造河沼系统生态需水的时空特征，表现为动态水量补给与周期性脉冲响应的耦合机制（杨泽凡，2019）。在雨季，河流通过洪水脉冲向沼泽输送过量径流，而在旱季，当河流水位低于沼泽时，储存于泥炭层的水体通过侧向渗流反补给河道，维系枯水期基流需求，这种双向调节使河沼系统形成独特的水量平衡节律。同时，河沼系统生态需水研究更强调对水文连通性、生态过程完整性及人水协同关系的系统整合。在扎龙湿地，乌裕尔河每年有3～5次漫滩流量过程，能将河道悬浮物中的氮磷输送到沼泽核心区，使芦苇生产力提升40%以上，这揭示生态需水需包含水质驱动型补水阈值。此外，黄河河口湿地的相关研究表明，河沼系统生态需水内涵需纳入流域尺度水沙平衡，维持年输沙量才能保障三角洲湿地造陆速率与生境更新需求（易雨君等，2022）。这些研究表明，河沼系统生态需水已从单一水量保障，发展为涵盖水文连通度维持、物质传输效能优化、人类干扰补偿机制的复合体系。

1.2.2 寒区河沼系统生态需水核算方法

寒区河沼系统生态需水核算的重点在于维持生态系统功能稳定所需的最小水量、维持生物栖息繁殖所需的敏感期生态需水，其研究早期多沿用传统方法，如Tennant法、水文学方法和水力学方法等（谭志强等，2022）。其中，Tennant法通过设定不同流量等级（如10%或20%多年平均径流量）作为生态需水阈值，被广泛应用于我国各区域河流生态流量核算。然而，寒区河流冰封期（12月至翌年3月）常出现"连底冻"或断流现象，导致径流季节性差异远超其他地区，传统方法难以准确反映季节性径流与生态需求的匹配关系。例如，Tennant法未区分冰冻期与非冰冻期的径流特征，可能高估或低估实际需水量，加剧寒区水资源开发与生态保护的矛盾（刘欢等，2022）。针对寒区水文特殊性，近年来学者提出改进的年内展布法，通过分阶段划分水文周期（如冰冻期、非冰冻期、汛期与非汛期）并引入多指标约束，显著提升了核算精度（田肖冉等，2022）。以呼玛河流域为例，将全年划分为汛期、非汛期和冰冻期，采用95%保证率的月平均径流量和多年平均月径流量作为关键指标，分别设定不同生态需水比例（周翠宁和孙颖娜，2023）。改进方法通过分时段差异化阈值设定，能更精准地反映河流在冰冻期的生态基流需求与非冰冻期的功能恢复需求，符合寒区河流天然径流的季节性波动规律。

在沼泽湿地生态需水研究方面，当前研究趋势强调多学科方法融合，将水文学模型与生态学指标（如栖息地适宜性、植被需水）结合。针对湿地生态需水的空间异质性，引入水文–生态耦合模型，模拟冰冻期水热交换过程，通过调整系数量化冻结/解冻效应对湿地水量的影响，结合不同来水频率下的水文指标关系曲线，确定多等级生态需水目标，实现了生态需水核算从静态阈值向动态响应的转变（Martinez et al.，2014；吴燕锋和章光新，

2015）。部分学者尝试引入遥感技术监测寒区沼泽湿地面积变化，耦合水文模型反推生态需水阈值。在扎龙湿地研究中，通过遥感反演水面面积变化，结合水量平衡法量化不同水平年的生态需水阈值，同时提取土地利用类型参数，支撑分区需水量计算（Haghighi and Kløve，2017）。对于冰冻期光学遥感数据缺失问题，合成孔径雷达（SAR）技术可穿透冰层监测冰盖厚度与融化速率，为寒区湿地水面面积动态修正提供数据基础（胡胜杰等，2015）。尽管此类模型在寒区应用仍面临数据获取困难，但其整合物理过程与生态响应的思路为未来研究提供了方向。

在需水过程精细化层面，当前研究逐渐从年/季节尺度向事件尺度延伸。传统方法以年均径流量或季节性水量分配为基础，虽能反映宏观供需关系，却难以捕捉短时极端水文事件（如融雪洪峰、洪水脉冲）对湿地生态系统的影响。在此背景下，研究开始聚焦单次水文事件对生态过程的驱动机制：一方面，借鉴佛罗里达湿地经验（肖协文等，2012），分析洪水脉冲对鸟类栖息地和湿地植被的影响，通过高分辨率遥感监测与分布式水文模型耦合，量化单次洪泛过程淹没范围、持续时间与湿地生物群落响应，提出高流量脉冲目标，以修复因枯水期缺水退化的沼泽生境。另一方面，融合机器学习算法与实时监测数据，构建事件驱动的动态需水阈值调整模型，例如基于融雪速率预测优化春汛期生态补水量，或依据冰盖消融进程动态调整冬季基流保障方案（Liu et al.，2020）。在呼玛河流域，通过分析融雪洪峰与沼泽湿地补水需求的时空匹配关系，提出了分阶段的脉冲补水策略，确保洪泛事件的水量分配既能维持河道基流稳定，又可高效补给退化沼泽。事件尺度的精细化研究不仅提升了寒区生态需水核算的时空精度，也为应对气候变化下的水文极端化趋势提供了关键技术支持。

然而，现阶段寒区河沼系统生态需水核算仍面临以下挑战：一是缺乏长期高分辨率水文与生态监测数据，尤其是冰冻期河道地下水–地表水交换过程的定量数据不足；二是现有模型多针对单一河流设计，对沼泽湿地等复杂河沼系统的水文连通性刻画不足；三是全球变暖背景下，寒区冻融周期改变对生态需水的动态影响尚未充分纳入核算框架。

1.2.3 寒区河沼系统生态需水调控保障技术

近年来，寒区河沼系统生态需水调控呈现出从理论探索向管理实践深度耦合的转变阶段，其核心在于通过精细化水量分配、动态化监测反馈和适应性工程干预，实现冰冻–融雪交替环境下生态需水时空匹配的精准化。现阶段，生态补水和水库生态调度在寒区河沼系统的退化遏制与功能恢复中发挥了关键作用。例如，在向海湿地，通过构建多水源联合调度模型，将生态补水量纳入水库调度目标函数，通过建立补水目标与起调水位的动态响应机制，实现湿地需水保障与水资源高效利用的平衡（公雪婷等，2020）。生态补水技术的难点在于补水量时空分配和补水路径设计两个方面，目前在研究层面基本形成了以生态需水为核心、多水源动态调度为支撑的决策框架，通过耦合湿地生态水文特征与区域水资源条件，建立"基准需水–实际调度"的双层计算模型。例如，在盘锦湿地，利用水资源供需平衡模型，综合考量水利工程调控能力与生态水位阈值，提出包含补水量分级调节、多时段分步实施及地表–地下水联合调度的立体化补水方案（齐云飞，2015）。此外，依托 MIKE 21、EFDC 等水动力模型（Yin et al.，2022），耦合关键物种生境需求，通过多情景对比揭示了补水过程与生态响应间的非线性关系，最终筛选出兼顾生态效益与成本控制的最优补水方案（Wang et al.，2022），为湿地生态服务功能精准调控提供技术支撑。

在实践层面，三江平原通过退耕还湿与生态补水结合，东方白鹳等珍稀物种栖息范围显著扩展，泥炭层有机碳储量提升，证实了补水对湿地基底稳定性的提升作用。扎龙湿地的生态补水主要通过跨流域调水与长效补水机制实现（Hu et al.，2021），至 2022 年，引嫩工程累计补水达 30 亿 m³，使核心区水面从 300km² 恢复至 700km²，芦苇沼泽覆盖面积恢复至 600km²。在查干湖湿地，通过水文–水动力–水质–生态响应综合模拟，提出整合洪水、农田退水的多水源补水方案，年补水规模达 1.2 亿 m³，使核心区芦苇沼泽面积恢复至 20 世纪 80 年代水平（刘雪梅，2021）。此外，在荷兰莱茵河三角洲开展了动态盐度调控补水研究，针对海平面上升导致的盐水入侵，管理部门构建了智能水网系统，通过实时监测咸淡水界面位置，动态调节补水方向与流量，使濒危水生植物狸藻的分布面积显著恢复。然而，传统补水工程多依赖固定流量输水，难以适应寒区季节性水文突变特征。未来需将物联网监测与水力模型预测相结合，构建了"感知–决策–调控"闭环系统，开展分区补水和动态补水，进一步提升补水效率（张弛等，2021）。

现有成果多聚焦于干旱情景下的生态需水核算与补水技术，而对高水位胁迫下河沼系统的响应机制及调控策略尚处于探索阶段。目前关于湿地水位过高的生态影响研究，主要通过指示性物种（如涉禽、鱼类）的需水机理反推适宜水位阈值，但针对高水位主动调控的技术体系构建仍显薄弱。相关研究在莫莫格湿地提出了基于白鹤生境保护的全周期水位调控方案构建了"汛前预泄–栖息期稳控–丰水期分流"三级水位管理模式，在丰水期将白鹤湖洪水风险转移至周边卫星泡沼组成的缓冲蓄水系统，使核心区高水位持续时间缩短。该实践创新性地将水文连通性与洪水风险空间转移结合，为寒区湿地水位动态调控提供了可借鉴路径。

1.3　主要研究内容

本书系统开展我国寒区河沼系统演变规律及演变归因分析，以东北地区扎龙湿地、三江平原等典型河沼系统为研究区，针对当前大规模水利工程建设和农垦开发背景下，河沼系统时间尺度上洪泛过程减弱、空间尺度上景观格局变化等问题，揭示水利工程调控对河沼系统洪泛过程的影响机制，建立用于河沼系统洪泛过程及生态效应模拟的生态水文模型，分析农垦开发导致河沼系统景观空间格局变化的规律和机理，建立面向寒区河沼系统时空格局修复的生态需水核算方法，支撑我国寒区河沼系统生态修复。主要研究内容分为以下五个方面。

（1）寒区河沼系统演变规律及演变成因分析

基于 1980～2015 年的遥感影像资料解译，分析我国寒区河沼系统的分布特征，按照水分补给排泄关系将河沼系统划分为源头涵养型、尾闾湿地型、伴生河沼型三大类型。系统解析了我国寒区河沼系统近 40 年整体分布情况及空间结构演变趋势，重点对三江平原、扎龙湿地等典型沼泽湿地的景观格局变化及生态效应进行了研究，进而在社会经济用水、水利工程建设和农垦开发等层面开展了演变成因分析。

（2）水利工程对河沼系统洪泛过程影响机制研究

以扎龙湿地及乌裕尔河为研究区域，构建 WEP 分布式水文模型，研究不同取用水情景下河流下游的径流量变化。同时综合野外调查、原型观测、室内产汇流实验、模型开发等手段，系统解析河沼过渡区径流漫散的形成和演变机制，提出面向径流漫散过程的水文模拟方法。进一步耦合流域水文模型与湿地水动力模型，分析不同上游来水情形下湿地水位对来水流量的响应机制，识别湿地点（泡沼）、线（河道）、面（沼泽）的转化流量阈值，探究乌裕尔河上游来水及水利调控对湿地核心区洪泛过程的影响机制。

（3）农垦开发对河沼系统空间格局影响及效应研究

针对农垦开发对河沼系统的影响，以三江平原七星河湿地为例，在分析 1980～2018 年农田、湿地转化趋势的基础上，探讨了农垦开发对寒区河沼系统空间格局的影响。进一步利用分布式水文模型对空间格局变化引起的入湿地水量进行了模拟，定量分析下垫面改变对河沼系统水文过程变异的影响。同时根据野外监测和资料分析，深入探讨了大规模农垦开发前后的农业面源负荷、重金属污染及水质情况。

（4）河沼系统生态需水核算方法研究

在解析河沼系统水力联系及生态需水特点的基础上，研发了河沼系统水文–水动力–栖息地耦合模拟技术，实现了径流漫散区产汇流过程的准确模拟，提出了沼泽湿地分区生态水力学模拟方法。构建了包含河流脉冲流量过程、入湿地水量、湿地季节性生态水位三个维度的河沼系统生态需水核算技术体系，并以扎龙湿地和乌裕尔河河沼系统为例，重点开展了以代表性生物适宜生境评价为基础的河流生态流量过程及湿地动态水位过程研究。

（5）河沼系统生态需水调控技术研究

分别从时间维度和空间维度开展了河沼系统生态需水调控保障技术研究。在时间维度上，提出了以过程优化为核心的水利工程调控方案及湿地补水优化方案，并以乌裕尔河及扎龙湿地为研究区域，提出了不同水平年取用水及生态补水方案。在空间维度上，创新性地建立了一套湿地生态系统立体空间连通性评价与调控理论框架，提出了立体空间连通性指数的计算方法，在现状立体空间连通的基础上，筛选出 4 个连通典型候鸟（丹顶鹤）可栖息区域的关键部位作为重点保护区，为湿地生态系统的立体空间连通性提供重要保障。最后，根据可行性"高–中–低"的不同情景，递进式地提出了 3 种重点恢复区的调控模式。

第 2 章 | 东北寒区河沼系统演变特征

明晰河沼系统时空变化特征及水文要素相关性是河沼系统生态需水调控的基础。本章基于遥感影像解译，分析 1980~2018 年我国东北寒区河沼系统空间分布演变趋势，重点分析扎龙湿地、三江平原沼泽等典型湿地景观格局变化。

2.1 寒区河沼系统形成机制

河沼系统由河流、沼泽及河沼过渡带三部分组成，其中沼泽湿地是河沼系统形成的基础。寒区沼泽湿地在我国湿地系统中占有独特优势，根据第二次全国湿地资源调查结果，我国沼泽湿地面积共 2173.29 万 hm^2，其中寒区沼泽湿地占沼泽总面积的 70%。寒区沼泽湿地主要分布在东北和青藏高原地区，尤以东北三江平原、松嫩平原、大兴安岭等区域分布最为广泛。独特的区域气候、水文、地质地貌条件是东北寒区河沼系统广泛发育的内在驱动。

（1）冷湿的气候条件

东北寒区是我国纬度最高的地区，位于 40°N~50°N，属亚寒带季风气候区。1960~2015 年，东北地区多年平均气温为 2.81℃、多年平均降水量为 514.45mm，其中三江平原沼泽湿地地区平均气温为 1.74℃、多年平均降水量为 598.61mm；大兴安岭地区沼泽湿地区平均气温在 0℃ 以下、多年平均降水量为 508.7mm。气温低、降水量相对丰沛，导致蒸发量远小于降水量、干燥度多在 0.8 以内。冷湿的气候条件不利于有机质的分解，进而促进了沼泽湿地的大规模形成和发育。此外，东北地区降水集中于夏、秋两季，各地 6~10 月降水量占全年降水量的 75%~85%，至 10 月末或 11 月初冰封期开始，大量水分被冻结在地表或土壤层中，加之冻层厚（深达 1.5~2.1m）、土壤黏重，致使翌年春季解冻后地表积水，进一步促进了沼泽发育。

（2）充足的水源补给

东北寒区河湖纵横，众多中、小型河流均具有平原沼泽性河流的特点，如别拉洪河、挠力河、乌裕尔河、穆棱河等。由于河流比降小、河道弯曲、河漫滩发育，导致一些河流无明显河道，泄水能力低，排水不畅，大量水分补给沼泽。区域水文特征对沼泽形成和发育作用更为直接，充足的地表水补给是沼泽发育的基础。

沼泽发育与年径流深关系十分密切，年径流深高值区，都是沼泽发育十分广泛地区，反之年径流深低值区，沼泽发育零星。东部长白山地径流深度一般在 300~500m；小兴安岭降水较少，径流深度降至 200mm 左右；大兴安岭地表差异很大，北部降水稍多，径流深度在 150~200mm。东部平原沼泽面积广，尤以嫩江下游和三江平原一带分布最为集中。

（3）低洼的地势条件

东北地区地处亚欧大陆板块与太平洋板块交界处，板块运动导致部分区域长期下沉形成三面环山、中间低洼的地形，如三江平原和松嫩平原。周围山区降水量多，丰富的径流向平原汇集，而平原区地势极为低平，由西南向东北缓缓倾斜，总比降为1/10000，所以区内发育一些中小河流，多无明显河槽，属典型的沼泽性河流，泄水能力低。

此外，东北地区地势平坦，松嫩平原和三江平原幅员辽阔，大兴安岭、小兴安岭起伏度相对较低。地表径流缓慢，利于水分聚集。同时，地势低洼不利于排水，每当多雨期，江河水迅速汇集，形成大片沼泽湿地。

2.2 寒区河沼系统分布解析

结合遥感影像解译分析我国黑龙江流域河沼系统空间分布特征。黑龙江全长4520km，流域东西跨度约2000km，南北跨度约1500km。黑龙江流域跨中国、蒙古国和俄罗斯3个国家，地理位置在47°40′N~53°34′N，121°28′E~141°20′E。中国境内黑龙江河长为3420km，境内流域面积为88.7万 km^2。

本研究基于Google Earth Engine（GEE）平台，利用1980~2018年多期Landsat影像，结合高分辨率影像人机交互进行湿地信息提取。首先利用高分辨率影像采集不同时期黑龙江湿地的样本点，然后利用GEE平台分别对4个时期进行湿地分类，充分利用Landsat影像结合数字高程模型（DEM）数据，计算水体特征指数、植被指数、地形指数，采用随机森林算法对黑龙江湿地进行分类。结合特征指数，使用决策树对疑似河流和沼泽区域进行信息判断，获得多期陆表水体提取结果，最终形成20世纪80年代、20世纪90年代、21世纪00年代、21世纪10年代的数据集。利用2018年9月Sentinel-2影像对黑龙江流域进行样本采集，之后采用谷歌地球历史时期的高分辨率影像对样本进行准确性验证，对Sentinel-2影像判读错误或不能准确判读的样本进行校正（图2-1）。

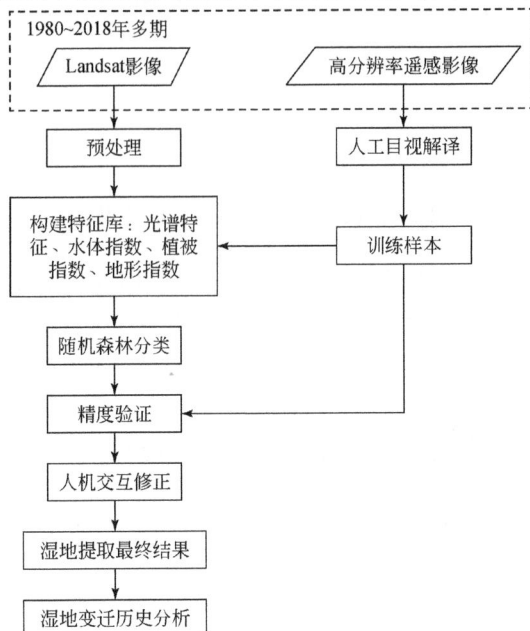

图2-1 黑龙江流域（境内）湿地提取技术路线

　　以 20 世纪 80 年代和 21 世纪 10 年代为例，分别提取了遥感影像（图 2-2）和天然湿地分布（图 2-3），由湿地提取结果可知，黑龙江流域天然湿地主要分布在黑龙江、乌苏里江、松花江、挠力河、乌裕尔河等沿岸地区及大小兴凯湖等湖滨岸边（图 2-3）。

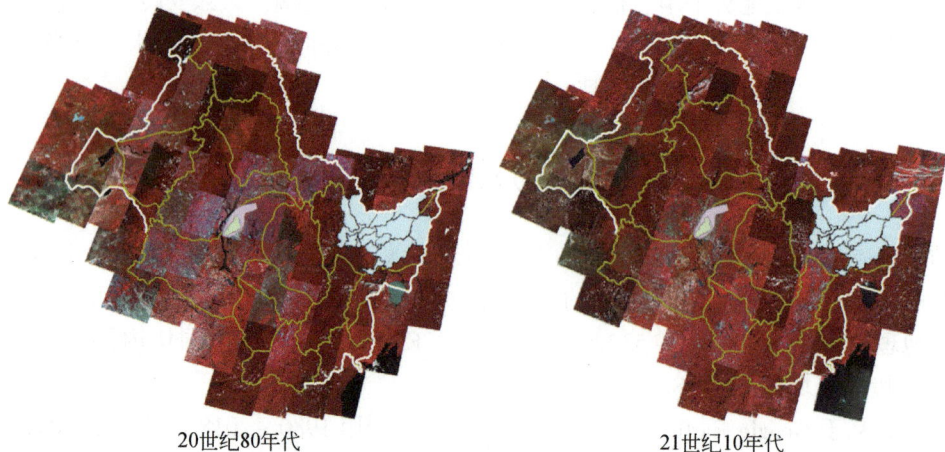

20世纪80年代 　　　　　　　　　　　　　　　 21世纪10年代

图 2-2　黑龙江流域 Landsat 影像数据集

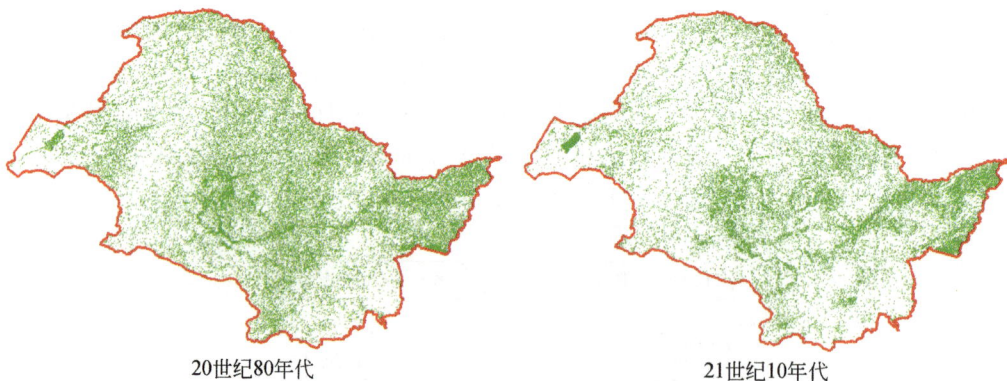

20世纪80年代 　　　　　　　　　　　　　　　 21世纪10年代

图 2-3　黑龙江流域（境内）湿地提取

　　在解析黑龙江流域沼泽湿地整体分布的基础上，利用遥感分类软件 Ecognition 研究寒区河沼系统的类型及分布。根据 2018 年黑龙江流域遥感影像图，结合解译样本库，分别采取监督分类、决策树分类、目视解译等方法，分析东北寒区典型湿地的分布及主要类型。黑龙江流域主要湿地分布如图 2-4 所示。

　　我国寒区沼泽主要以大气降水、地表水、地下水补给为主，水源补给类型齐全，但因地貌类型众多、对水文过程影响巨大，使我国水文条件变得十分复杂，沼泽水源补给条件及其组合空间分布差异较大。根据沼泽湿地水源补给的来源及其补给方向等因素，将我国寒区沼泽系统大致分为以下 3 类（表 2-1）。

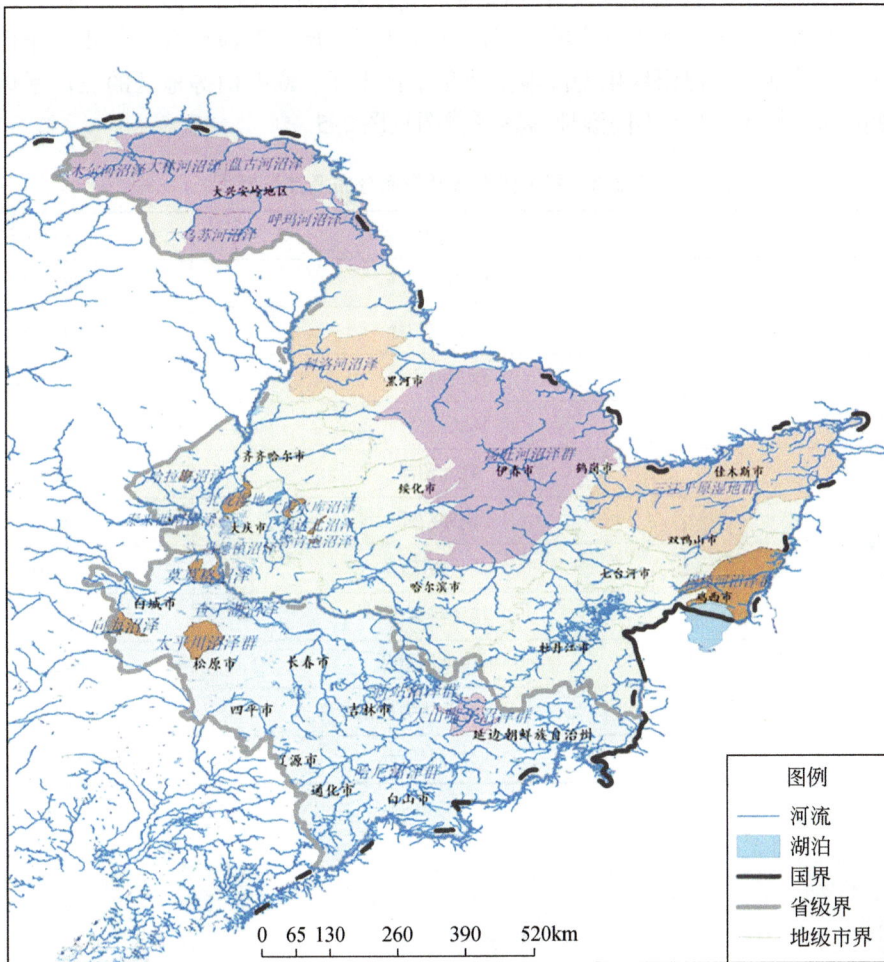

图 2-4 2018 年黑龙江流域主要湿地分布图

表 2-1 我国寒区沼泽系统基本分类

序号	类型	水文要素定位
1	源头涵养型	水源补给主要来源于大气降水、冰雪储水等；自身充当水塔角色，缓缓补给下游河湖
2	尾闾湿地型	水源补给主要来源于大气降水、上游补给等；自身位于末端，不存在明显下游补给
3	河沼伴生型	水源补给主要来源于大气降水、上游补给等；自身位于中端，同时不断补给下游

根据我国寒区河沼系统分布及分类标准，得到黑龙江流域不同类型湿地的分布范围。源头涵养型湿地主要位于大小兴安岭、汤旺河等地区，尾闾湿地型湿地主要位于白城、大庆、齐齐哈尔等地区，河沼伴生型湿地主要位于佳木斯、双鸭山等地区的三江平原，相关典型湿地的面积见表2-2，不同湿地遥感影像图见图2-5。

表2-2 寒区典型湿地空间分布及其类型

湿地类型	沼泽湿地名称	面积/km²
源头涵养型	呼玛河沼泽	477.25
	大林河沼泽	331.25
	盘古河沼泽	400.25
	汤旺河沼泽	1465
尾闾湿地型	扎龙沼泽	2100
	向海沼泽	1067
	莫莫格沼泽	1440
	穆棱河沼泽	444
河沼伴生型	别拉洪河沼泽	642.75
	外七星河及扰力河沼泽	1367
	七星河沼泽	913

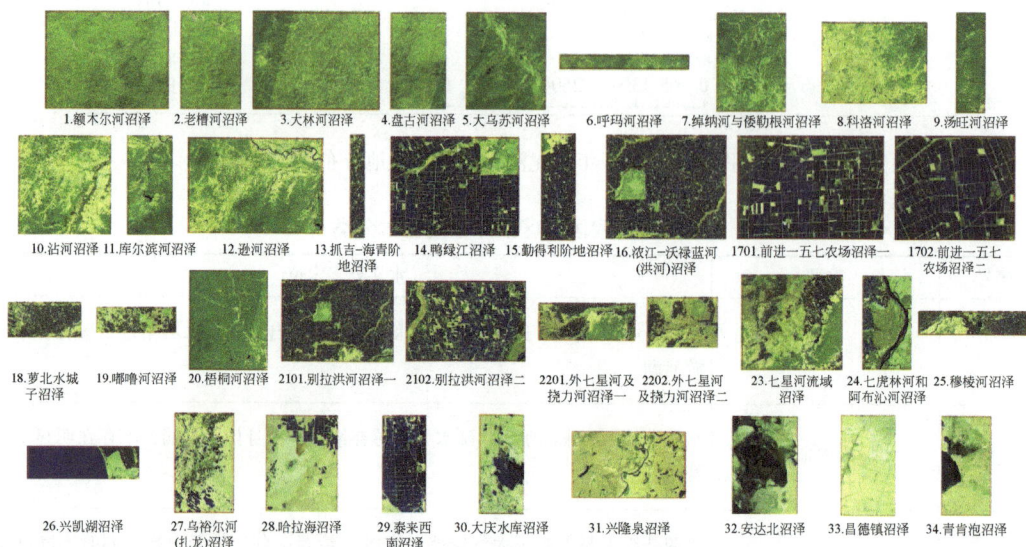

图2-5 黑龙江流域典型湿地遥感图

2.3 寒区河沼系统演变规律

2.3.1 整体分布变化

1. 河沼系统整体面积变化

1980～2015 年我国境内黑龙江流域河沼湿地系统的变化情况如表 2-3 和图 2-6 所示。本研究将河沼湿地系统分为天然湿地和人工湿地进行计算，其中天然湿地包括河流湿地、湖泊湿地、滩地湿地和沼泽湿地，人工湿地包括水库湿地和水田湿地。在河沼湿地系统的整体变化方面，1980～2015 年呈增长趋势，从 1980 年的 26.50 万 km² 增加为 27.26 万 km²，增加幅度为 2.88%。其变化趋势分为两个阶段，第一阶段（1980～2000 年）呈大幅增长趋势，从 26.50 万 km² 增加至 28.13 万 km²，占中国境内黑龙江流域的比例从 29.02% 增加至 30.81%，河沼湿地系统增加了 6.17%；第二阶段（2000～2015 年）呈小幅减少趋势，从 28.13 万 km² 减少至 2015 年的 27.26 万 km²，占中国境内黑龙江流域的比例从 30.81% 减少至 29.85%，河沼湿地系减少了 3.09%。人工湿地在 1980～2015 年的变化趋势与整体变化趋势基本一致，也呈先增加后减少的趋势，即从 1980 年的 19.82 万 km² 增加至 2000 年的 22.52 万 km²，最后减少至 21.95 万 km²，总体仍呈增长趋势，增加了 10.77%。而天然湿地呈持续下降趋势，从 1980 年的 6.68 万 km² 减少至 2015 年的 5.31 万 km²，减少了 20.50%，其中 1980～2000 年减少幅度较大，占全时段减少幅度的 77%。但由于天然湿地面积远小于人工湿地的面积，故天然湿地的持续下降对整体河沼湿地系统的变化影响较小。

表 2-3 各类河沼系统土地利用类型面积变化情况

土地利用类型		面积/万 km²						变化率/%		
		1980 年	1990 年	2000 年	2005 年	2010 年	2015 年	1980～2000 年	2000～2015 年	1980～2015 年
天然湿地	河流	0.25	0.25	0.24	0.24	0.24	0.24	−2.60	−1.27	−3.84
	湖泊	0.88	0.90	0.81	0.77	0.77	0.77	−8.02	−4.73	−12.37
	滩地	0.88	0.90	0.86	0.86	0.85	0.84	−2.35	−2.23	−4.53
	沼泽	4.67	4.11	3.70	3.61	3.57	3.46	−20.79	−6.49	−25.92
	小计	6.68	6.16	5.61	5.48	5.43	5.31	−16.00	−5.36	−20.50
人工湿地	水库	0.18	0.19	0.20	0.20	0.23	0.23	13.23	15.38	30.65
	水田	19.64	20.53	22.32	22.40	22.12	21.72	13.64	−2.69	10.58
	小计	19.82	20.72	22.52	22.60	22.35	21.95	13.64	−2.53	10.77
合计		26.50	26.87	28.13	28.08	27.78	27.26	6.16	−3.09	2.88

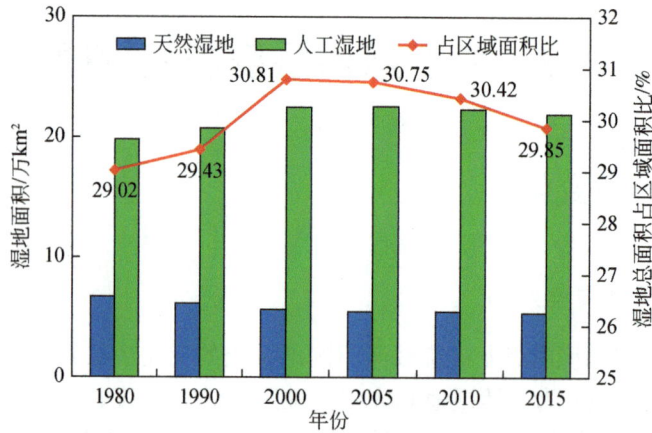

图 2-6 各类河沼系统土地利用类型面积变化趋势

2. 河沼系统不同组分面积变化

黑龙江流域河沼湿地系统面积在 1980～2000 年经历了剧烈的变化。由于该时段人类社会活动的加剧影响，开垦耕地和城镇化的速率急速增加，天然湿地中各类土地利用类型均有一定程度萎缩，如图 2-7 所示，沼泽湿地、湖泊湿地、滩地湿地和河流湿地分别减少了 9713km^2、705km^2、207km^2 和 65km^2，其中沼泽湿地和湖泊湿地的萎缩幅度较为显著，分别达到了 -20.79% 和 -8.02%，生态环境遭到了严重的破坏。与天然湿地相反，由于人

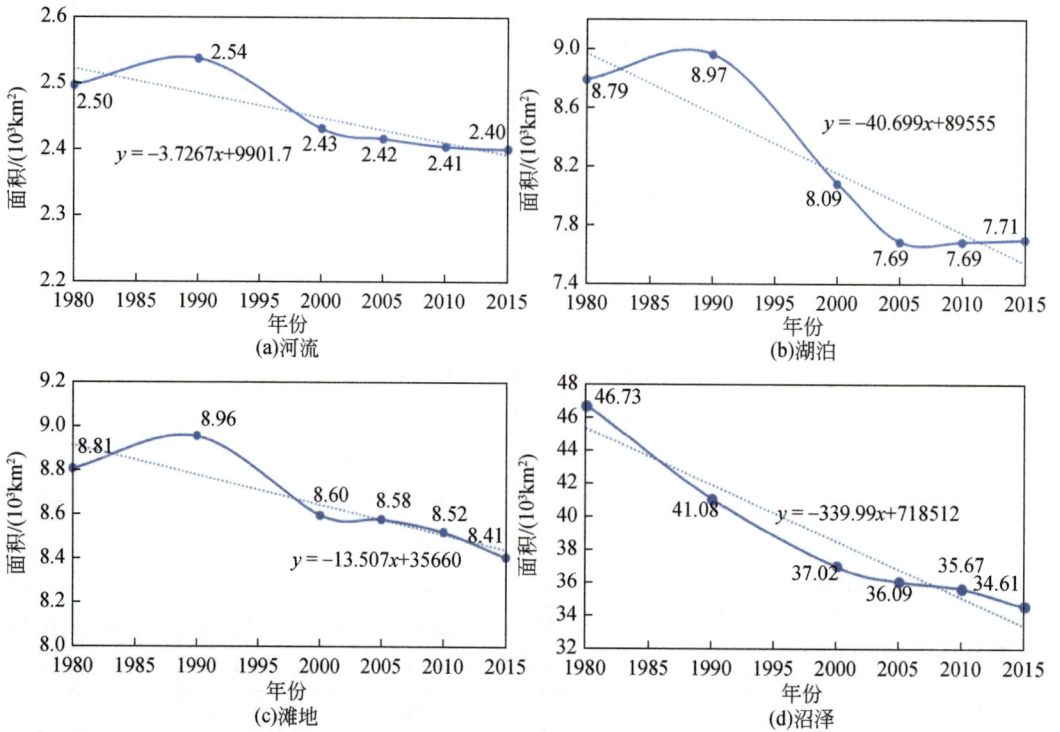

图 2-7 1980～2015 年各类天然湿地面积变化趋势

类活动的影响，人工湿地中的水田和水库均呈大幅度的增加，如图 2-8 所示，水田湿地和水库湿地面积分别增加了 26790km² 和 237km²，增幅均超过 13%，其中由于水田湿地的基数较大且增幅较高，因此在 1980～2000 年水田湿地面积的增加对该时段整体河沼湿地系统面积的增加起到决定性作用。

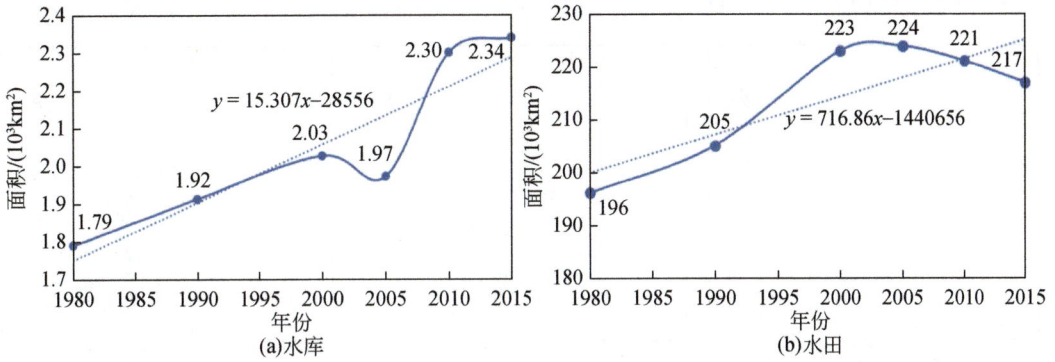

图 2-8　1980～2015 年各类人工湿地面积变化趋势

进入 21 世纪以来，人类越来越意识到生态保护的重要性，因此在 2000～2015 年区域湿地系统变化趋势较为缓和。天然湿地中各类土地利用类型的变化空间如图 2-9 所示，沼泽、湖泊、滩地和河流的萎缩幅度较 1980～2000 年有大幅度减缓，均控制在 7% 以下，萎缩幅度仅为 1980～2000 年的 22%，生态环境遭受破坏的速率得到了一定程度的延缓。人

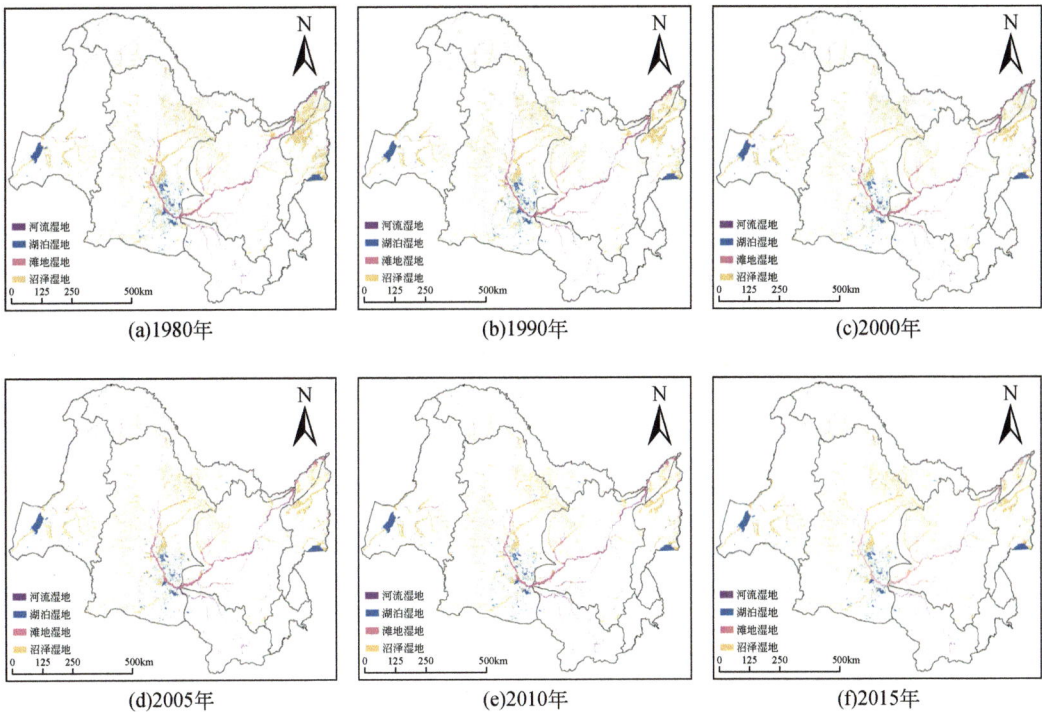

图 2-9　1980～2015 年各类天然湿地面积空间分布

工湿地中各类土地利用类型的空间变化如图 2-10 所示，水田湿地开始呈小幅度的下降趋势，降幅达到了 2.69%，仅有水库湿地仍然处于显著增长趋势，增幅保持在 15.38%，但由于水库湿地的面积较小，对于整体河沼湿地的变化趋势影响很弱。此外，通过对比天然湿地和人工湿地在 1980~2015 年空间变化情况，可以看出三江平原地区天然湿地的减少与人工湿地的增加具有相关性。

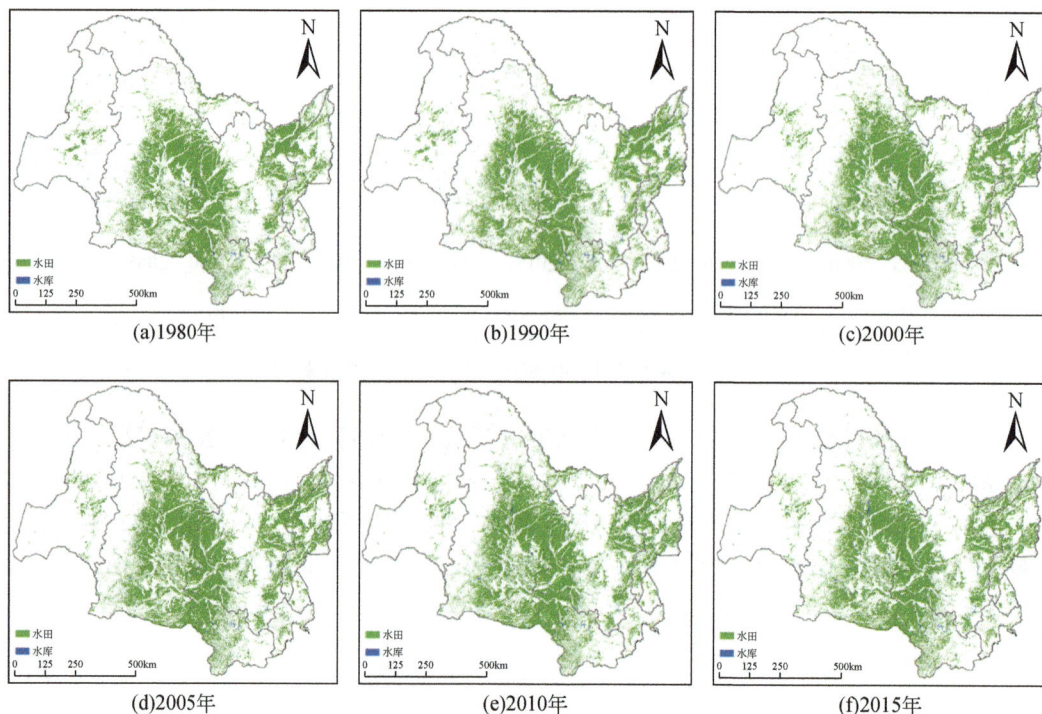

图 2-10　1980~2015 年各类人工湿地面积空间分布

2.3.2　空间结构变化

景观格局指数是描述景观空间变化的定量化研究方法，本研究主要选取景观基本指数、景观破碎度指数、景观优势度指数和景观连通度指数 4 类景观格局指数对研究区域的空间结构变化进行量化分析，各指标的生态学意义如表 2-4 所示。

表 2-4　景观指数及其生态学意义

类型	指标	生态学意义
景观基本指数	斑块面积（CA）	CA 等于某一拼块类型中所有拼块的面积之和，CA 度量的是景观的组分，也是计算其他指标的基础
	斑块个数（NP）	NP 是景观中某一斑块类型的总个数，是测度某一景观类型范围内景观分离度与破碎性最简单的指标

类型	指标	生态学意义
景观破碎度指数	斑块密度（PD）	PD 反映景观被分割的破碎化程度，同时也反映景观空间异质性程度，在一定程度上反映人为因素对景观的干扰程度。PD 越大，破碎化程度愈高，空间异质性程度也愈大
	斑块平均面积（MPS）	MPS 代表一种平均状况，可以指征景观的破碎程度，其变化能反馈更丰富的景观生态信息，它是反映景观异质性的关键。MPS 越小，破碎化程度愈高
	分离度指数（SPLIT）	SPLIT 代表同类型斑块间的分离程度，其值越高表示破碎化程度愈高
	聚合度指数（AI）	AI 是景观类型组成要素的最大可能相邻程度的度量，反映同类型斑块的邻近程度。当它为 0 时，说明这种斑块类型的离散分布最高；当斑块聚合成一个结构紧凑的斑块时，聚合度为 100
	景观分割指数（DIVISION）	DIVISION 是对景观同类斑块之间分割程度的度量，能反映各斑块之间的分割情况。它的值越高说明景观分割程度愈高
	景观形状指数（LSI）	LSI 是斑块边界总长度与总面积平方根的比值，取值范围为（1，+∞）。LSI 是结合景观面积对景观总边缘长度或边缘密度的标准化度量
景观优势度指数	最大斑块指数（LPI）	LPI 表示某一斑块类型中最大斑块占据整个景观面积的比例，它是对优势度的度量。当它接近 0 时，说明这种斑块类型中最大斑块的面积越小；当它等于 100 时，说明整个景观由一个斑块组成
景观连通度指数	物理连接度（COHESION）	COHESION 表示某一斑块类型在阈值距离内的连接状况。当它接近 0 时，说明斑块类型均未连接；当它为 100% 时，说明在设定的阈值范围内该类型斑块均连接起来

结合获取到的 1980～2015 年我国境内黑龙江流域的水域空间分布情况，通过各分类景观格局指数计算，得到我国寒区河沼系统的空间结构变化情况。本研究在分析计算河沼湿地系统空间结构变化的过程中，考虑到人工湿地中的水田在本研究区域内分布极为广泛，且其结构单一，可承担的生态服务功能较弱，故仅在选取天然湿地和人工湿地中的水库湿地展开讨论。

（1）景观基本指数

斑块面积（CA）指数在 1980～2015 年呈持续下降趋势，如图 2-11 所示，其中在 1980～2000 年下降速度较快，在 2000 年之后趋于平缓；而斑块个数（NP）呈先减少再增加的趋势。针对上述结果，分析认为是由于 2000 年之前，众多自然状态下的河沼系统斑块面积迅速萎缩和消失，但在 2000 年之后，通过相应的生态恢复与保护手段，适当增加了部分小水域所致。

（2）景观破碎度指数

在景观破碎度指数方面，如图 2-12 所示，斑块密度（PD）、分离度指数（SPLIT）、景观分割指数（DIVISION）3 个破碎度指标均呈持续上升趋势；与之相反，斑块平均面积（MPS）、聚合度指数（AI）、景观形状指数（LSI）3 个代表聚合度的指标均呈持续下降趋

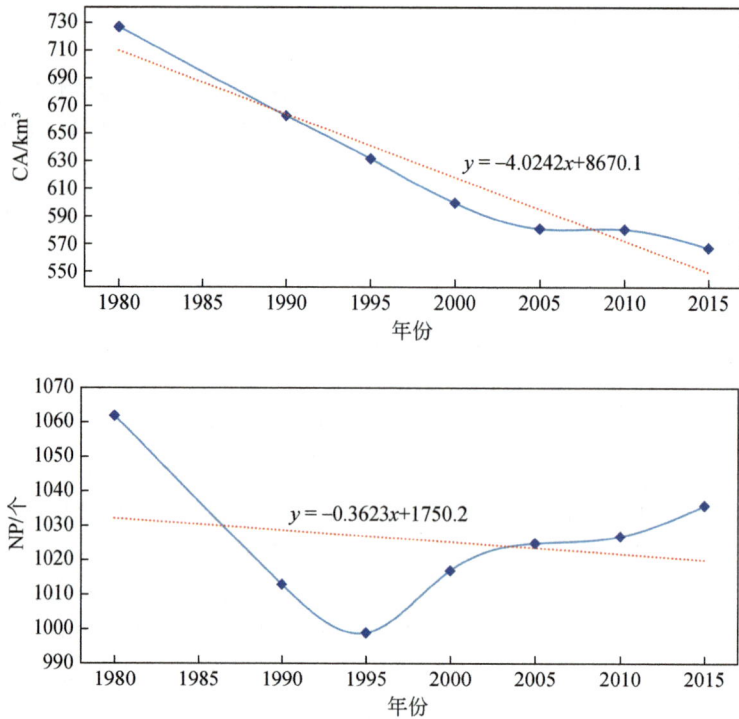

图 2-11 景观基本指数变化情况

势。通过上述 6 个指标的变化趋势，可以发现研究区域内的景观格局空间结构随时间的变化日趋恶化，但在 2000 年之后有减缓的趋势。

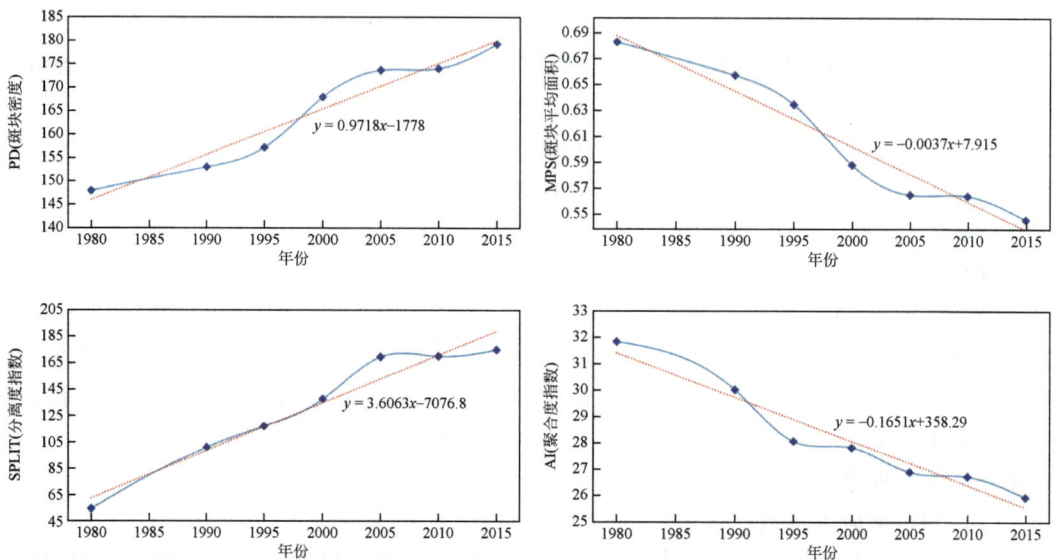

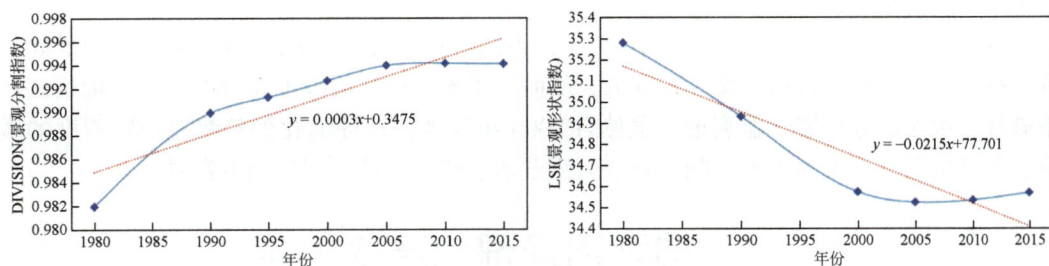

图 2-12 景观破碎度指数变化情况

（3）景观优势度指数

在景观优势度方面，选取的 LPI 是指斑块中最大斑块面积占景观面积的比例，该值大小决定着景观中优势种的丰度生态特征。如图 2-13 所示，研究区内 LPI 从 1980 年接近 12% 的水平下降至 2000 年之后的 4% 左右，下降幅度较大，但在 2005 年后趋于平缓。

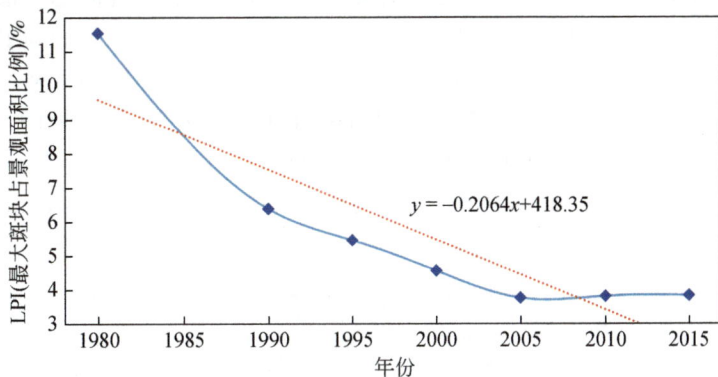

图 2-13 景观优势度指数变化情况

（4）景观连通度指数

在景观连通度方面，选取的指数景观物理连接度（COHESION）主要反映斑块在阈值距离内的连接状况，0 为未连接，100% 为连接。如图 2-14 所示，研究区域内的景观连接

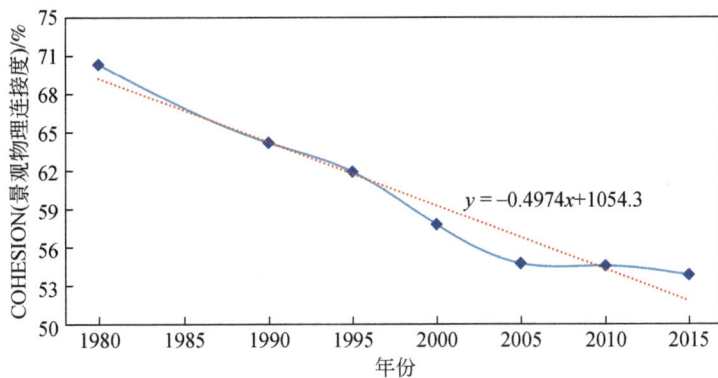

图 2-14 景观连接度指数变化情况

度也呈持续下降趋势。

综上所述，可以发现在 1980~2015 年，中国境内黑龙江流域的河沼湿地系统破碎化程度持续增加，景观连通程度不断降低，从而说明该区域河沼湿地系统的生态环境遭到严重破坏，生态服务功能日益衰退。虽然自 2000 年以来，这种退化的趋势有一定程度的缓解，但是仍存在较大的改善空间，对于河沼湿地系统的保护与调控刻不容缓。

2.4 典型沼泽湿地演变规律

2.4.1 三江平原沼泽湿地

三江平原位于黑龙江省东北部，是中国最大的沼泽湿地分布区之一，同时也是中国重要的商品粮基地。近半个世纪以来，三江平原的沼泽湿地经历了大规模的农垦开发，逐步出现了自然植被退化、土壤侵蚀和沙化、土壤肥力下降等生态环境问题。根据遥感影像资料（图 2-15），三江平原总面积为 10.89 万 km²，1990 年三江平原湿地面积约 2.04 万 km²，占该区总面积的 18.76%；2000 年三江平原湿地面积约 1.29 万 km²，占该区总面积的 11.87%，与 1990 年相比减少了 7500.46km²；2010 年三江平原湿地面积约 1.1 万 km²，占该区总面积的 10.14%，与 2000 年相比减少了 1871.96km²；2015 年三江平原湿地面积约 1.01 万 km²，湿地面积占该区总面积的 9.26%。整体上，1990~2015 年，三江平原湿地面积减少了 1.03 万 km²，减少 50%。

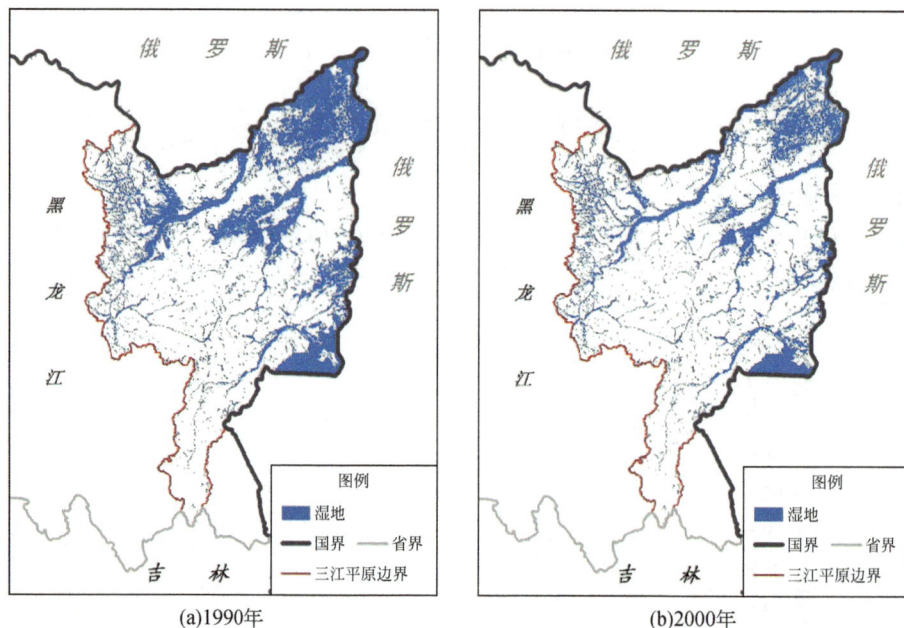

(a)1990年　　　　(b)2000年

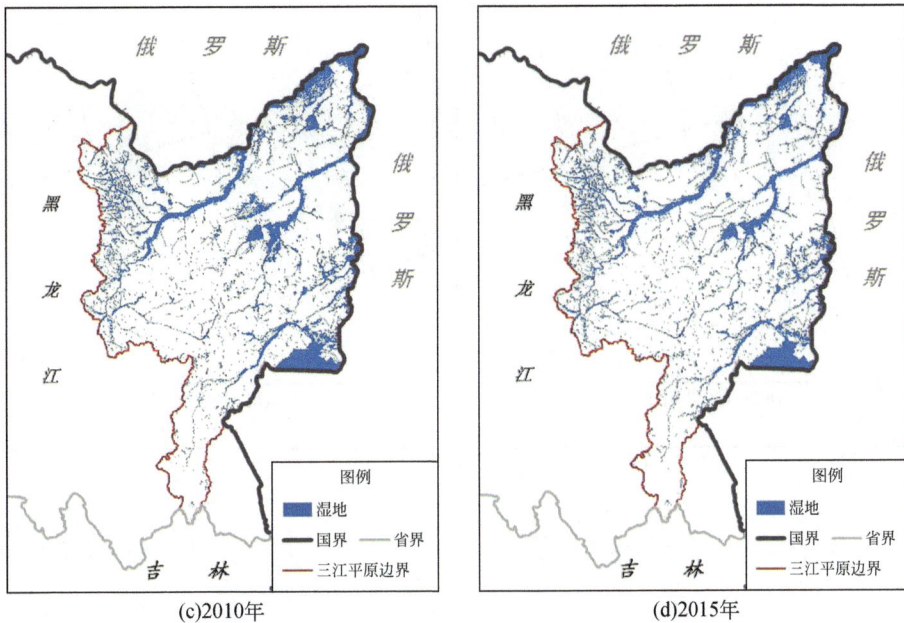

(c)2010年 (d)2015年

图 2-15　1990~2015 年三江平原湿地格局演变

　　三江平原沼泽湿地面积和空间格局发生了明显变化，沼泽湿地面积呈递减趋势。从时间变化上看，1990~2000 年，三江平原湿地生态系统面积呈剧烈减少趋势，共有 7750.06km² 湿地转移为其他土地覆被类型，主要转化为农田；2000~2015 年，三江平原湿地生态系统面积呈减少趋势，共有 3639.2km² 湿地转移为其他土地覆被类型，转化面积明显小于前 10 年的转化面积。从空间分布上看，三江平原沼泽湿地逐渐向河流沿岸和保护区萎缩，前期西部沼泽湿地丧失较多，后期东北部沼泽湿地丧失较多；湿地斑块数量呈先增加后减少的趋势，平均斑块面积呈先减少后增加的趋势；三江平原沼泽湿地的空间聚集性逐渐降低，空间格局由集中连片分布转变为零星散布。

　　提取三江平原核心区 20 世纪 80 年代、20 世纪 90 年代、21 世纪 00 年代和 21 世纪 10 年代各时期春季、夏季和秋季影像数据，分析水田面积及空间分布变化，结果如图 2-16 所示。20 世纪 80 年代三江平原核心区水田面积约为 0.19 万 km²，21 世纪 10 年代三江平原核心区水田面积约为 2.77 万 km²，水田面积增加了 2.58 万 km²，增加了约 10 倍。在空间上呈现出普遍增加的特点，特别是三江平原东北区域增加幅度较大。

　　综上所述，农垦开发占用天然湿地是湿地减少的主要动因。2010 年后，随着湿地保护的深入推进，建立了多个以湿地为保护对象的国家级自然保护区，湿地萎缩趋势减缓。未来应大力开展三江平原湿地生态修复，在保护湿地的前提下，制订科学合理的土地利用和生态保护政策，引导湿地资源合理开发和有效保护。

2.4.2　扎龙湿地

　　根据扎龙湿地实际地类分布情况，参考《湿地公约》和相关文献，将地表覆盖分为水

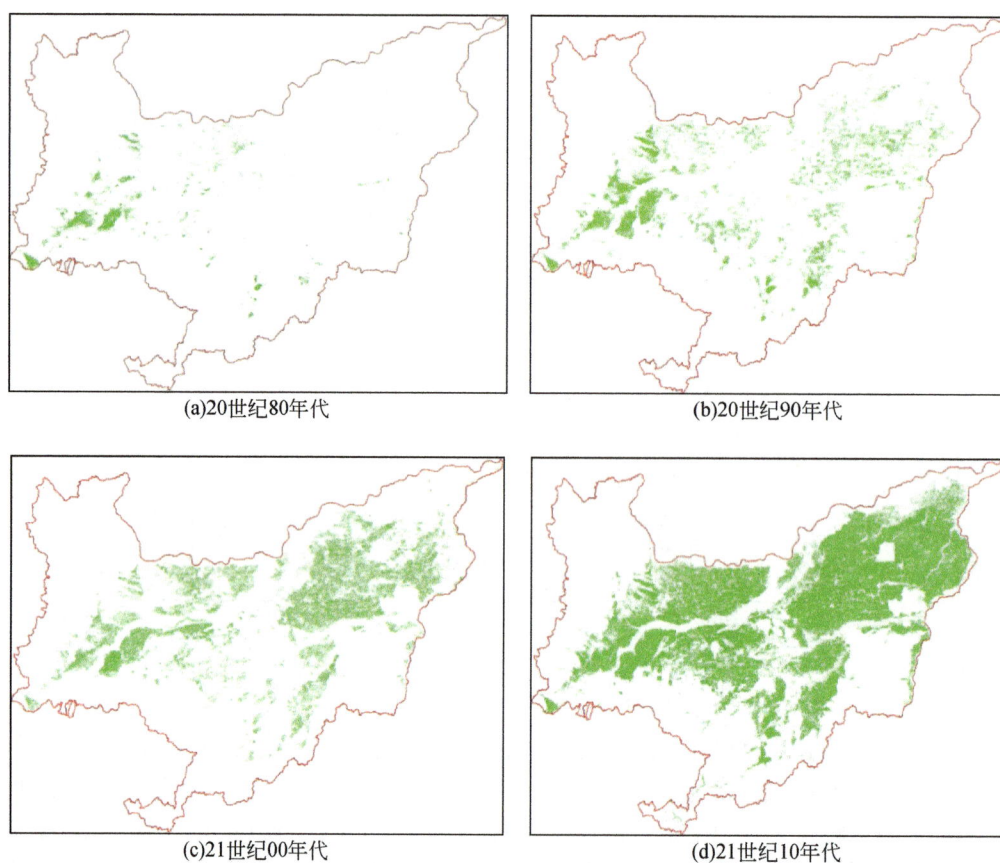

(a)20世纪80年代   (b)20世纪90年代

(c)21世纪00年代   (d)21世纪10年代

图 2-16　1980～2015 年三江平原水田分布演变

田、旱地、水体、沼泽、草甸、居民地、盐碱地 7 类，其中水体、水田和沼泽是扎龙湿地主要的湿地类型。采用分层随机采样的方法，利用与 Sentinel-2 影像获取时间同时期（2018 年 9 月 27 日～10 月 7 日）的 Google Earth 高分辨率影像，通过人工目视解译制作训练样本。为了减少样本数量相差过大造成的影响，实验中尽量保证类别间样本数量均衡。最终研究区范围内生成 1693 个样本点，其中训练样本为 1294 个，验证样本为 399 个。

　　2018 年扎龙湿地及其上游地区沼泽湿地面积约为 6493.16km²，占土地面积的 24%，主要分布在扎龙国家级自然保护区内，保护区与乌裕尔河下游连接处也有分布；草甸面积为 5168.32km²，占研究区总面积的 19%，多分布于保护区内的边缘地带，介于沼泽和旱地之间，乌裕尔河下游地区分布于河道和沼泽湿地之外；水田面积为 3325.97km²，占研究区面积的 12%，多分布于扎龙保护区周边及乌裕尔河流域两侧；水体面积为 1066.11km²，占研究区面积的 4%，主要来自乌裕尔河河道以及扎龙湿地的多个湖泡；盐碱地面积为 1509.31km²，占研究区面积的 5%，分布于扎龙保护区边界与旱地的交界地带，且在扎龙保护区的东部边缘地带分布较多。此外，旱地是研究区最主要的土地覆盖类型，面积为 8394.34km²，占研究区面积的 31%；居民地面积为 1333.03km²，占研究区面积的 5%（图 2-17）。从扎龙湿地土地利用类型空间分布来看，沼泽湿地主要分布在扎龙保护区内和乌裕尔河流域，呈集中连片分布，草甸多分布于沼泽湿地外围地区。

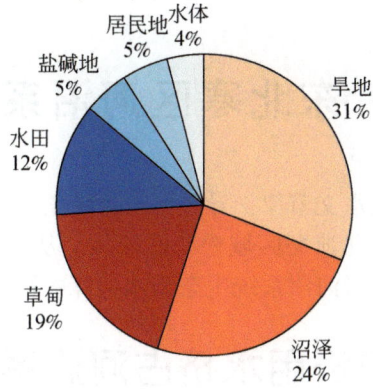

图 2-17　扎龙湿地景观土地覆盖类型面积占比

第3章 | 东北寒区河沼系统演变成因

人类活动改变了河沼系统水文节律，导致河沼系统生态需水保障不足，进而造成了一系列水生态问题。本章聚焦东北典型区域松花江流域，从社会经济用水、水利工程建设、农垦开发等方面分析人类活动对河沼系统生态需水保障的影响。

3.1 社会经济用水挤占河沼系统生态用水

东北地区是我国重要的重工业基地、商品粮基地和林牧业基地。自 20 世纪 80 年代以来，随着农垦规模增加、城市化水平加快，社会经济用水需求持续上涨，水资源不合理开发利用对区域水生态系统安全造成严重影响，突出表现为湿地退化、河流断流、水质污染、生物多样性下降等。

1. 松花江流域社会经济发展导致河湖沼生态用水供需矛盾突出

根据全国第二次水资源调查评价成果（1956~2000 年系列），松花江水资源一级区（以下统称为松花江区）多年平均地表水资源量 817.7 亿 m³，不重复地下水资源量 143.18 亿 m³，水资源总量为 960.9 亿 m³。总用水量从 1980 年的 170.6 亿 m³ 增长到 2019 年的 332.3 亿 m³，几乎翻了一倍。其中地下水开采量从 1980 年的 33.46 亿 m³ 增长到 2019 年的 119.2 亿 m³，增长了约 2.5 倍。

2018 年，流域总人口约 6252 万人，人均水资源量约为 1536m³，是全国人均水平的 73%。流域水资源开发利用程度为 34.58%，其中地表水开发利用程度为 25.85%，地下水开发利用程度为 77.18%，其中嫩江区地下水开发利用程度高达 133.78%。由此可见，松花江流域水资源供给压力处于较高水平，地表水和地下水均承担着重要的供水任务，其中地下水开发利用已处于较高甚至超采水平。

流域社会经济用水增加的主要原因在于农业灌溉用水规模的增大。松花江流域作为全国主要的粮食生产基地，是全国水土资源匹配条件最好、发展潜力最大的区域，灌溉面积呈稳步增加趋势，从而带动供用水总量快速增长。松花江区用水量增幅最大时期是 20 世纪 90 年代，进入 2000 年之后仍然维持了较高的增速，而这一时期也是生活生产用水严重挤占生态用水的突出时期，导致乌裕尔河、双阳河、洮儿河、霍林河、呼兰河和蚂蚁河 6 条河流发生断流，嫩江下游和三江平原等地区大面积的沼泽湿地萎缩。随着人口增长、经济社会发展和人民生活水平的提高，全社会对水资源的需求也将越来越高，松花江流域河湖沼生态需水保障能力严重下降。

2. 松花江区主要河流断面生态基流达标状况较差，河湖沼生境恶化

选择松花江区 64 个河流断面，计算断面生态基流目标，并分析其生态基流 2009~

2018 年近 10 年的达标情况。断面选取综合不同自然气候条件和人类活动特点，覆盖河流上中下游、干支流等不同规模和层级，所涉及基础数据包括 1956～2000 年、2009～2018 年逐月径流序列。其中，1956～2000 年逐月径流序列来自全国第二次水资源调查评价，包含实测径流数据和经过还原计算的天然径流数据；2009～2018 年逐月径流序列来自松花江区历年水文年鉴。

在河流断面生态基流目标确定的基础上，采用日均流量达标和月均流量达标、日均流量不断流且最小连续不达标天数≤7 天两种评估方法对松花江区主要河流断面生态基流目标达标情况进行分析，结果见表 3-1、图 3-1 和图 3-2。以 2018 年作为现状年来看，松花江区主要河流断面生态基流达标率仅在 60% 左右，不达标情况严重。其中，以日均流量达标作为评估标准来看，生态基流达标率为 58.82%，不足 60%。以日均流量不断流且最小连续不达标天数≤7 天作为评估标准时，考虑河流生境对低流量具有一定的耐受能力，达标要求有适当放宽，但达标率仍比较低，仅为 64.71%。生态基流是维持河流基本形态和基本生态功能所需流量，其核心功能是在过程上保障河流连通性和最低生境需求，其保障水平应仅次于基本生活用水。然而，从评估结果看，近 40% 的河流断面生态基流常年无法达标。2009～2018 年全区生态基流整体达标率处于波动中上升的趋势，一定程度上说明随着最严格水资源管理制度和生态文明建设深入推进，河流生态需水受到重视，有一定向好

表 3-1　松花江区主要河流控制断面生态基流目标达标率　　　　　　（单位:%）

达标率	2009 年	2010 年	2011 年	2012 年	2013 年	2014 年	2015 年	2016 年	2017 年	2018 年
方法一	19.2	34.6	32.7	19.2	41.5	64.2	62.3	64.2	46.5	58.8
方法二	48.1	48.1	46.2	32.7	54.7	77.4	81.1	71.7	60.5	64.7

注：方法一指以日均流量达标作为评估标准；方法二指以日均流量不断流且最小连续不达标天数≤7 天作为评估标准。

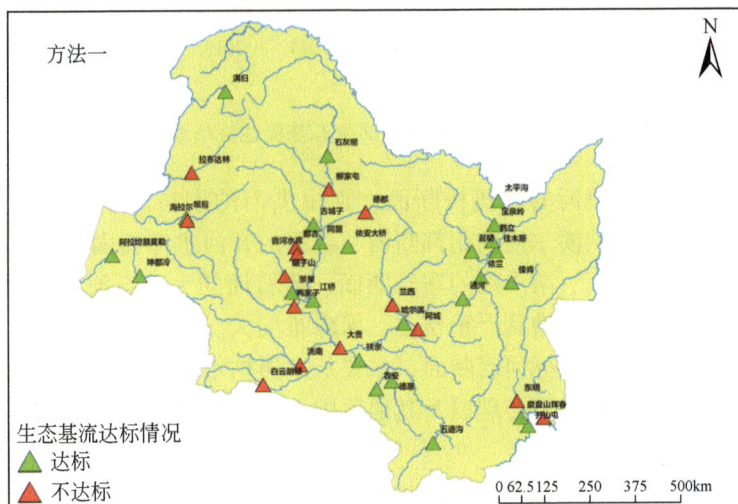

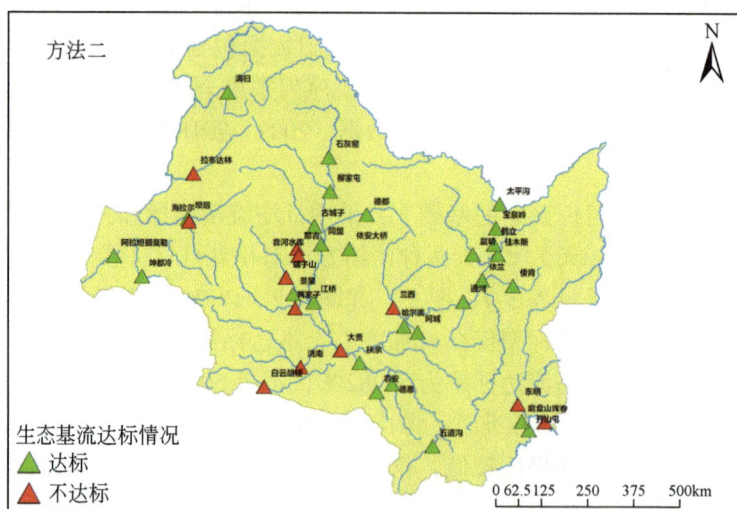

图 3-1　松花江区主要河流断面生态基流现状达标示意图

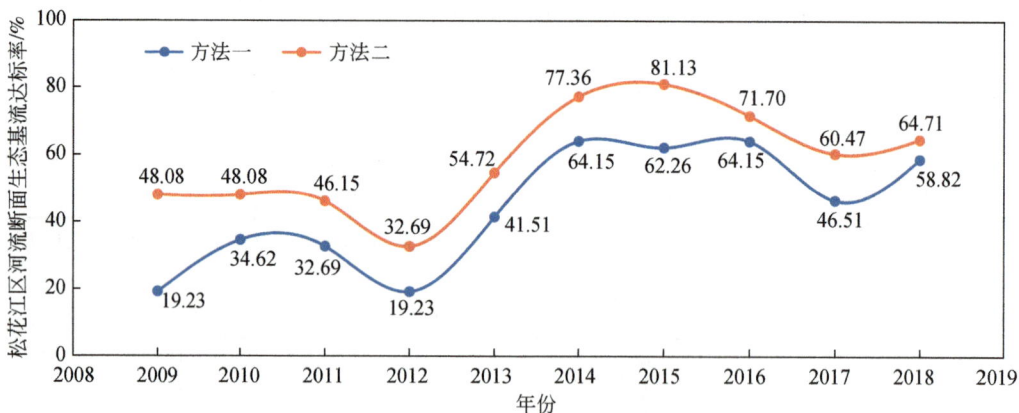

图 3-2　松花江区主要河流断面生态基流达标率变化曲线图

趋势。需要注意的是，呼玛河的呼玛桥断面、别拉洪河的别拉洪断面、呼兰河的兰西断面、甘河的柳家屯断面、讷谟尔河的德都断面、音河的音河水库断面、绰尔河的两家子断面、霍林河的白云胡硕断面、南干渠的珲春断面、蒲石河的大蒲石河断面 10 个断面近 10 年全部不达标，生态基流需水遭到严重挤占，保障难度大。

对于现阶段生态基流不达标河流断面，主要从遭遇枯水年型、取用水总量过高、取用水季节性冲突、水利工程调度不合理以及其他原因五个方面解析生态基流不达标成因。成因分类及判别条件见表 3-2。

对于某一河流断面，其生态基流不达标成因可能同时满足 A～D 中的多项判别条件，此时将其归之为综合失衡型，在不达标成因统计分析时，将多种成因均考虑在内。此外，若近 10 年河流断面生态基流不达标，又不满足 A～D 中任何一项成因的判别条件，则其不达标原因归结为"其他"，包括河流断面以上流域产汇流关系变异、基流目标设置不合理等。

表 3-2   生态基流不达标成因分类及判别条件

成因代号	成因名称	判别条件
A	遭遇枯水年型	近10年断面遭遇90%以上枯水年的年份有两年及以上（按断面集水面积内多年平均降水量排频）
B	取用水总量过高	$(Q_0 - Q_m)/Q_0 \times 100\% > 10\%$
C	取用水季节性冲突	$(Q'_0 - Q'_m)/Q'_0 \times 100\% > 20\%$
D	水利工程调度不合理	天然状态下不断流但近年实际发生断流
E	其他	产汇流关系变异、基流目标设置不合理等

注：Q_0 和 Q_m 分别为河流断面上游流域现状年天然径流量和实测径流量，万 m^3；Q'_0 和 Q'_m 分别为河流断面上游流域现状年 4~6 月天然径流量和实测径流量，万 m^3。

由此，分析松花江区主要河流断面生态基流不达标成因，结果显示，64 个代表断面中有 9 个受遭遇枯水年型影响，占比 14.1%；18 个因取用水总量过高，占比 28.1%；24 个因取用水季节性冲突，占比 37.5%；12 个受水利工程调度不合理影响，占比 18.8%；剩余 4 个可能来自于产汇流关系变异、基流目标设置不合理等原因，占比 6.3%。可以看出，松花江区生态基流不达标的主要原因在于取用水季节性冲突和总量过高两个方面，占比达到 65.6%，社会经济取用水严重挤压了河流生态需水，导致生态流量无法得到满足。

3.2   水利工程破坏河沼系统纵向连通性

根据 2010 年全国水利普查数据，1960 年之前，松花江区对河流具有明显阻隔影响的拦河型水利工程共计 1890 座，其中引水式水电站 5 座、阻隔影响较大的水库大坝 1634 座、水闸 251 座；1960~1979 年，新建拦河型水利工程 6361 座，其中引水式水电站 81 座、水库大坝 4097 座、水闸 2181 座、橡胶坝 2 座；1980~1999 年，新建拦河型水利工程 2880 座，其中引水式水电站 254 座、水库大坝 1282 座、水闸 2092 座、橡胶坝 37 座；2000 年之后，新建拦河型水利工程 2880 座，其中引水式水电站 482 座、水库大坝 593 座、水闸 1698 座、橡胶坝 107 座（图 3-3）。

利用各河流水利工程位置、库容及控制河段长度等信息，评价松花江区主要河流 1960~2018 年纵向连通性变化，结果如图 3-4 所示。1960 年，平均纵向连通性指数为 0.03。37 条流域面积≥1 万 km² 的主要河流中，评价等级为"优"的有 35 条，其中有 34 条处于"完全连通状态"；其次，呼尔达河和通肯河由于河流长度较短，受水利工程的阻隔影响较大，纵向连通性指数分别为 0.68 和 0.40，评价等级分别为"中"和"良"。

1980 年，松花江区主要河流平均纵向连通性指数为 0.08。37 条流域面积≥1 万 km² 的主要河流中，评价等级为"优"的有 33 条，其中有 26 条处于"完全连通状态"；评价等级为"良"的有 2 条，其中饮马河的评价等级由 1960 年的"优"下降为"良"；评价等级

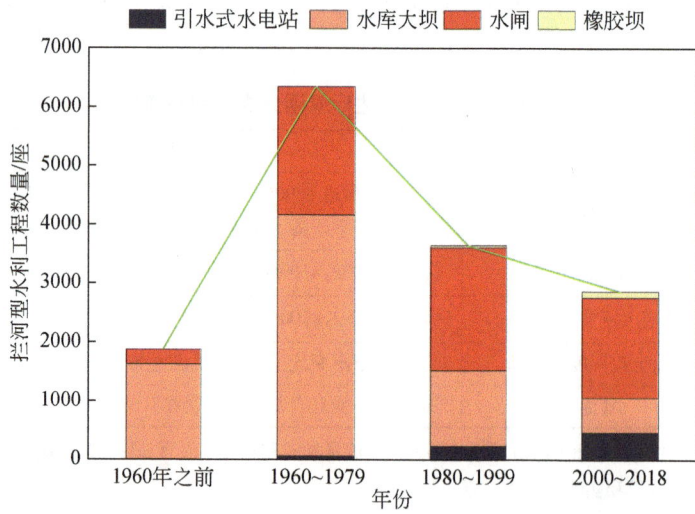

图 3-3　松花江区 1960～2018 年水利工程建设情况

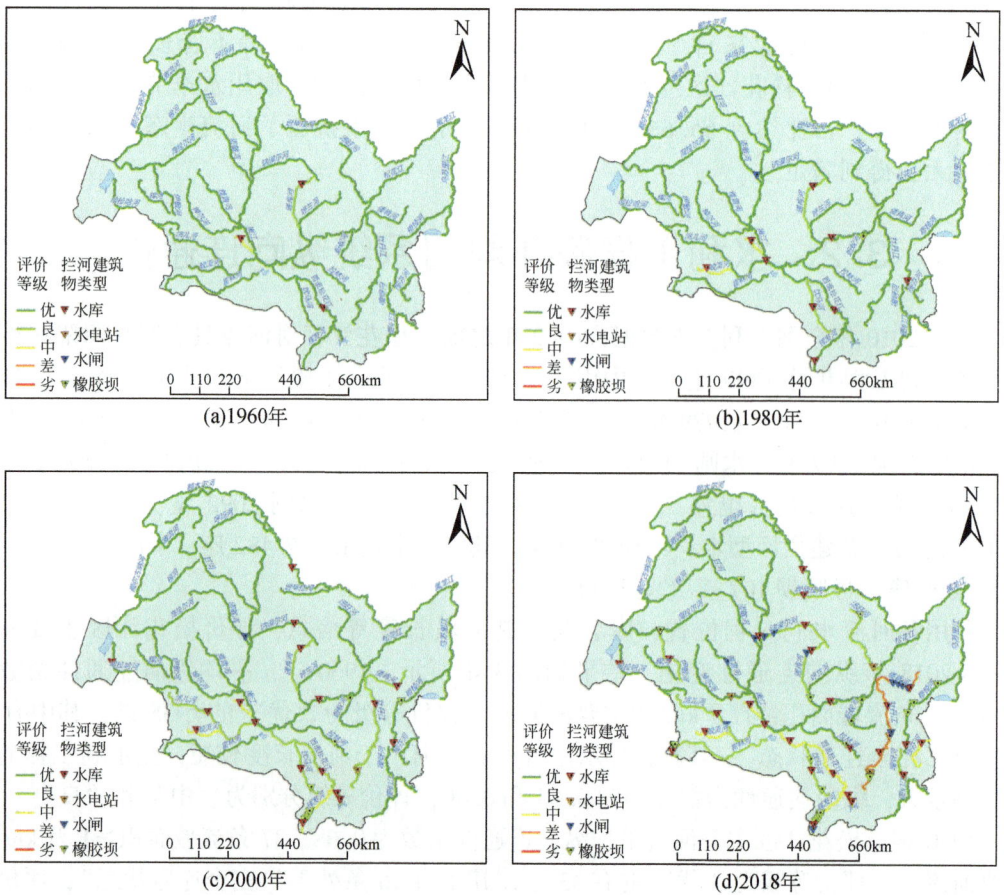

(a)1960年

(b)1980年

(c)2000年

(d)2018年

图 3-4　松花江区 1960～2018 年主要河流纵向连通性评价结果图

为"中"的有2条，其中蛟流河的评价等级由1960年的"优"下降为"良"。

2000年，松花江区主要河流平均纵向连通性指数为0.14。37条流域面积≥1万km²的主要河流中，评价等级为"优"的有28条，其中有20条处于"完全连通状态"；评价等级为"良"的有6条，其中倭肯河、洮儿河、西流松花江和牡丹江的评价等级由1980年的"优"下降为"良"；评价等级为"中"的有3条，其中辉发河的评价等级由1980年的"优"下降为"良"。

2018年，松花江区主要河流平均纵向连通性指数为0.28。37条流域面积≥1万km²的主要河流中，评价等级为"优"的有21条，其中有9条处于"完全连通状态"；评价等级为"良"的有9条，其中伊敏河、霍林河、嘎呀河、讷谟尔河、逊毕拉河和汤旺河的评价等级由2000年的"优"下降为"良"；评价等级为"中"的有5条，其中西流松花江的评价等级由2000年的"良"下降为"中"，绥芬河的评价等级由2000年的"优"下降为"中"；评价等级为"差"的有两条，分别为倭肯河和牡丹江，纵向连通性指数分别为0.92和0.83。

3.3 农垦开发挤占河沼系统空间面积

自20世纪60年代以来，黑龙江流域的人类活动越来越剧烈，河沼湿地系统的日益萎缩与农垦面积的大规模增加密不可分。1980~2015年中国境内黑龙江流域的旱地与城乡用地的变化情况如图3-5所示。旱地面积从1980年的2.11万km²增加至2015年的4.26万km²，增加幅度达到了101.9%，其中1990~2000年，旱地面积增加了0.96万km²，达到全时段增加面积的44.7%，是旱地面积增加最剧烈的时期。城乡用地面积从1980年的1.22万km²增加至2015年的1.45万km²，增加幅度为18.9%，其中1980~1990年，城乡用地面积增加了0.09万km²，占全时段增加面积的39.1%。

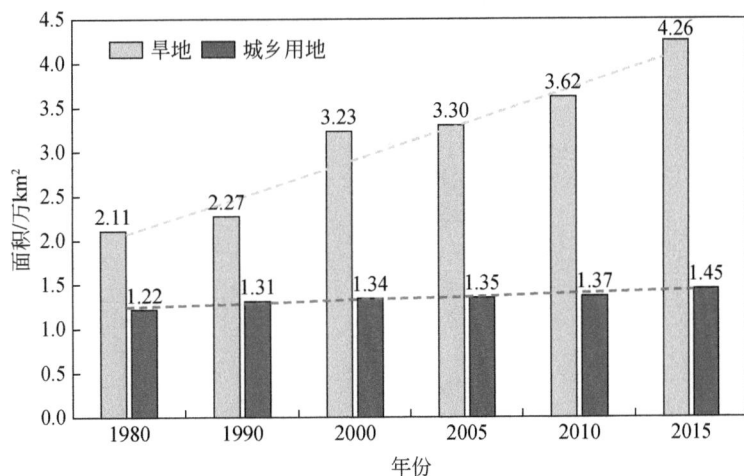

图3-5 中国境内黑龙江流域的旱地与城乡用地的变化情况

1980~2018年松花江区分区水域面积及其分布格局演变特征如表3-3和图3-6所示。

从 6 个子区域来看，黑龙江干流区和三江平原区的水域面积减少最为剧烈，分别减少了 65.82% 和 56.04%，其中黑龙江干流区水域初始面积水平较低，水域面积绝对值小幅度减少，就会造成水域的动态度的剧烈变化；三江平原区水域面积大幅度萎缩，主要是因为农垦大规模开发，导致水域面积减少了 15950km²，占整个松花江区水域总损失面积的 60.02%；其他 4 个区的水域面积都呈现减少趋势但是变化幅度不大。需要注意的是，在 6 个分区中松花江平原区和额尔古纳河区的变化过程与全区略有不同。2000 ~ 2018 年松花江平原区水域面积减少趋势显著放缓，2010 年后，在生态保护政策影响下，水域面积已经在逐步恢复。而额尔古纳河区 2000 ~ 2018 年的水域面积减少幅度远远超过了 1980 ~ 2000 年，值得关注和探究其成因。

表 3-3　1980 ~ 2018 年松花江区分区水域面积变化情况

区域名称	不同水平年水域面积/km²					水域动态度/%		
	1980 年	1990 年	2000 年	2010 年	2018 年	1980 ~ 2000 年	2000 ~ 2018 年	1980 ~ 2018 年
嫩江区	27967	28243	25608	24788	24517	-8.43	-4.26	-12.34
松花江平原区	9565	9669	9140	9031	8976	-4.44	-1.79	-6.16
三江平原区	28463	15784	13239	12401	12513	-53.49	-5.48	-56.04
额尔古纳河区	8463	8355	8453	7888	7884	-0.12	-6.73	-6.84
黑龙江干流区	8862	3016	3064	3034	3029	-65.43	-1.14	-65.82
长白山区	2128	1988	1958	1954	1957	-7.99	-0.05	-8.04
全区	85448	67055	61462	59095	58875	-28.07	-4.21	-31.10

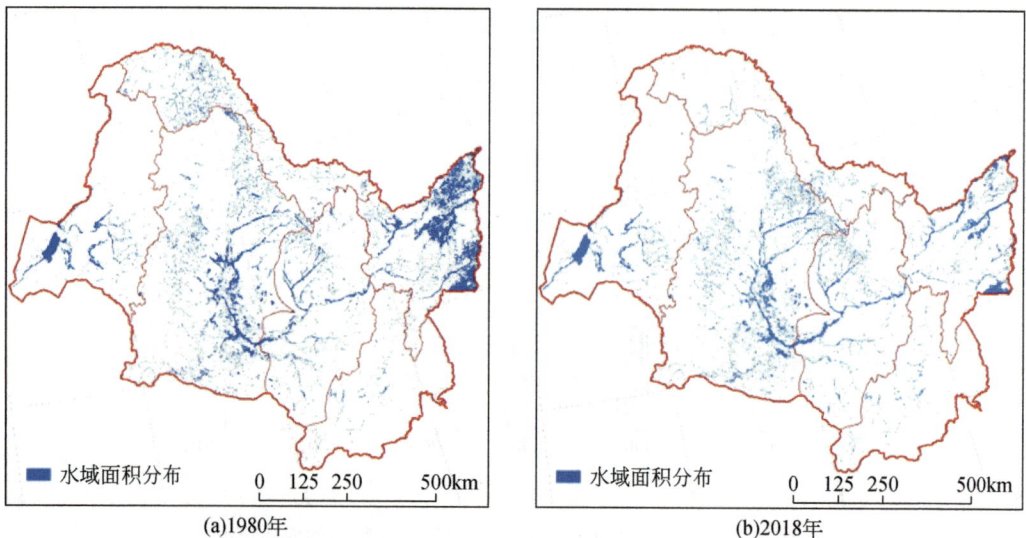

(a)1980年　　　　(b)2018年

图 3-6　松花江区分区水域分布格局情况

1980~2018 年松花江区分区水域组成类型情况如表 3-4 所示。从整个松花江区来看，1980~2018 年水域中的河流、湖泊和湿地等组成类型呈减少趋势，水库、滩地和其他用地等组成类型呈增加趋势。但由于湿地面积减少的幅度远超过其他几种类型，因此在水域组成类型结构占比中仅有沼泽面积呈下降趋势，从 1980 年的 75.20% 下降至 2018 年的59.21%。从分区来看，首先分析沼泽面积占水域面积比值可以发现，1980~2018 年嫩江区、松花江平原区、长白山区和额尔古纳河区下降的幅度小于全区均值，分别仅减少了8.26%、7.62%、6.41% 和 1.91%，三江平原区和黑龙江干流区下降的幅度超过全区均值，分别达到了 29.82% 和 18.64%；与上述变化相对应的是，1980~2018 年三江平原区的滩地面积占水域面积比和黑龙江干流区河流面积占水域面积比的变化情况超过 10%，分别增加了 15.94% 和 13.70%；此外，其他水域组成类型的变化幅度相对较小，均保持在10% 以下。

表 3-4　1980~2018 年松花江区分区水域组成类型情况　　（单位：km^2）

年份	水域类型	嫩江区	松花江平原区	三江平原区	额尔古纳河区	黑龙江干流区	长白山区	全区
1980	河流	517	841	1365	335	869	332	4259
	湖泊	4198	276	1311	2649	4	44	8482
	水库	413	545	127	32	62	576	1755
	滩地	1407	3150	1004	148	219	211	6139
	沼泽	21432	4753	24656	5299	7708	965	64813
1990	河流	477	823	1246	236	678	287	3747
	湖泊	4785	260	1308	2670	49	50	9121
	水库	377	585	226	32	2	702	1924
	滩地	2485	3707	2818	149	171	206	9536
	沼泽	20119	4294	10186	5268	2116	743	42726
2000	河流	460	806	1214	242	709	267	3698
	湖泊	3833	257	1344	2790	57	51	8332
	水库	522	568	274	35	19	639	2057
	滩地	2522	3570	2498	154	164	237	9145
	沼泽	18271	3939	7909	5232	2115	764	38230
2010	河流	442	806	1006	242	698	265	3458
	湖泊	3478	247	1344	2659	57	50	7835
	水库	790	617	275	35	19	644	2380
	滩地	2457	3539	2366	155	177	231	8925
	沼泽	17621	3822	7410	4797	2083	764	36497

年份	水域类型	嫩江区	松花江平原区	三江平原区	额尔古纳河区	黑龙江干流区	长白山区	全区
2018	河流	442	806	1152	242	712	267	3621
	湖泊	3506	247	1348	2661	57	51	7870
	水库	829	622	277	40	10	647	2424
	滩地	2466	3536	2491	155	180	230	9058
	沼泽	17274	3765	7245	4786	2070	762	35902

旱地面积和城乡用地面积变化分别与河沼湿地面积变化的相关关系如图 3-7 所示，图中各类土地利用面积指数是将土地利用面积进行归一化处理后的结果。可以发现，随着旱地面积和城乡用地面积的增长，河沼湿地系统的面积呈显著下降趋势，从而导致河沼湿地面积指数与旱地面积指数、城乡用地面积指数均呈现显著的负相关关系，相关系数 R^2 分别达到 0.84 和 0.83。

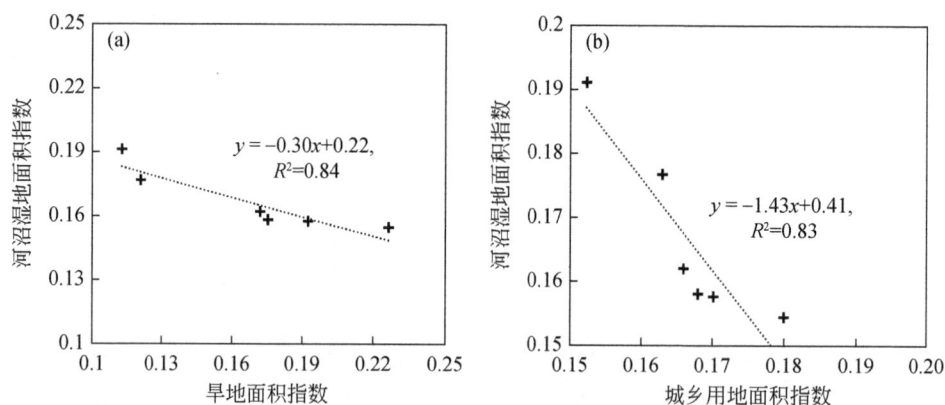

图 3-7　旱地和城乡用地面积变化与河沼湿地面积变化相关关系

3.4　河沼系统"平面–立体"连通性整体降低

河沼湿地系统的立体连通性，是将传统意义上的水文连通与维持候鸟栖息和迁徙生境的生态功能相结合，通过分析计算典型候鸟的栖息、迁徙等生态行为对湿地内部和湿地与湿地之间连通性的需求，充分反映整个大区域尺度湿地系统的健康程度。在河沼湿地系统演变趋势分析的基础上，本研究提出的基于候鸟迁徙的湿地系统立体连通性的评价方法主要包括 4 步：①遥感影像处理；②筛选有效栖息地；③立体空间连通性计算；④水域连通性调控。图 3-8 是每个步骤和结果的详细方法介绍。

首先，对获得的遥感影像进行解译处理。通过解译区域遥感影像，得到区域内不同土地利用类型的空间分布 [图 3-9（a）]。依据研究区域内典型候鸟的生活习性，提取适宜典型候鸟栖息的土地利用类型，例如河流湿地、湖泊湿地、滩地湿地、沼泽湿地和水库湿

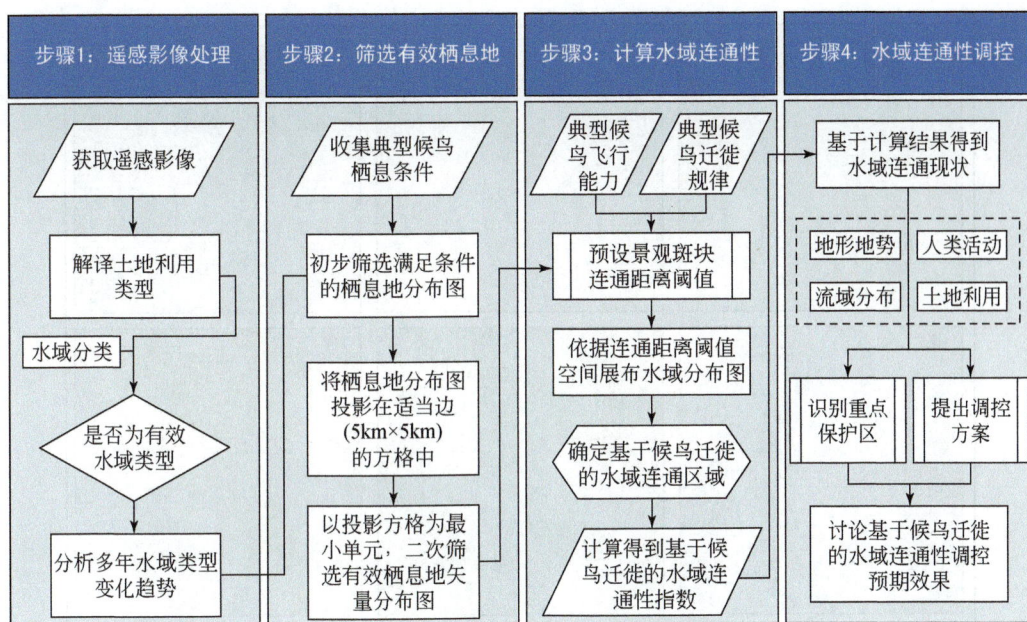

图 3-8　立体空间连通性评价与调控理论框架

地等，作为适宜栖息地空间分布 ［图 3-9（b）］的基础数据。

其次，在适宜栖息地空间分布的基础上筛选出有效栖息地。筛选有效栖息地主要包括两个过程：①对湿地系统各类土地利用类型斑块的筛选。依据满足典型候鸟栖息的最小面积，对步骤 1 中得到的适宜栖息地空间分布图 ［图 3-9（b）］进行初步筛选，剔除掉小于典型候鸟栖息最小面积的斑块，得到初步筛选的有效栖息地斑块空间分布 ［图 3-9（c）］。②对湿地系统抽象化为网格的筛选。将整个区域划分出适当边长的正方形网格，将图 3-9（c）投影到该网格上。然后将每个网格视为最小单元，对每个网格内的适宜栖息地面积进行累加计算，剔除掉面积小于典型候鸟栖息最小面积的网格，二次筛选出有效栖息地网格空间分布 ［图 3-9（d）］。本研究选取丹顶鹤为区域内典型候鸟，由于本研究是以遥感影像中湿地系统的空间分布为基础，故在筛选丹顶鹤的典型栖息地的过程中，仅考虑了其栖息繁殖地应距居民点干扰 1km 以上及所需的最小生境面积应大于 1km² 两方面因素，故确定 1km² 为丹顶鹤栖息的最小适宜面积。此外，考虑到鸟类在空中寻找适宜栖息地视野范围最大半径为 2.5km，故本研究在将整个区域划分为正方形网格时，边长确定为 5km×5km。

接下来计算区域湿地系统的立体连通性。在计算之前，综合考虑典型候鸟的单次飞行能力与迁徙规律，预设景观中斑块连通性的距离阈值。以筛选出的有效栖息地分布图为中心，以预设的距离阈值为拓展半径进行有效拓展 ［图 3-9（e）］。本研究选用欧氏距离计算方法，展布公式为

$$[(x_m-x_i)^2+(y_n-y_j)^2]^{\frac{1}{2}}\times D \leqslant L \tag{3-1}$$

式中，设研究区投影的网格有（a×b）个，（x_m，y_n）表示步骤 3 中得到的有效水面网格质

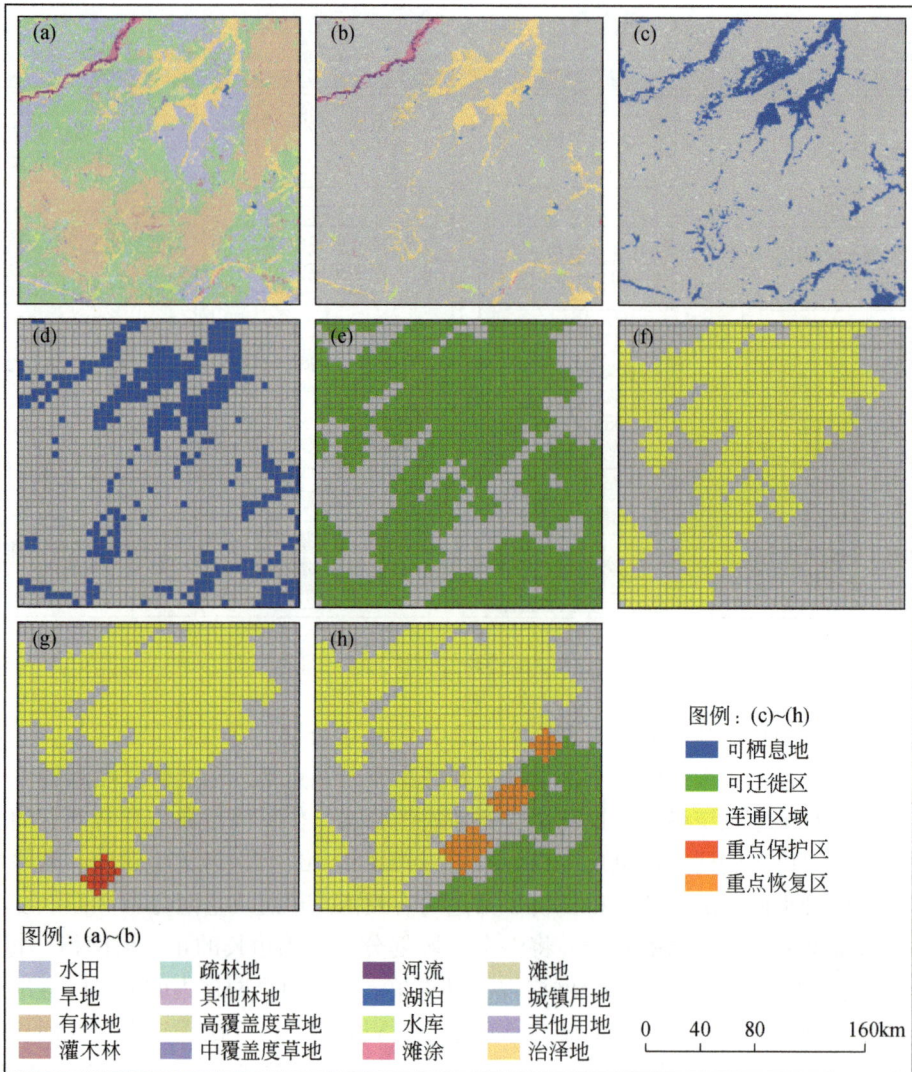

图 3-9　立体空间连通性评价与调控理论框架

点的位置坐标，$1 \leqslant m \leqslant a$，$1 \leqslant n \leqslant b$；（$x_i$，$y_j$）表示满足典型候鸟迁徙网格的位置坐标，$1 \leqslant i \leqslant a$，$1 \leqslant j \leqslant b$；$D$ 为划分出的正方形网格边长（km²）；L 为目标区域中典型候鸟单次最大飞行距离（km）。丹顶鹤在迁徙季节行为节律方面的已有研究表明，丹顶鹤单次活动时间通常在 1h 左右（12：00～13：00 和 15：00～16：00），平均飞行时速通常在 40km/h，故本文确定丹顶鹤单次最大飞行距离 L 为 40km。

　　将所有满足式（3-1）的网格进行标记，参考流域、地形等要素，剔除掉分布范围较小的不连通区域，筛选出满足目标候鸟栖息、迁徙条件的最大连通斑块，确定立体空间连通性区域［图 3-9（f）］，并对其包含的网格进行计数，记为 N_{EWS}。最大连通斑块的网格数与研究区网格总数的比值代表了区域湿地系统的立体连通性，其表达式为

$$SSCI = \frac{N_{EWS}}{N} \times 100\% \qquad (3\text{-}2)$$

式中，N 为目标研究区域覆盖的总网格数。SSCI 为研究区湿地系统的立体连通性指数，满足 $0 < SSCI < 1$，值越大表示区域内湿地系统立体连通性越好，受人类活动影响较小，生态功能更加健全，越适宜典型候鸟的栖息与迁徙；值越小表示区域内湿地系统立体连通性越差，不适宜典型候鸟的栖息与迁徙。

依据黑龙江流域的湿地生态系统分情况，剔除掉不满足典型候鸟（丹顶鹤）栖息的区域，概化出可栖息区域网格。并以可栖息区域网格为中心，以典型候鸟（丹顶鹤）通常情况下的单次飞行能力（40km）为直径，拓展得到其可迁徙区域 [图 3-9（g）]。在得到可迁徙区域的基础上，筛选出连通区域最大的斑块，作为立体空间连通区域 [图 3-9（h）]，从而得到立体空间连通性的评价结果见图 3-10 和表 3-5。

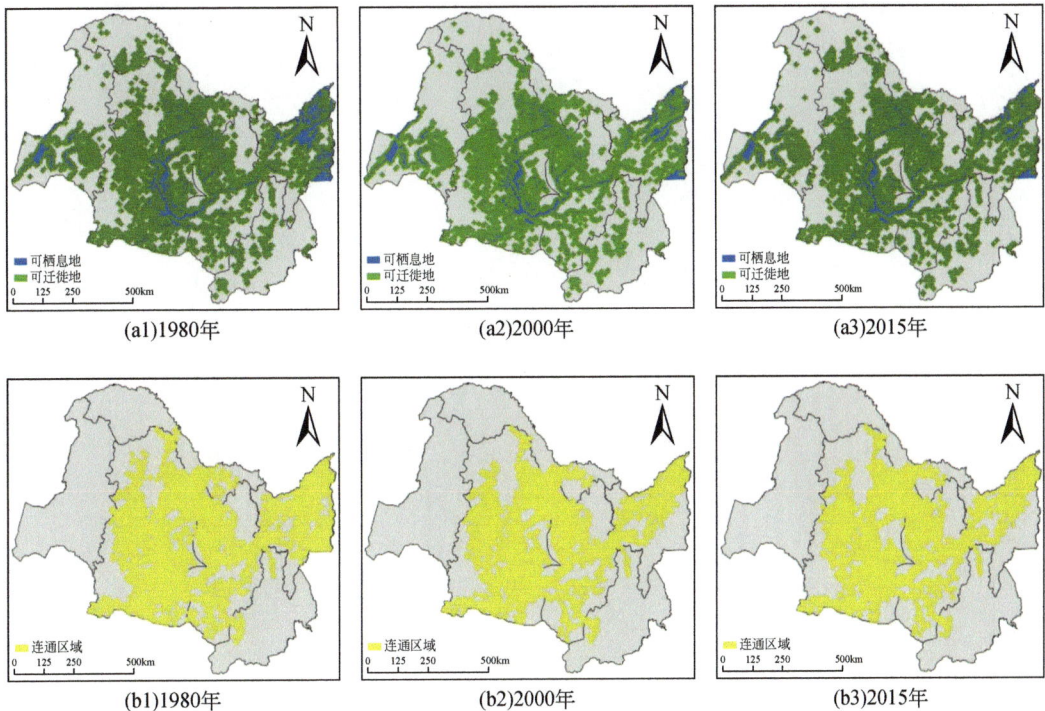

图 3-10　不同水平年河沼系统立体空间连通区域分布图

表 3-5　河沼生态系统立体空间连通性指数

年份	ML/km²	DA/km²	CA/km²	EWS	SSCI/%
1980	166950	450575	356400	14256	41.30
2000	141175	412650	304150	12166	35.25
2015	138150	414425	302725	12109	35.08

注：ML 为可栖息区域，DA 为可迁徙区域，CA 为连通区域，EWS 为有效水面点，SSCI 为立体空间连通性指数。

在时间尺度上，1980~2015 年，黑龙江流域满足丹顶鹤的可栖息区域从 16.69 万 km² 减少至 14.11 万 km²，减少了 2.58 万 km²，减少幅度达 15.46%。其中，1980~2000 年可迁徙面积萎缩剧烈，占到全时段的 89.49%。SSCI 与迁徙面积的变化趋势近似，在 1980~2015 年 SSCI 从 41.30% 减少至 35.08%，减少趋势主要体现在 2000 年之前，变化格外剧烈。

在空间尺度上，可迁徙面积萎缩最剧烈的区域集中在三江平原地区，主要是由于 20 世纪 80 年代以来，随着人口的不断增加、经济不断增长、粮食需求量的增大，三江平原地区进入了急剧发展时期，开荒面积超过 100 万 hm²，湿地系统的面积大幅度萎缩。此外，由于嫩江流域和松花江干流流域人类活动较为频繁，耕地化、城镇化趋势也较为严重，导致湿地系统也遭受破坏，湿地面积有一定程度的下降。上述时空变化趋势，使原本满足丹顶鹤的栖息面积与迁徙路径均遭到损害，采取适当措施对湿地系统的恢复调控势在必行。

第4章 水利工程对河沼系统生态需水影响机制

本章以乌裕尔河-扎龙湿地河沼系统为研究区，分析上游水利工程建设及社会经济取用水对湿地来水量的影响，耦合乌裕尔河上游自然-社会二元水循环过程和下游湿地核心区水动力过程，探究水利工程调控对沼泽湿地洪泛过程的影响机制。

4.1 乌裕尔河-扎龙湿地河沼系统概况

乌裕尔河-扎龙湿地河沼系统位于黑龙江省松嫩平原西部，总面积约 2.3 万 km²，地理坐标为 46°58′N ~ 48°22′N，123°57′E ~ 127°1′E（图 4-1）。乌裕尔河发源于小兴安岭西麓，自东向西流经黑龙江黑河、齐齐哈尔、大庆等地区，全长 576km，是我国第三大内流河。扎龙湿地位于乌裕尔河下游尾闾低洼处，总面积 2100km²，地理坐标为 46°52′N ~ 47°32′N，123°47′E ~ 124°37′E，是我国最大的鹤类等珍稀鸟类繁殖栖息地，于 1992 年被列入国际重要湿地名录。

在河沼系统中，乌裕尔河自依安大桥水文站以上为自然河道，主河槽窄深、河槽与滩地边界明显，洪水和径流符合一般河流特点；龙安桥水文站以下为沼泽湿地区域，植被繁茂、水流缓慢，发育了大量湖泡和芦苇沼泽；依安大桥站以下至龙安桥段，河道发育繁乱、无明显主河槽，水流携带的泥沙沉降形成众多沙丘漫岗，发育出大片芦苇、草甸及小型水泡，蒸散发量及下渗量显著大于典型河道，被认为是河流向湿地的过渡区。

乌裕尔河-扎龙湿地河沼系统的形成源于板块运动，乌裕尔河曾是古嫩江的一条支流，受松嫩湖盆地向下沉降和嫩江向西改道的共同影响，乌裕尔河向南折流向扎龙湿地。乌裕尔河下游段地势平坦，河道平均比降仅为 0.04%，同时流域下游无明显分水岭和正规河槽，大水时常泛滥成一片汪洋，缓慢的水流和湿润的环境为沼生植物芦苇的生长创造了条件，经过漫长的演变，逐渐发展成现在的尾闾型河沼系统。此外，乌裕尔河流域降水集中在夏秋季，冬季严寒使得 10 月末或 11 月初河流下游区域内的大量水分被封冻于地表和土壤中，不能流出低洼区。第二年春季冻融后地表积水，并且长期的封冻造成土壤粒径小、水分下渗慢，地表常年积水或过湿进一步促进了沼泽发育。

乌裕尔河上游水利工程主要有 7 个中型水库，分别为支流轱辘滚沟子上的工农水库、闹龙河上的闹龙河水库、折铁河上的先锋水库、玉岗沟上的玉岗水库、鳌龙沟上的宏伟水库、泰西河上的上游水库、宝泉河上的阳春水库，其基本参数见表 4-1。同时，北安、克东、克山、依安为乌裕尔河上游主要用水户，主要为灌区提供灌溉用水。

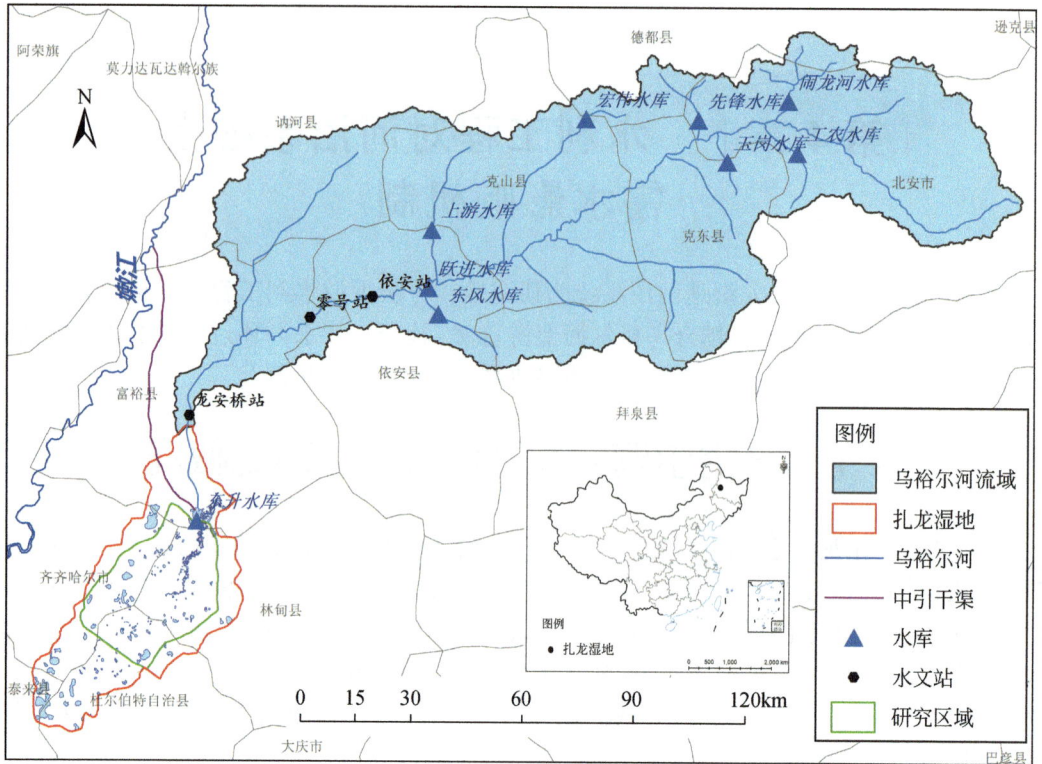

图 4-1　乌裕尔河–扎龙湿地河沼系统位置

表 4-1　乌裕尔河上游 7 个中型水库和 4 个取水口基本信息

水利工程	名称	死库容 /万 m³	兴利库容 /万 m³	防洪库容 /万 m³	生态基流 /(m³/s)	控制流量 /(m³/s)	年均供水量* /万 m³
水库 1	闹龙河水库	880	7150	910	0.13	43	1528
水库 2	工农水库	119	1124	199	0.10	35	631
水库 3	玉岗水库	294	765	117	0.10	15	341
水库 4	先锋水库	305	814	303	0.26	15	679
水库 5	宏伟水库	320	1496	264	0.11	35	677
水库 6	上游水库	180	3069	541	0.10	20	703
水库 7	阳春水库	75	904	486	0.10	13	617
取水口 1	北安	–	–	–	2.23	–	2486
取水口 2	克东	–	–	–	2.35	–	892
取水口 3	克山	–	–	–	3.02	–	6190
取水口 4	依安	–	–	–	3.26	–	5613

* 2007～2015 年平均年供水量。

乌裕尔河流域农垦开发程度强烈，根据齐齐哈尔水资源公报经济社会取用水数据（图4-2），2007~2015年乌裕尔河干流提引水工程取水量变化较大，范围在 8486 万~19178 万 m³，水库取用水量较为稳定，范围在 4200 万~5361 万 m³，该流域水库不仅为农业灌溉提供用水，同时兼顾渔业养殖，因此水库需要保持一定的水深和水面面积。

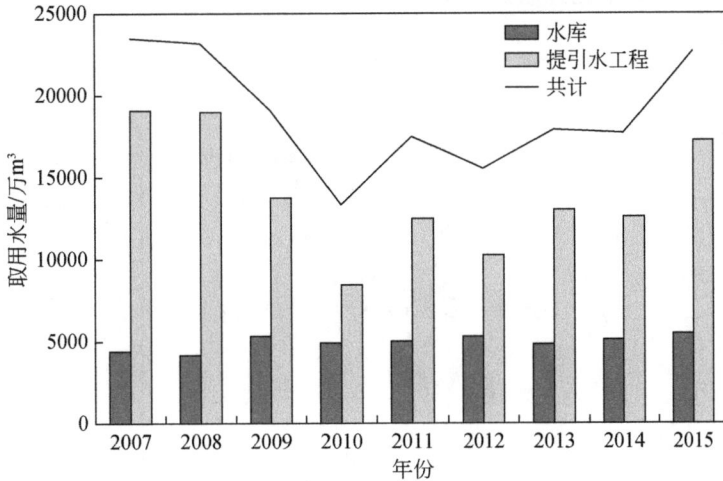

图 4-2　乌裕尔河流域水库及水利工程取用水量

4.2　河沼系统水文–水动力耦合模型构建

4.2.1　流域分布式水文模型构建

本研究基于大流域分布式水文模型（WEP-L 模型），将水库调度及提引水制度耦合到水文模型的子流域当中，实现流域水库调度、农业用水和河道径流日尺度上的紧密耦合，分析不同水资源开发情景及水利工程调度情景下的河流径流过程。WEP-L 模型是一个具有明确物理机制的模型，能够满足大流域面积的模拟需求，同时添加人工水循环过程模拟，形成自然–人工二元水循环，适用于高强度人类活动影响下的流域水循环过程模拟。

1. WEP-L 模型基本原理

WEP-L 模型在水平结构上以子流域套等高带为基本计算单元进行空间离散，以反映流域水文参数的空间异质性。如图 4-3 所示，首先将流域划分为具有拓扑关系的子流域，再根据地表高程将每个子流域划分为若干等高带作为计算单元，能够在保障模拟精度的情况下有效减少模型的计算时间。子流域的划分基于流域内河网水系分布，同时考虑水库、水文站的位置，确保每个子流域内只有一条河道，并且水库、水文站等需要关注的点位为该子流域的出口。在子流域科学划分的基础上，考虑地表高程对坡面产汇流过程的影响，将子流域自上而下细分为若干等高带。子流域嵌套等高带的离散方式能够保障各计算单元之间汇流路径和水量平衡的准确性,同时避免小网格离散导致的计算灾难和大网格离散导致的计算失真。为了模拟不同土地利用及土地覆盖类型水分和能量循环过程,WEP-L 模型将计算单元下垫面划分为 5 类:水域、裸地-植被域、不透水域、灌溉农田域和非灌溉农田域。模型分别对各类下垫面进行水热通量计算,最后根据等高带内各类下垫面面积占比加权累加获得该计算单元的水热通量。

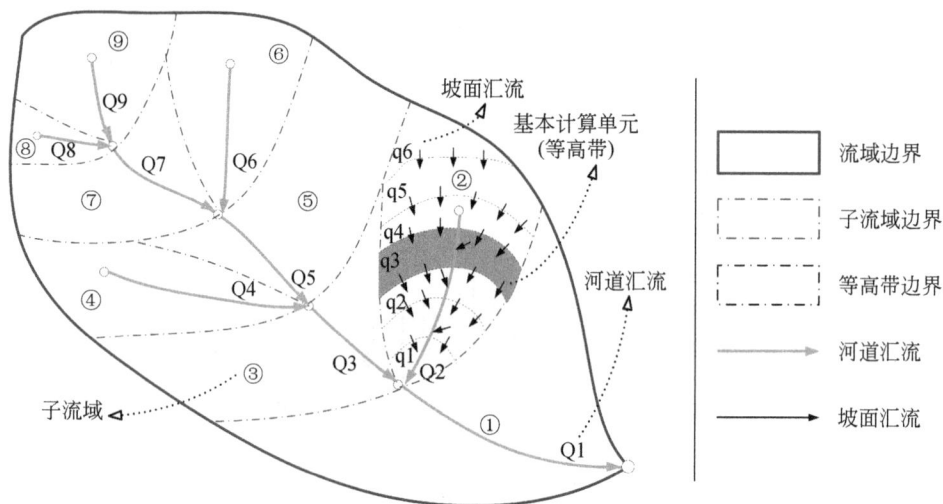

图 4-3 WEP-L 模型水平结构图

WEP-L 模型垂直结构如图 4-4 所示,主要包括截留层、洼地储留层、土壤层、过渡带层和地下水层。模型设定林木根系涉及三层土壤,草木根系涉及土壤表层和土壤中层,裸地仅涉及土壤表层,因此土壤表层蒸发蒸腾量主要包括裸地蒸发量、林地草地和农作物的蒸腾量;土壤中层蒸腾量主要包括林草地和农作物的蒸腾量;土壤底层蒸腾量为林地植被蒸腾量。过渡带层为根系土壤层与浅层地下水层的过渡区域,其厚度取决于研究地区浅层地下水水位。浅层地下水层能够与河道进行地表水-地下水交换过程,深层地下水层为承压层。

WEP-L 模型兼顾了陆面过程模型和分布式水文模型的特点,能够模拟复杂下垫面水热运移,包括能量循环过程和水文循环过程。能量平衡方程如下:

$$RN + A_e = LE + H + G + P_L + A_d \tag{4-1}$$

$$RN = RS - \alpha RS + RLD - RLU \tag{4-2}$$

式中,RN 为净放射量;LE 为潜热通量;H 为显热通量;G 为地中热传导;A_e 为人工放射量;P_L 为植物吸收量;A_d 为移流项;RS 为到达地表的短波放射量;RLD 和 RLU 分别为大气至地表、地表至大气的长波放射量;α 为短波放射率。能量循环通过计算各子流域套等高带计算单元的日短波放射、日长波净放射、潜热和显热以及地中热实现能量循环平衡。能量循环通过计算各子流域套等高带的日短波放射、日长波净放射、潜热和显热以及地中热实现能量循环平衡。

WEP-L 模型水文循环过程包括蒸腾蒸发、积雪融雪、入渗与土壤水运动、地表径流、

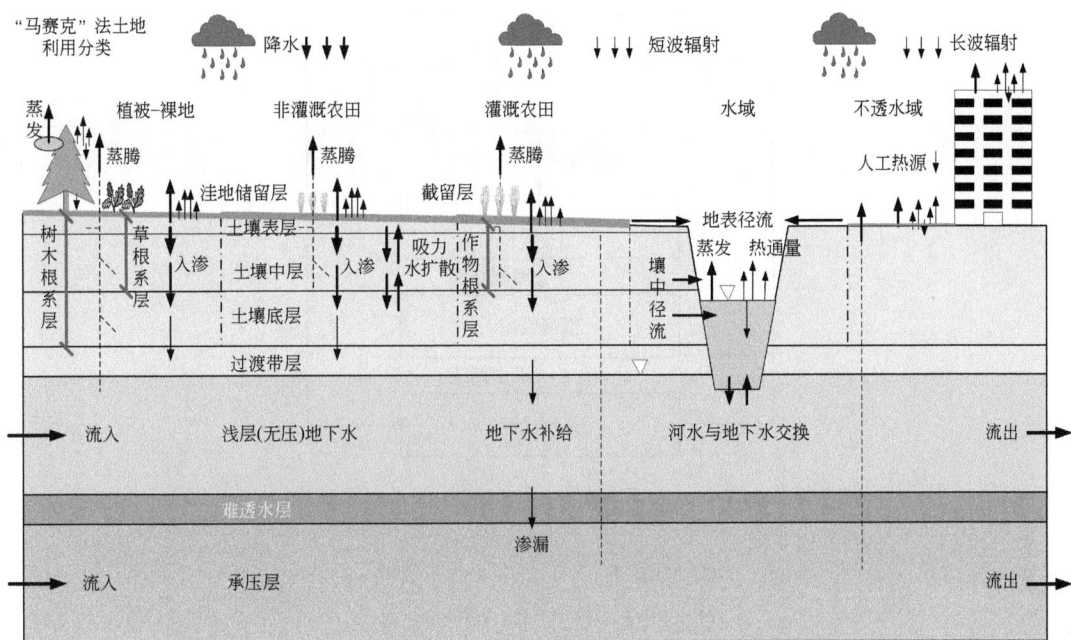

图 4-4　WEP-L 模型垂直结构图

地下水运动及其与河道的水量交换、坡面汇流与河道汇流等。其中蒸发过程通过 Penman 公式计算，截留蒸发过程通过 Noilhan-Planton 模型计算，植被蒸腾通过 Penman-Monteith 公式计算，地表入渗过程通过 Green-Ampt 模型计算，暴雨期模型通过超渗产流计算公式模拟，非暴雨期则通过水量平衡原理模拟土壤水分运移，坡面汇流和河道汇流通过运动波方程计算，积雪融化通过度日因子法进行模拟。

2. 水库和提引水工程模块改进

WEP-L 模型水库模块通常使用水库月蓄变实测数据进行调蓄，根据逐日计算流量累加计算，使得全月蓄变量满足历史数据。若没有月蓄变量实测数据，则使用最小下泄流量作为水库下泄量，即如果计算流量小于最小下泄量，则计算流量等于最小下泄量，否则使用计算值。本研究在此基础上对水库和取水模块进行改进，考虑水库死库容、兴利库容和防洪库容，使之能够在缺乏蓄变量资料的情况下模拟水库调蓄作用及供水功能，提引水工程则根据取水制度从子流域进行取水。同时基于流域土地利用类型分布和作物灌溉制度将农业用水进行空间展布和时间展布，结合自然水循环过程，实现水库调度、农业用水和河道径流日尺度上的紧密耦合（图 4-5），为实现不同农业水资源开发情景下的河道径流过程分析提供基础。

大多数水库都有多种功能，如供水和防洪，因此水库一般分为死库容、兴利库容和防洪库容，都有一个特定的服务目标。同时，水库管理者针对不同地区、不同水文气象条件，制定了不同的水库调度规则。水库每个时间步长下泄水量可由式（4-3）计算：

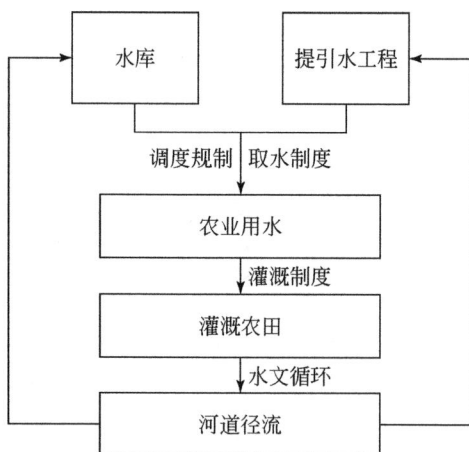

图 4-5 WEP-L 模型水库调度–农业用水–河道径流耦合示意图

$$Q_{out} = \begin{cases} 0\,(S_t < S_i) \\ Q_{min}\text{或}Q_{in} - Q_{storage}\,(S_i < S_t < S_{max}) \\ Q_{in} - Q_{supply}\,(S_t > S_{max}\text{且}\,Q_{in} - Q_{supply} < Q_{reg}) \\ Q_{reg}\,(S_t > S_{max}\text{且}\,Q_{in} - Q_{supply} > Q_{reg}) \end{cases} \quad (4-3)$$

式中，Q_{out} 为各计算步长水库下泄量（m³/s）；S_t 为时间为 t 时的水库蓄水量（m³）；S_i 为水库死库容（m³）；Q_{min} 为水库最小下泄量（m³/s）；值得注意的是，在一些径流量较大的河道，为避免水库水位快速上涨，水库往往每天截流部分径流，在一定的时间内蓄满水库；$Q_{storage}$ 为每秒水库蓄水量（m³/s）；S_{max} 为由水库调度确定的当月最大蓄水量上限（m³）；Q_{in} 和 Q_{supply} 分别为水库入流量和供水量（m³/s）；Q_{reg} 为水库为保护下游河道或下游重点目标如居民区、公路、铁路等的限制最大下泄量（m³/s）。根据一般的水库调度方案，农业流域水库于汛期末期蓄满，最大蓄水量可能会超过兴利库容，接近总库容以最大化利用水资源。汛期前一个月，水库腾空防洪库容以调蓄可能来的洪水。因此，从汛期之前的一个月到汛期结束的期间内的最大蓄水量可能等于兴利库容，汛期末尾时期到第二年汛期前期水库的最大蓄水量等于兴利库容和防洪库容之和以最大化利用水资源，具体取决于水库调度图。水库在 t 时间的蓄水量 S_t 可由式（4-4）计算：

$$S_t = S_{t-1} + \Delta t\,(Q_{in} - Q_{out} - Q_{supply}) - (S_E + S_L) \quad (4-4)$$

式中，S_{t-1} 为上一个时间步长的水库蓄水量（m³）；Δt 为时间步长（s）；S_E 和 S_L 分别为水库蒸发量和渗漏量（m³）。模型中存在水库的子流域产汇流计算调用水库模块，基于上游子流域出流量及水库特征计算下泄量，水库下泄量输入下一个子流域作为流域入口流量继续计算，以耦合水库调度和天然水循环过程。

农业流域灌区一般通过提引水工程从干流取水，在模型取水模块，存在取水口的子流域河流径流量由自然水循环过程模拟得到，经人工提引水干预后的河流径流量由式（4-5）计算：

$$Q_{out} = Q_{in} - Q_{take} \quad (4-5)$$

式中，Q_{out} 为子流域出流流量（m³/s）；Q_{in} 为子流域自然流量，是上一个子流域流量和该子流域汇流流量之和（m³/s）；Q_{take} 为提引水量（m³/s）。本研究提引水量数据来源于当地政府的水资源公报，研究区灌区和提引水口均位于各县区附近，因此，在模型中取水口子流域概化为县区所在子流域。同时，基于实测流量和还原流量对比及灌溉制度将年取水量降尺度到月取水量，并分配到月内每秒。

3. 模型率定与验证

利用改进的 WEP-L 模型，结合 1975～2000 年的逐日降水、气温、日照、湿度、风速和土地利用等资料，对乌裕尔河流域自然水循环过程进行模拟，并利用同期依安大桥站还原流量率定验证模型参数。模型率定结果如图 4-6（a）所示，其中 1975～1989 年为率定期，1990～2000 年为验证期。率定期 Nash 效率系数为 0.71，相对误差为 0.4%；验证期 Nash 效率系数和相对误差分别为 0.80 和 0.4%，表明 WEP-L 模型能够较好地模拟乌裕尔河流域天然水循环过程。

进一步，利用改进的 WEP-L 模型模拟 2007～2015 年乌裕尔河流域自然–社会二元水循环过程，并对比同期依安大桥站实测流量过程。模型模拟结果如图 4-6（b）所示，Nash 效率系数和相对误差分别为 0.84 和 6.4%。

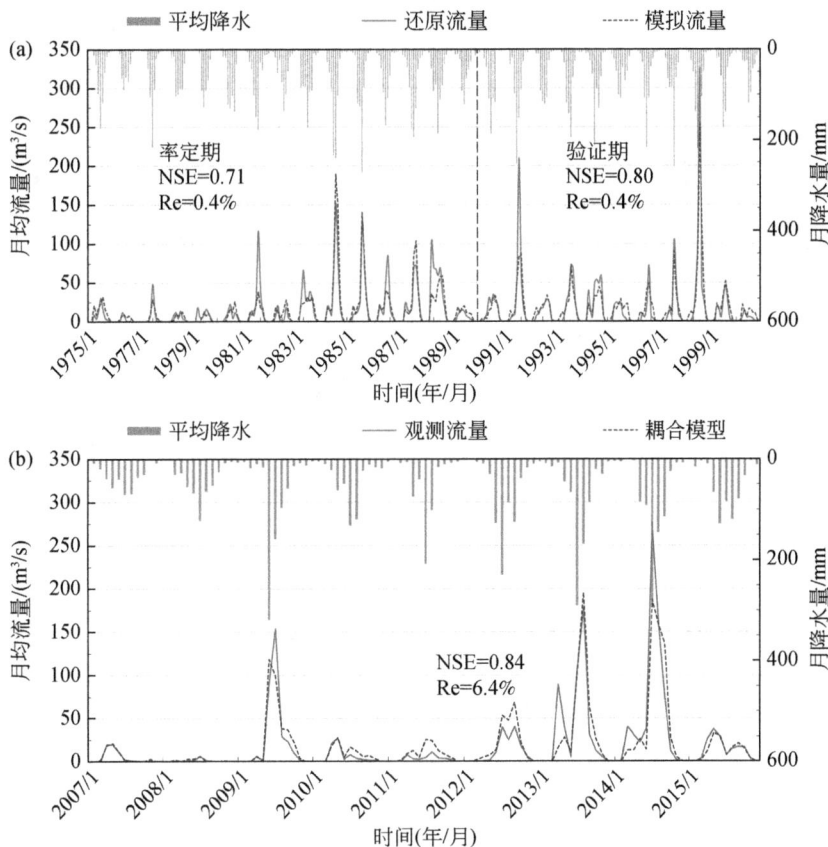

图 4-6 依安大桥站率定和验证结果（a）及二元耦合模型模拟结果（b）

此外，本研究通过耦合模型模拟研究区 7 个水库的蓄变量（图4-7），并利用水库 5 和水库 3 的实测数据进行验证，Nash 效率系数分别为 0.64 和 0.63（图 4-8）。表明对于人类活动强烈的乌裕尔河流域，改进的 WEP-L 模型能够较好地模拟其实际水文过程。

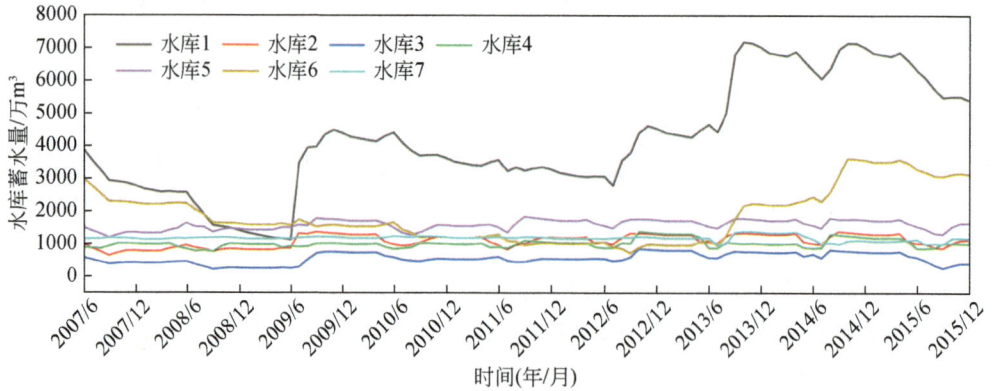

图 4-7　水库蓄水量模拟结果

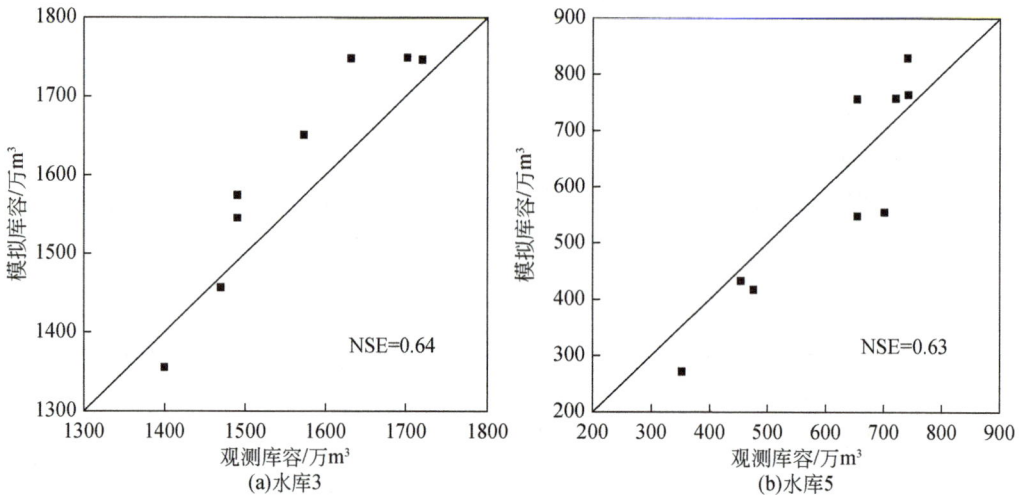

(a)水库3　　　　　　　　　　　　　(b)水库5

图 4-8　水库蓄水量模拟验证

4.2.2　河沼系统水动力学模型构建

基于 MIKE 软件组开发河沼系统水动力学模拟模型，其中乌裕尔河依安至克山段河道规则、断面变化较小，构建一维水动力学模型；而湿地内部地形变化复杂、干湿边界随水量大小波动较大，构建二维水动力学模型；最后结合河沼过渡带区域径流漫散机制，对河沼系统水动力模型进行耦合处理。

1. 一维水动力学模型构建

一维水动力学模型的构建过程主要包括地形资料整理、输入文件制作、初始条件和边界条件的确定、主要参数的率定和模拟结果验证等。

模拟范围：在河沼系统中，下游河段是研究重点，但由于河沼过渡带河流漫散严重，河道弯曲且岔口多，不适合进行水动力学模拟。因此选取下游河道未发散的克山至依安段开展水动力学建模，模拟河段全长 60km。

地形资料：依据乌裕尔河实测大断面资料，克山至依安河段全长 72km，共收集河道横断面 37 个，断面平均间距 1.6km，各横断面有 20~50 个测点。

水文资料：结合模拟河段范围及干支流交汇情况，选取依安大桥站、克山大桥站、双河站、古城站实测水文资料作为输入条件，具体内容见表 4-2。

模型输入：模型输入主要包括河网信息、断面文件、边界及参数文件，模型输入文件的制作是模型模拟的基础和前提，根据收集的地形资料提取河网信息，模型根据河网文件判断河流走向和模拟长度，模拟河段为乌裕尔河干流克山大桥到依安大桥站；断面文件以模拟河段中对应大断面位置及地形数据，根据各断面到克山大桥站的距离确定，共 37 个断面信息，模型通过断面文件刻画河道地形物理特性。

表 4-2   主要水文控制站及水文资料

水文站	河流	断面坐标		数据类型	至河口距离/km	集水面积/km²
		经度	纬度			
依安大桥	乌裕尔河	125°18′E	47°50′N	水位	317	8224
克山大桥	乌裕尔河	125°53′E	48°00′N	流量、水位	389	4465
双河	润津河	125°50′E	47°56′N	流量	7	1216
古城	鳌龙沟	125°24′E	47°59′N	流量	6	858

边界条件：以上游克山大桥水文站断面作为入流断面，以依安大桥水文站断面作为出流断面，入流断面输入克山大桥站逐日径流实测数据，出流断面以同时期依安大桥站逐日水位实测数据作为下边界条件。乌裕尔河两条最大的支流鳌龙沟和润津河在模拟河段内汇入干流，分别在干支流交汇口处，以点源形式汇入至模拟河道内，由于古城站和双河站基本位于所在支流的最下游，因此分别以各水文站实测流量数据作为边界条件。

参数率定与验证：水动力学模型的率定和验证是模型建立的关键步骤，对于一维河流水动力模型而言，主要率定参数为河道糙率系数。就扎龙湿地及乌裕尔河下游河沼系统而言，河流水动力学模拟的目的是分析河道内鱼类栖息、洄游繁殖的水文需求，考虑到乌裕尔河冬季天然连底冻，冰封期水动力模拟不是本研究重点，因此参数率定时选择鱼类洄游繁殖期及生长期作为率定目标。以 2012 年 4 月 10 日至 10 月 31 日作为率定期，以克山大桥站水位、流速变化过程为率定目标，率定结果见图 4-9。可以看出，模拟水位与实测水位基本吻合，除模型预热段外，最大误差控制在 0.02m 以内，流速模拟结果与实测流速变化趋势大致相同，最大误差控制在 0.1m/s，因此计算水位和流速过程能基本准确地反映实测水流过程的变化，模型基本原理正确，参数选取合理，此时糙率系数为 0.32 ~ 0.35，全程糙率系数整体设为 0.32，坡度较大的河段部分为 0.35。

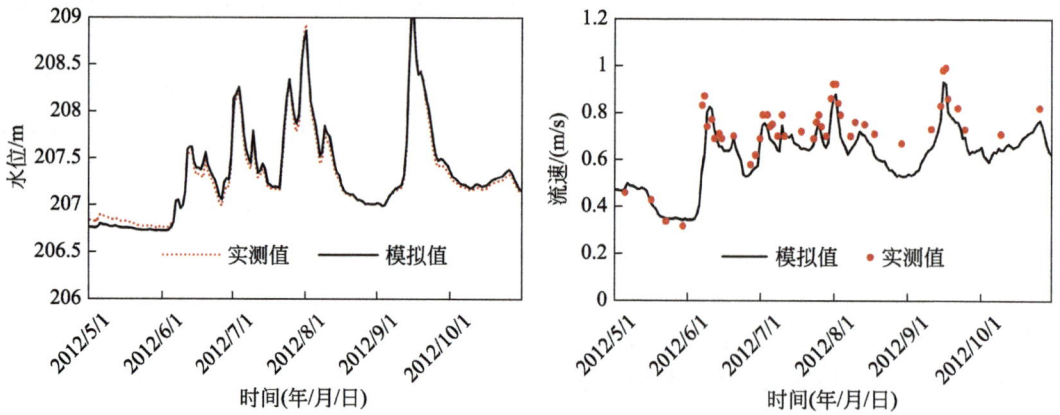

图 4-9　克山大桥站水位及流速率定结果

采用 2013 年 4 月 15 日至 10 月 30 日为验证期，通过克山大桥断面同时段实测水位和流速对模型进行验证。水位和流速验证结果如图 4-10 所示。由验证结果可知，水位和流速模拟结果与实测值基本吻合。水位模拟值与流速模拟值高度一致，最大误差不超过 0.01m，流速验证结果也在允许误差范围之内，因此河流一维水动力学模型参数率定合理，所建模型可以用于水动力模拟。

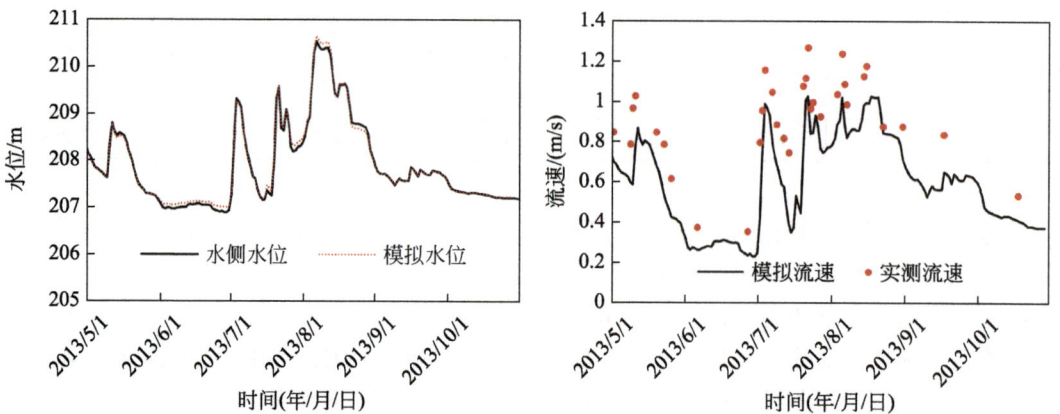

图 4-10　克山大桥站水位及流速验证结果

2. 沼泽湿地二维水动力学模型构建

扎龙湿地滩多水浅，水力参数沿垂直方向的变化较之沿水平方向的变化要小得多，适合构建平面二维浅水动力学模型进行研究。建模过程如下所示。

（1）地形文件制作

地形文件：首先确定模拟区域范围及地形网格的整体分辨率，本次研究以扎龙湿地保护区边界作为模拟边界，总面积为 $2100km^2$，地形原始资料参考扎龙湿地 1∶10000 图，因计算区域内地形比较复杂，利用非结构网格生成器进行三角网格剖分，网格间距为 30 ～ 50m，考虑到湿地内部湖泡和高地交叉分布，干湿边界变化频繁，需要进行局部加密，结果如图 4-11 所示，共计 17566 个计算节点，34382 个计算单元。

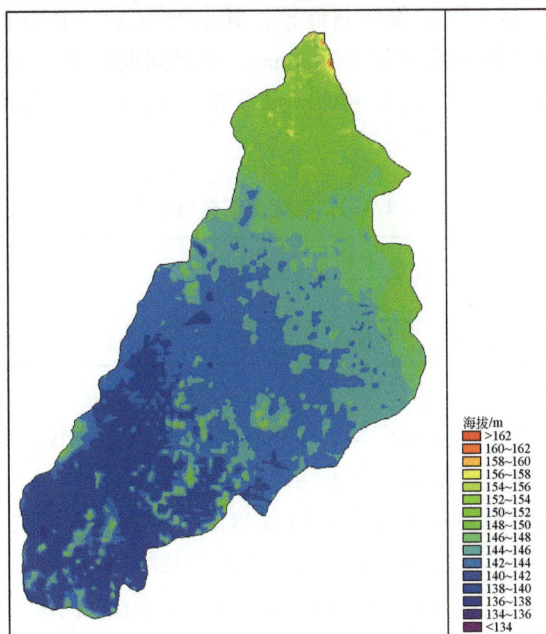

海拔/m
>162
160~162
158~160
156~158
154~156
152~154
150~152
148~150
146~148
144~146
142~144
140~142
138~140
136~138
134~136
<134

图 4-11　扎龙湿地地形展布图

（2）模型输入与定解条件

定解条件：包括边界条件和初始条件。初始条件主要考虑初始水位场的设置，初始水位以龙安桥站、滨洲线站水位数据进行插值计算。边界条件设置两个上边界和一个下边界，上边界为乌裕尔河入扎龙湿地汇流处，即龙安桥站断面，以及东升水库入口处，该边界条件主要针对中部引嫩工程补水；扎龙湿地的下游边界是连环湖。扎龙湿地近几十年的水循环要素特征分析结果显示，扎龙湿地的主要耗水项是蒸散（发），占总耗水的75%，渗漏占14%，下游出流只占11%，可认为平水年或偏枯年份上游来水基本被湿地内水面蒸发、植被蒸腾及渗漏消耗，在非洪水期下边界流量条件设为0。考虑到湿地内部滩地、沟汊纵横，干湿边交替频繁，为了避免模型计算出现不稳定性，需要进行干湿边界设置。其中当某一单元的水深小于干水深的时候，在此单元上的水流会被冻结而不参与计算干水深；当水深超过淹没深度但小于湿水深，该单元会不计算动量方程，只计算连续方程。研究区干水深 $h_{dry}=0.01m$，淹没水深 $h_{flood}=0.05m$，湿水深度 $h_{wet}=0.1m$。

水文气象数据：浅水湿地水动力过程受气象条件影响较大，为尽可能准确还原各气象条件的影响，模型所需水文气象资料包括降水、蒸发、蒸腾、冰层及风场数据等。

（1）降水量数据。降水量数据结合龙安桥站和烟筒屯站的逐日降水观测数据，进行换算。

（2）蒸发量数据。扎龙湿地蒸发量包括明水面蒸发量和芦苇沼泽蒸发量，明水面和芦苇沼泽分布区域依据扎龙湿地水资源规划划分。明水面蒸发分析选择龙安桥气象站逐日实测蒸发量，由于气象站采用20cm蒸发皿，需统一换算为E_{601}蒸发器成果，再结合黑龙江蒸发试验站所得大水体蒸发量转换系数，得到水面蒸发量。

芦苇沼泽蒸发包括芦苇蒸腾和水面蒸发，其中芦苇蒸腾量使用齐齐哈尔气象站提供的芦苇生长期（4~9月）蒸（散）发资料计算，其余时段按明水面蒸发计算。根据齐齐哈尔气象站资料，芦苇生长期蒸腾量为774.3mm，考虑同期降水，则芦苇4~9月生长期多年平均蒸腾损失深度为390mm，各月平均成果见表4-3。将各月份芦苇蒸腾量分别换算为逐日蒸腾数据。

表4-3　芦苇生长期蒸腾量表

项目	4月	5月	6月	7月	8月	9月	合计
芦苇蒸腾/mm	66.7	102.8	138.7	196.3	168.4	101.4	774.3
芦苇蒸腾损失/mm	49.8	74.6	68.0	67.4	76.2	54.0	390.0

（3）风场数据。沼泽湿地水面广阔、水流缓慢，受风影响较大，模型中考虑了风应力项，风场资料采用齐齐哈尔气象站逐日平均风速及风向数据。

（4）冰层数据。扎龙湿地每年封冻时间为11月至次年4月初，长达5个月的冰封期也是河沼系统研究的重点，模型中考虑了冰盖覆盖率及冰盖厚度的影响。冰层厚度依据龙安桥水文站冰情资料，以月尺度形式作为输入条件。扎龙湿地冰层厚度最高可达到1m。

二维水动力学模型输入数据及定解条件见表4-4。

表4-4　模型输入及边界条件汇总表

分类	名称	数据
初始条件	初始水位	根据龙安桥水文站、滨洲线水文站及5个自设水位控制点差值
模型输入	降水	龙安桥气象站、烟筒屯气象站同时段逐日降水量平均值
	水面蒸发	龙安桥气象站、烟筒屯气象站同时段逐日蒸发量平均值
	蒸腾	扎龙湿地芦苇生长期蒸腾量（大水体换算后）
	风场	龙安桥气象站逐日平均风速、风向
	冰盖	冰盖厚度月均值
边界条件	上边界	龙安桥水文站逐日流量、东升水库逐日泄水量
	下边界	根据滨洲线水文站水位-流量关系确定

参数率定与验证：沼泽湿地水动力学模型主要率定参数为糙率系数分布及涡粘性系数。同时，考虑到乌裕尔河下游河道漫散，扎龙湿地侧向入渗量较大，龙安桥断面流量无法完全代表扎龙湿地入流量，需要率定入流量系数。模型率定期1971年1月1日至1972年12月31日，时间步长1d。以同时段滨洲线水文站逐日实测水位进行率定，结果如图4-12所示，平均绝对误差0.03m，最大误差不超过0.1m，可认为模型参数率定合理，所建模型可以用于水动力模拟。

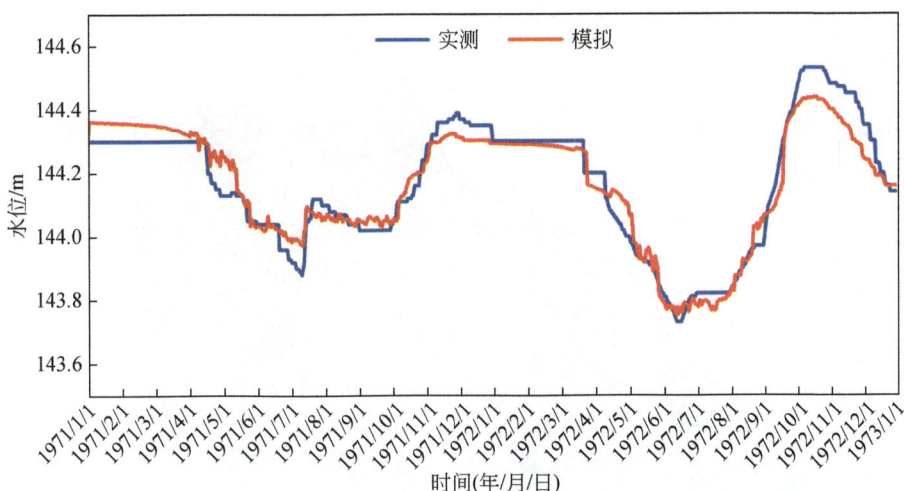

图4-12　二维水动力学模型水位率定结果

由于乌裕尔河下游河道水流漫散严重，龙安桥站断面入流无法涵盖全部来水，需率定龙安桥断面入流量与实际来水量间的相关系数，为1.7。底床摩擦采用曼宁系数设定的方式，考虑到沼泽湿地内部湖泡、芦苇沼泽及高岗旱地交叉分布，糙率系数设置需结合地形及土地利用类型，芦苇沼泽区域曼宁系数为0.6～0.8，湖泡及明水面曼宁系数在0.05左右。模型中水平涡粘系数的设定选择Smagorinsky公式，经率定Smagorinsky系数为0.6。

4.2.3　沼泽湿地核心区分区水位模拟

扎龙湿地核心区地表水资源主要来源于东升水库泄洪、弃水及针对湿地的补水，东升水库蓄水来源于黑龙江省中部引嫩工程和乌裕尔河径流。为研究不同来水条件下的扎龙湿地洪泛过程，支撑扎龙湿地生态补水工作，于湿地核心区林齐村、吐木可、卧牛岗子、赵凯、滨洲线二道桥、滨州线三道桥点位安装水位在线监测设备（TD-Diver），并监测记录东升水库泄水流量、湿地出水口水位等。

据遥感影像解译、实地踏勘及核心区内各监测点水位相关性分析结果，识别扎龙湿地泡沼并概化得到核心区内主要河道（图4-13），湿地核心区内河道干流发源于东升水库泄洪闸口，后于核心区中部分出若干支流。本研究通过MIKEFLOOD平台耦合一维河道与二维洪泛区，模拟扎龙湿地核心区不同来水量条件下洪泛面积，以及不同来水量条件下的地下径流过程及核心区内泡沼水位动态，实现湿地地表漫流–河道径流联合模拟，分析湿地核心区洪泛水位对来水流量的响应机制，识别湿地核心区不同来水条件下点（泡沼）、线（河道）、面（沼泽）的转化流量阈值。

湿地核心区地形复杂，水流阻隔较多，传统粗放式补水方式效率较低。为识别湿地内部阻隔区域，本研究对湿地核心区进行分区研究。在以往的研究中，湿地的分区往往根据大量布点采样，基于采样点的水质状态、生物群落及环境功能进行分区。这种分区方法受采样点布设密度和数量的影响较大，工作量繁琐，因而实践意义欠缺，并且没有具体的分

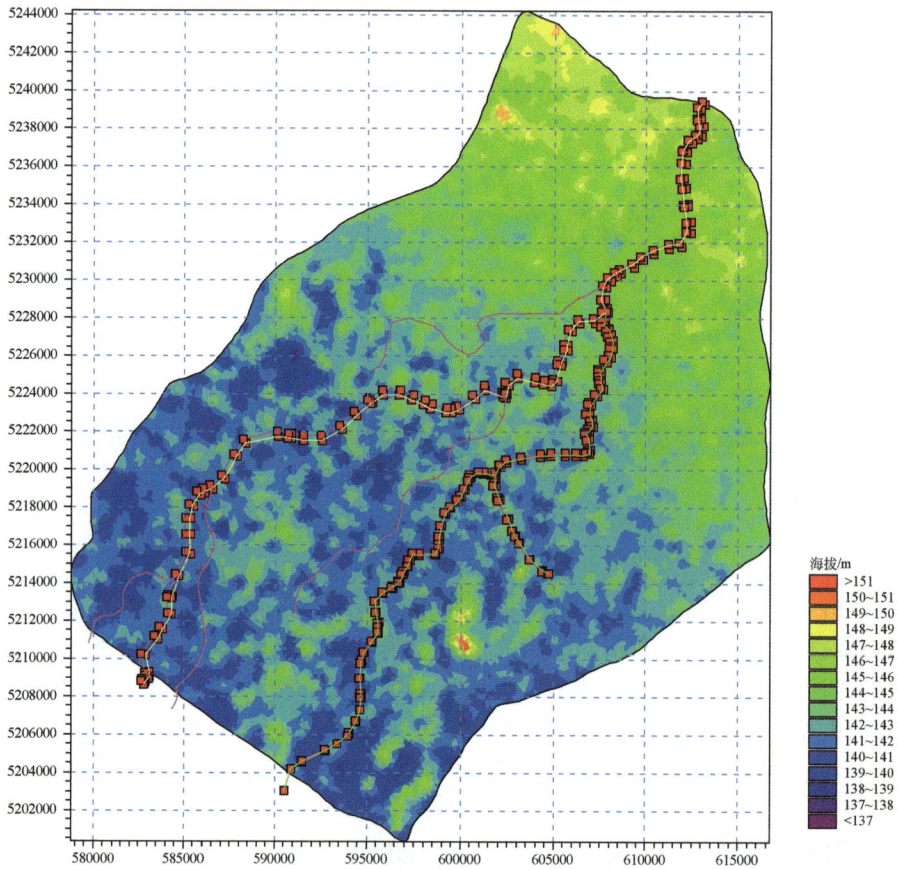

图 4-13　扎龙湿地核心区地表漫流-河道径流联合模拟

区边界。分区边界往往是保证整个湿地连通的重要环节，对于保持湿地良好生态状况十分重要。因此本研究基于湿地核心区连通性进行分区。

　　首先基于湿地核心区 DEM 数据及平水年条件下湿地补水过程数据建立水动力模型，根据水位监测数据率定验证水动力模型，通过 Python 程序语言提取水动力模型求解域内每个网格时间序列水位变化过程。其次任取一点，将其他所有点位每个时间步长水位变化过程与之进行拟合分析，并计算相关系数 R 作为各点位水动力变化过程特征值以达到数据降维的目的。然后将各点位水动力过程特征值进行多次聚类后得到湿地分区，分区内部各点位水位变化过程相似，表明分区内部水动力连通性较强。各分区之间因存在阻隔物，造成汇水困难或多流交汇情形，因而各分区之间在当前来水流量状况下水动力变化过程存在差异。本次研究对湿地核心区进行二次聚类分析，第一次聚类形成 31 个斑块，如图 4-14 （a）所示，各个斑块水位变化特征值 R 如图 4-14 （b）所示。第二次聚类以第一次聚类形成的 31 个斑块为个体进行聚类，聚类结果见图 4-14 （c），形成 9 个分区，分区内部各点位水位变化特征值 R 见图 4-14 （d）。最终，剔除个别较小的独立水泡并根据湿地水位监测点位分布，形成便于调控监测的湿地核心区分区如图 4-14 （e）所示。

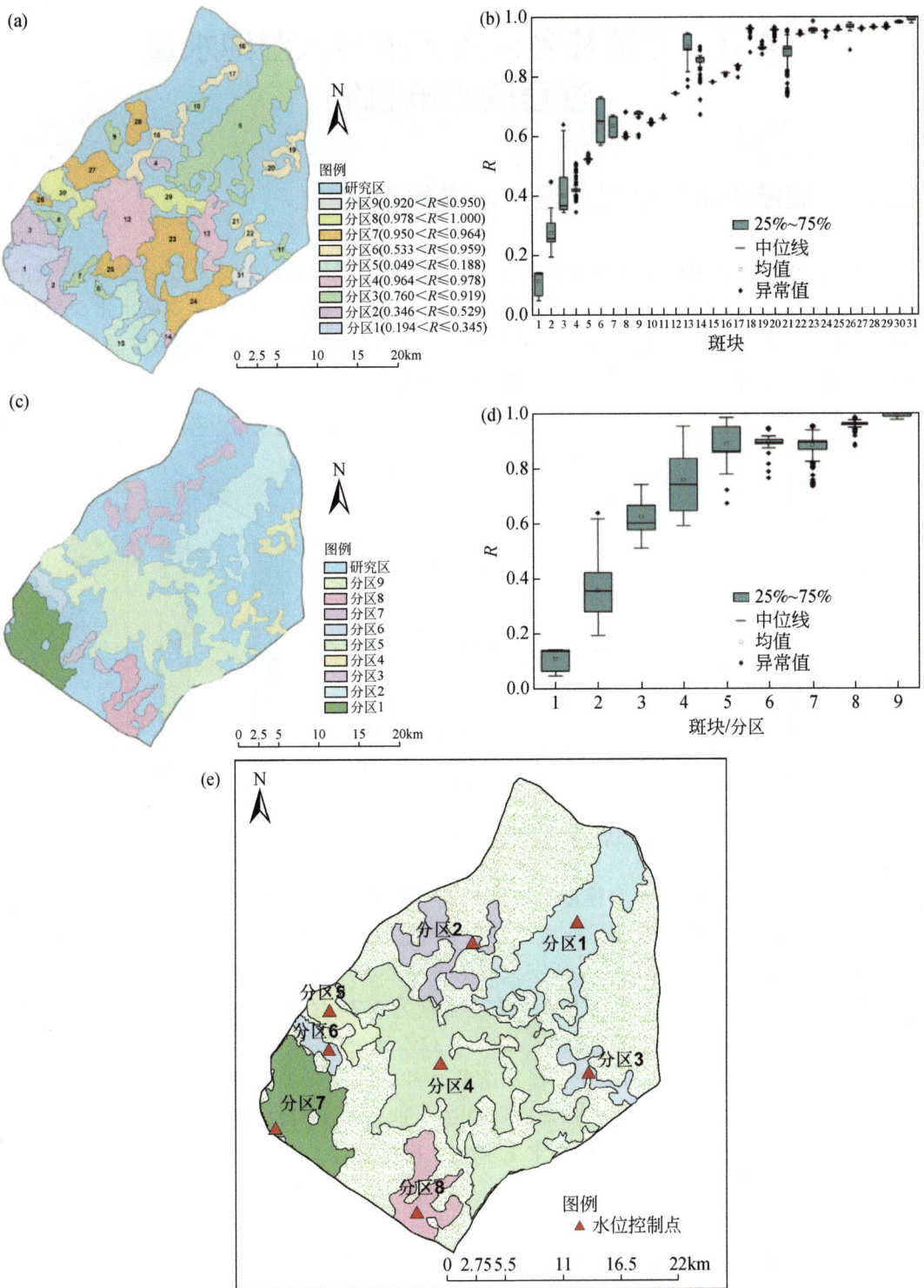

图 4-14　湿地核心区分区过程及结果

第一次聚类结果（a）、第一次聚类各个斑块 R 值分布（b）、第二次聚类结果（c）、第二次聚类
各个斑块 R 值分布（d）及湿地核心区分区结果（e）

4.3 上游社会经济用水对入湿地水量过程的影响机制

4.3.1 灌溉用水规模对入湿地水量的影响

本研究利用水文模型分析不同农业用水程度下扎龙湿地入口处（依安大桥断面）径流过程。上游乌裕尔河流域社会经济用水主要为农业用水，1990～2018年流域水田面积和灌溉用水量如图4-15所示。随着灌溉面积的增加，灌溉用水量从1990年的0.8亿m³增加到2018年的2.6亿m³，其中2005年后灌溉用水量增幅最大。

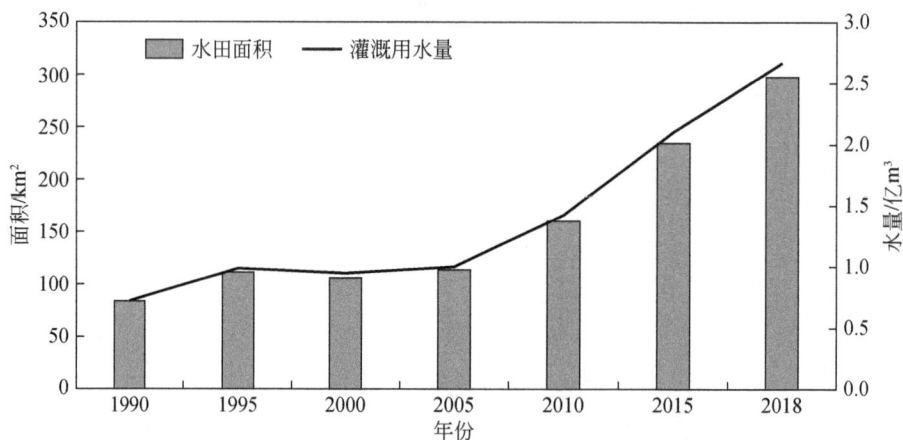

图4-15 乌裕尔河流域水田面积及灌溉用水量变化情况

利用改进后的WEP-L水文模型对取用水进行分析，不同用水规模下乌裕尔河下游依安大桥站年径流量如图4-16所示。模拟结果表明，乌裕尔河下游流量及入湿地水量受流域取用水影响显著，现状条件下，依安大桥站多年平均径流量比天然状况降低34.9%。天然条件下，上游河流出口依安大桥站年均径流量为6.74亿m³，1990年、2010年、2015年、2018年用水规模下分别减少23%、28%、32%和35%。

对各月的径流量影响进行分析，模拟结果如图4-17所示。可知8～9月径流降低总量最大，但5～6月降低比例最大，降幅达到49%。这是由于东北地区5～6月天然降水少，同时该时段又为春灌期，农业灌溉用水需求大。相对而言，4月由于桃花汛期，取用水对径流影响较小。

4.3.2 人类活动强度对入湿地水量的影响

本研究以不同年份用水规模作为高、中、低水资源开发情景，通过情景分析不同农业水资源开发程度下依安大桥水文站径流过程，分析上游社会经济取用水对河沼过渡区水量

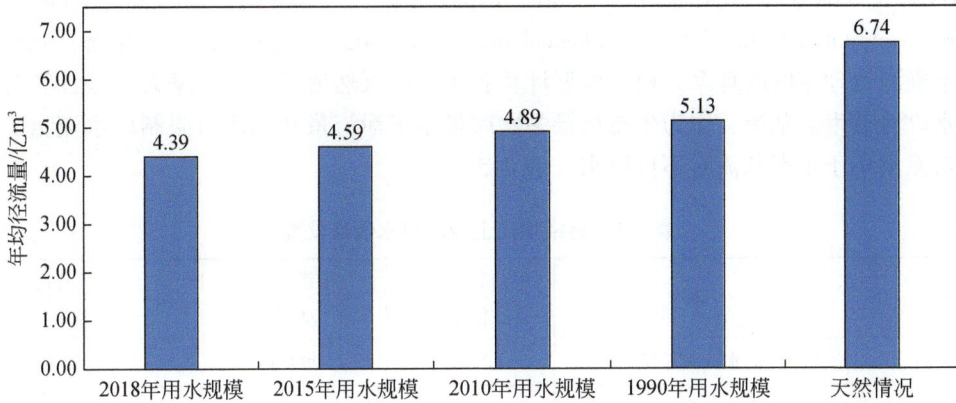

图 4-16　不同用水规模下依安大桥站年均径流量变化

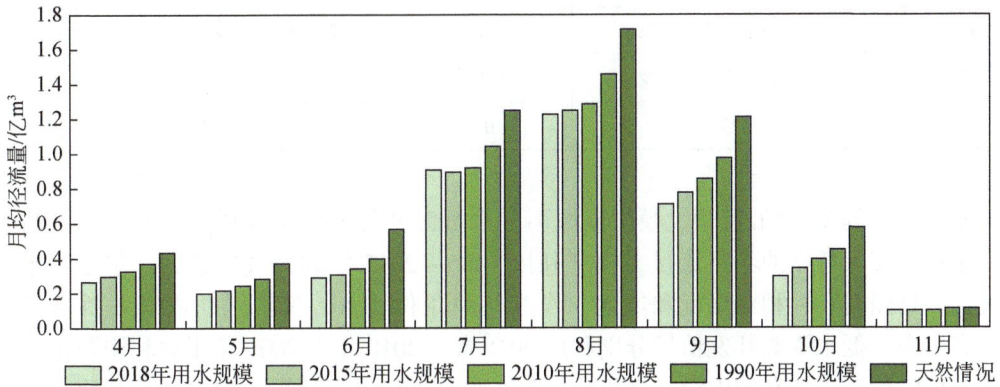

图 4-17　不同用水规模下依安大桥站月均径流量变化

过程的影响。设定 6 个水资源开发情景和 1 个自然情景以评估上游水利工程和取用水对于过渡区水量过程的影响。开发情景可以分为三个子系统：高、中、低水资源开发水平，每个开发水平包括两种情景，即是否考虑水库和取水口的河道生态基流。高水资源开发水平的情景被设定为 HWE（high water resource exploitation），其目的是实现农业收益最大化。灌溉面积和灌溉用水量分别为 299.5 km^2 和 2.65 亿 m^3（表 4-5），这表明在目前的水利工程条件下，所有合适的土地被开垦，取水量相对较大。中等水资源开发水平的情景设定为 MWE（middle water resource exploitation），这种情景维持当前的水资源开发水平，2.04 亿 m^3 的灌溉取水量是 2007~2015 年的平均水量。低水资源开发水平情景下取水量较小（1.43 亿 m^3），设定为 LWE（low water resource exploitation），符合河流和湿地生态保护和农业用水可持续发展的概念。该情景下，取水量相对于平均值减少了约 30%，许多高耗水量的稻田将被改造成旱田，以节省用水量和维持湿地的水生生态需水。

在研究区域，水库调度的主要目标包括防洪、供水和养鱼。因此，水库除泄洪外基本不放水从而使该地区的水资源得以最大化。然而，根据最严格的水资源管理制度、水库调度和取水制度必须考虑下游河道的生态流量。生态的高、中、低水资源开发情景分别设定为 EHWE（ecological high water resource exploitation）、EMWE（ecological middle water resource exploitation）和 ELWE（ecological low water resource exploitation），生态情景符合最严格水资源管理制度的理念。根据模型计算各子流域天然流量，通过蒙大拿法计算各水库和取水口河道生态基流，作为生态情景中水库最小下泄流量和取水口限制取水流量，即当取水口流量小于生态基流时不再取水（表 4-5）。

表 4-5　乌裕尔河上游取用水情景设置

情景	名称	取水量 /亿 m³	灌溉面积 /km²	是否考虑 生态流量
HWE	高水资源开发	2.65	299.5	不考虑
MWE	中水资源开发	2.04	230.4	不考虑
LWE	低水资源开发	1.43	161.3	不考虑
EHWE	生态高水资源开发	2.65	299.5	考虑
EMWE	生态中水资源开发	2.04	230.4	考虑
ELWE	生态低水资源开发	1.43	161.3	考虑
NS	自然情景	0	0	—

基于构建的 WEP-L 模型，模拟流域不同水资源开发规模及水利工程生态调度情景下乌裕尔河依安大桥站的年径流量。模型利用 1985 ~ 2015 年的日气象数据，包括降水、平均气温、日照时长、相对湿度和风速，作为气象条件输入，模拟同期依安大桥站径流过程。高、中、低水资源开发情景分别利用 2018 年、2010 年和 2005 年土地利用数据，因为这些年份的流域土地利用中灌溉面积分别与 3 种情景设置的灌溉面积接近。利用自然情景下依安大桥站径流频率曲线划分丰、平、枯水年份（$P < 37.5\%$ 为丰水年，$62.5\% > P \geq 37.5\%$ 为平水年，$P \geq 62.5\%$ 为枯水年）。模拟结果如图 4-18 所示，自然情景下和水资源开发情景下依安大桥站年径流量年际差异均较大。丰水年 NS 情景下年径流量为 8.39 亿 ~ 23.65 亿 m³，多年平均年径流量为 14.46 亿 m³，HWE、MWE、LWE、EHWE、EMWE 和 ELWE 情景下多年平均年径流量分别为 11.96 亿 m³、12.21 亿 m³、12.51 亿 m³、12.05 亿 m³、12.28 亿 m³ 和 12.56 亿 m³。平水年 NS 情景下年径流量为 4.50 亿 ~ 8.03 亿 m³，多年平均年径流量为 6.08 亿 m³，HWE、MWE、LWE、EHWE、EMWE 和 ELWE 情景下多年平均年径流量分别为 3.74 亿 m³、4.00 亿 m³、4.34 亿 m³、4.00 亿 m³、4.23 亿 m³ 和 4.52 亿 m³。枯水年 NS 情景下年径流量为 0.70 亿 ~ 4.38 亿 m³，多年平均年径流量为 2.57 亿 m³，HWE、MWE、LWE、EHWE、EMWE 和 ELWE 情景下多年平均年径流量分别为 1.06 亿 m³、1.17 亿 m³、1.35 亿 m³、1.53 亿 m³、1.58 亿 m³ 和 1.69 亿 m³。

相对于自然情景，丰水年高、中、低水资源开发情景下依安大桥站年径流量平均分别减少 2.59 亿 m³、2.35 亿 m³ 和 2.04 亿 m³，占丰水年多年年均天然年径流量的 18%、16% 和 14%。平水年高、中、低水资源开发情景下依安大桥站年径流量平均分别减少 2.34 亿 m³、2.08 亿 m³ 和 1.74 亿 m³，占平水年多年年均天然年径流量的 38%、34% 和 28%。枯水年高、中、低水资源开发情景下依安大桥站年径流量平均分别减少 1.50 亿 m³、1.39 亿 m³ 和 1.22 亿 m³，占枯水年多年年均天然年径流量的 58%、54% 和 47%。水资源开发情景下丰水年年径流量相对于平水年和枯水年减少更多，一方面是由于丰水年农业用水往往能够达到最大取水量；另一方面，丰水年流域内水库得以蓄满，能够补充未来枯水年的农业用水。水利工程生态调度情景下，丰、平、枯水年水资源开发情景下年均径流量均得以提升，其中对枯水年的年径流量提升最为明显，3 种生态水资源开发规模情景下年径流量平均提升 4010 万 m³，约占枯水年天然年均径流的 16%。丰水年和平水年是否进行水利工程生态调度对年径流量的影响较小，提升径流量不足丰、平水年多年年均径流的 1%，这是由于丰水年和平水年流域水资源丰富，农业用水一般不会挤占生态需水。

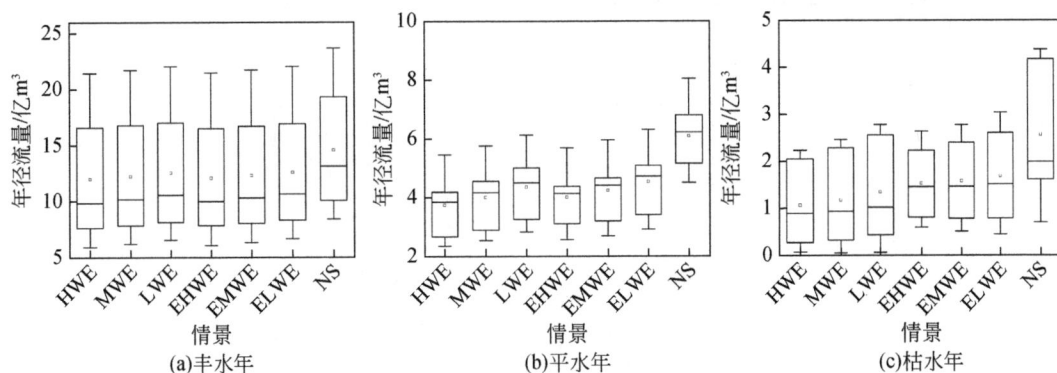

图 4-18　丰水年（a）、平水年（b）和枯水年（c）依安大桥站年径流量

4.3.3　人类活动强度对径流过程的影响

流域水资源开发和水利工程调度不仅影响河流年径流量，同时改变了河流年内径流过程。依安大桥站非冰封期（4~11 月）丰、平、枯水年自然情景和不同水资源开发情景下的月均流量如图 4-19 所示，总体来看，流域水资源开发和水利工程调度对于丰水年各月份月均流量影响较小，对平水年和枯水年影响较大。乌裕尔河丰、平、枯水年径流差异较大，丰水年各月流量基数较大，不同水资源开发规模均能承载。

相对于自然情景，水资源开发情景下依安大桥站 8 月月均流量减少最为突出，依安大桥站丰、平、枯水年 8 月自然情景下月均流量最大，分别为 169m³/s、52m³/s 和 18m³/s，6 种水资源开发情景下丰、平、枯水年月均流量平均减少了 24m³/s、18m³/s 和 11m³/s；其次是 9 月，丰、平、枯水年分别减少了 21m³/s、16m³/s 和 8m³/s，这是由于 8 月和 9 月流域内提引水工程在供水的同时，水库拦蓄部分径流。水利工程生态调度对于枯水年各月份和平水年最枯月 5 月的月均流量具有显著的提升。乌裕尔河位于我国东北寒区，积雪融水补给河流使得 4 月径流较大，因此 5 月一般为最枯月，流域内提引水工程的生态调度和水库汛期前腾空防洪库容使得 5 月月均流量得以显著提升。

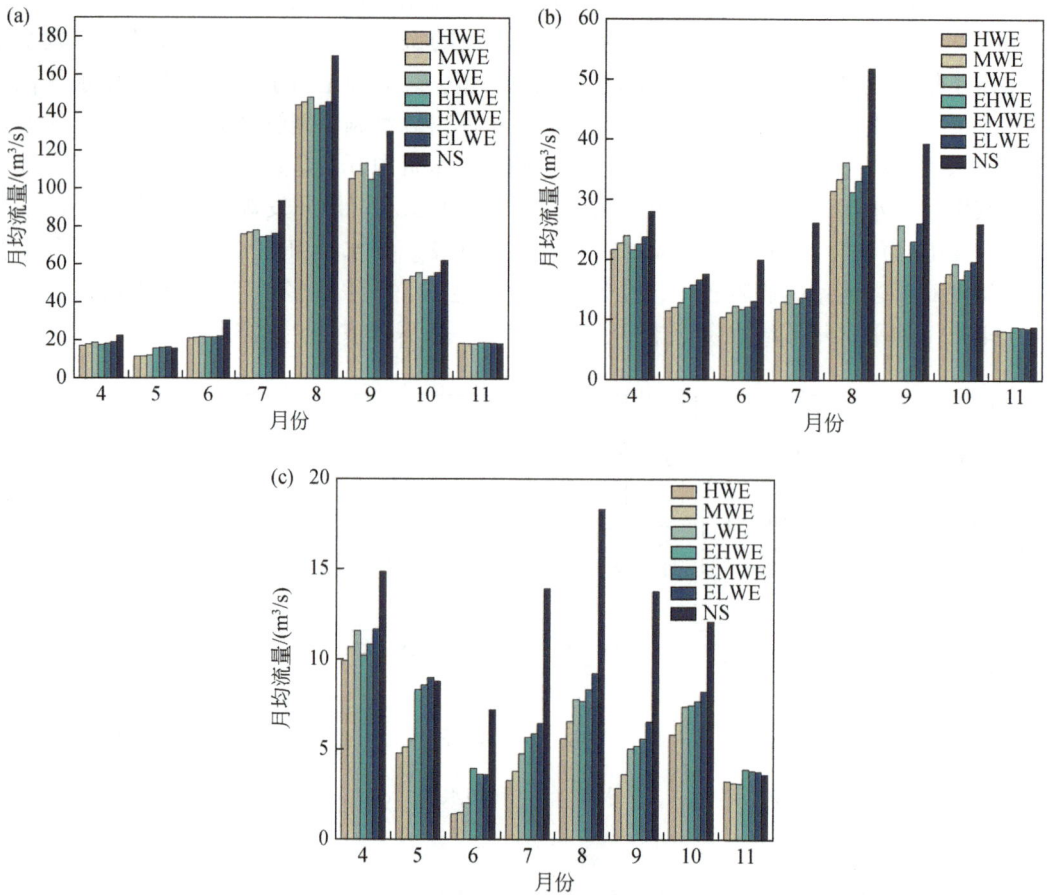

图 4-19 丰水年 (a)、平水年 (b) 和枯水年 (c) 依安大桥站月均流量

4.4 水利工程调控对湿地洪泛过程的影响机制

洪泛过程是河流–洪泛滩区系统生物生存、生产力和交互作用的主要驱动力，其生态意义主要体现在水流向洪泛滩区侧向漫溢所产生的营养物质循环和能量传递的生态过程，以及水位涨落过程对于生物的影响。水利工程调控直接影响湿地水量的下泄过程，控制湿地水位和淹没范围的变化，最终通过生境调节控制沼泽湿地生态系统。本研究以扎龙湿地核心区为案例，分析不同上游来水情形下湿地水位对来水流量的响应机制，识别湿地点（泡沼）、线（河道）、面（沼泽）的转化流量关系，探究乌裕尔河上游来水及水利调控对湿地核心区洪泛过程的影响机制。

4.4.1 东升水库调蓄对典型年份径流过程影响

本研究基于 2015～2020 年东升水库的实际调度，总结其一般调度规则，分析水库调蓄对典型丰、平、枯水年份的湿地来水过程的影响。东升水库 2015~2020 年调度过程如表 4-6 和表 4-7 所示，水库调度主要包括两个过程：汛期前腾空部分库容以调蓄汛期洪水，汛期末段拦蓄洪尾以资源化利用。2015~2020 年，东升水库汛期前腾空库容开始时间为 5 月 1~12 日，结束时间为 6 月 1~20 日，泄水天数为 23~42d。水库泄水量为 2065 万~3134 万 m³，平均泄水量为 2508 万 m³。水库为避免水位快速上升或快速下降，一般不以最大流量泄水迅速腾空防洪库容，东升水库平均泄水天数为 31d，因此设置一般调度方式的泄水流量为 9.4m³/s，即水库的下泄流量为来水流量加泄水流量。2015~2020 年，东升水库拦蓄洪尾开始时间为 9 月 1 日至 10 月 17 日，结束时间为 9 月 24 日至 11 月 16 日，蓄水天数为 28~35d，平均蓄水时间为 30d，蓄水流量为 9.6m³/s，水库拦蓄洪尾的时间往往根据实时径流预报而相应调整，因此开始时间跨度较大。基于 2015~2020 年东升水库调度过程，总结该水库的一般调度规则为 5 月 10 日至 6 月 10 日为汛前腾空防洪库容时间，31d 内共泄水 2508 万 m³，泄水流量为 9.4m³/s；9 月 10 日水库开始拦蓄洪尾，共蓄水

表 4-6 东升水库 2015~2020 年汛前调度过程

年份	泄水过程		泄水天数 /d	泄水量 /万 m³	泄水流量 / (m³/s)
	开始时间	结束时间			
2015	5 月 9 日	6 月 11 日	32	2349	8.5
2016	5 月 1 日	6 月 1 日	31	2065	7.7
2017	5 月 11 日	6 月 1 日	23	3134	15.7
2018	5 月 11 日	6 月 1 日	23	2505	12.6
2019	5 月 10 日	6 月 20 日	42	2505	6.9
2020	5 月 12 日	6 月 17 日	36	2492	8.0
一般调度规则	5 月 10 日	6 月 10 日	31	2508	9.4

注：泄水流量指水库泄水过程中下泄流量减去来水流量。

表 4-7 东升水库 2015~2020 年汛末调度过程

年份	蓄水过程		蓄水天数 /d	蓄水量 /万 m³	蓄水流量 / (m³/s)
	开始时间	结束时间			
2015	8 月 27 日	9 月 24 日	28	2003	8.3
2016	9 月 17 日	10 月 15 日	28	2353	9.7
2017	10 月 17 日	11 月 16 日	30	3134	12.1
2018	10 月 1 日	11 月 6 日	35	2505	8.3
2019	9 月 12 日	10 月 12 日	30	2313	8.9
2020	9 月 1 日	9 月 30 日	28	2586	10.7
一般调度规则	9~10 月	10~11 月	30	2508	9.6

注：蓄水流量指水库蓄水过程中来水流量减去下泄流量。

2508 万 m³，蓄水流量为 9.6m³/s，蓄水时间根据来水情况决定。当水库来水流量过大或水库水位高于正常蓄水水位时，设定水库以 80m³/s 的流量泄洪以保护下游居民区和公路铁路，当水库水位高于汛线水位时，水库则以最大下泄流量释放部分库容以保护水库。

　　根据构建的 WEP-L 水文模型模拟的 31 年天然径流频率曲线确定典型丰、平、枯水年（$P=25\%$ 为丰水年，$P=50\%$ 为平水年，$P=75\%$ 为枯水年）。将东升水库的模拟天然径流来水过程耦合水库一般调度规则计算得到典型丰、平、枯水年的水库调蓄径流过程，即水库的下泄日流量过程，以分析水库调蓄对典型年份径流过程的影响。在模拟过程中，水库的初始蓄水量和年末蓄水量不断迭代，直至初始库蓄水量与年末蓄水量相同以保障年水资源总量不变，结果如图 4-20 所示。典型丰、平、枯水年 5 月 10 日至 6 月 10 日，水库于汛期前腾空部分库容以调蓄可能到来的洪水使得湿地来水日均流量均提升 9.4m³/s。典型丰

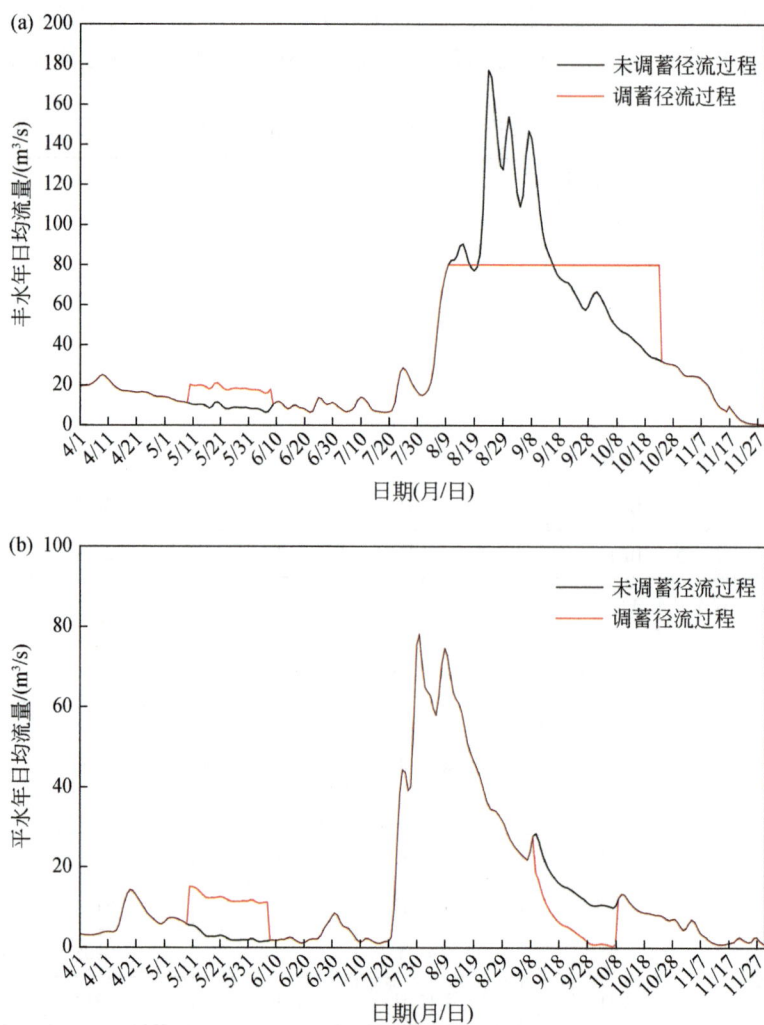

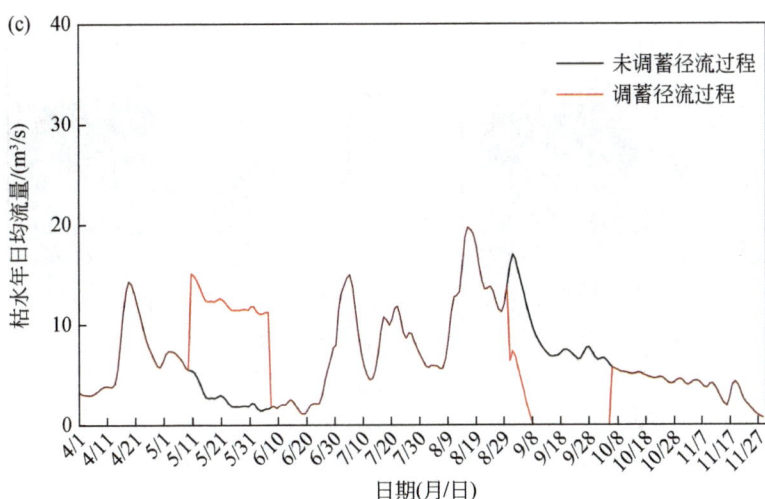

图 4-20 典型丰（a）、平（b）和枯水年（c）东升水库未调蓄径流过程和调蓄径流过程

水年汛期水库来水流量较大，水库蓄水量迅速上升，水库水位达到正常蓄水位后以 $80m^3/s$ 的流量下泄进入湿地，以避免大流量洪水对湿地下游村镇和公路铁路的破坏。东升水库防洪标准按照我国国家防洪标准和水利水电工程设计标准 50 年一遇设计，因此典型丰水年水库不需要按照最大泄水能力泄水。水库泄水一段时间后，于 10 月 24 日蓄水量减少到正常蓄水量，此后水库下泄流量等于水库来水流量。典型平水年 9 月 10 日后，下泄流量较来水流量减少 $9.6m^3/s$，10 月 8 日水库蓄水量达到正常蓄水量，蓄水天数为 29d。典型枯水年水库汛前腾空部分库容，增加了 5 月的下泄流量。汛期末期径流量较小，水库为完成蓄水工作截流天然径流，10 月 22 日蓄水量达到水库正常蓄水量，历时 43d。

4.4.2 东升水库调蓄对湿地洪泛过程影响

将典型丰、平、枯水年未调蓄径流过程和东升水库调蓄后的径流过程以及对应的降水、蒸散发等气象条件作为边界条件输入已构建的湿地二维水动力模型，模拟不同典型年份两种径流过程情景下湿地水动力过程。

典型丰水年未调蓄径流和水库调蓄情景下湿地研究区淹没情况分别如图 4-21（a）和（b）所示，结果显示研究区域内上游地区淹没范围较小，除湿地东升水库以下区域和东西两侧零星分布泡沼淹没时间较长外，其他区域淹没时间较短，甚至不淹没。研究区域中下游地区水流呈漫散状流动，淹没范围开始扩大，未调蓄径流情景下研究区域淹没面积占比为 49.85%，调蓄情景下淹没面积占比为 46.30%，两种情景下常年面积占比分别为 16.68% 和 17.76%，即两种情景下非冰封期常年淹没面积接近（表 4-8）。典型平水年份未调蓄径流和水库调蓄情景下湿地研究区淹没情况分别如图 4-21（c）和（d）所示，淹没天数总体分布同样为湿地上游中部和下游大部分区域淹没时间较长，相对于典型丰水年总体淹没范围较小（表 4-8），研究区域内各网格未调蓄径流和调蓄径流两种情景下淹没

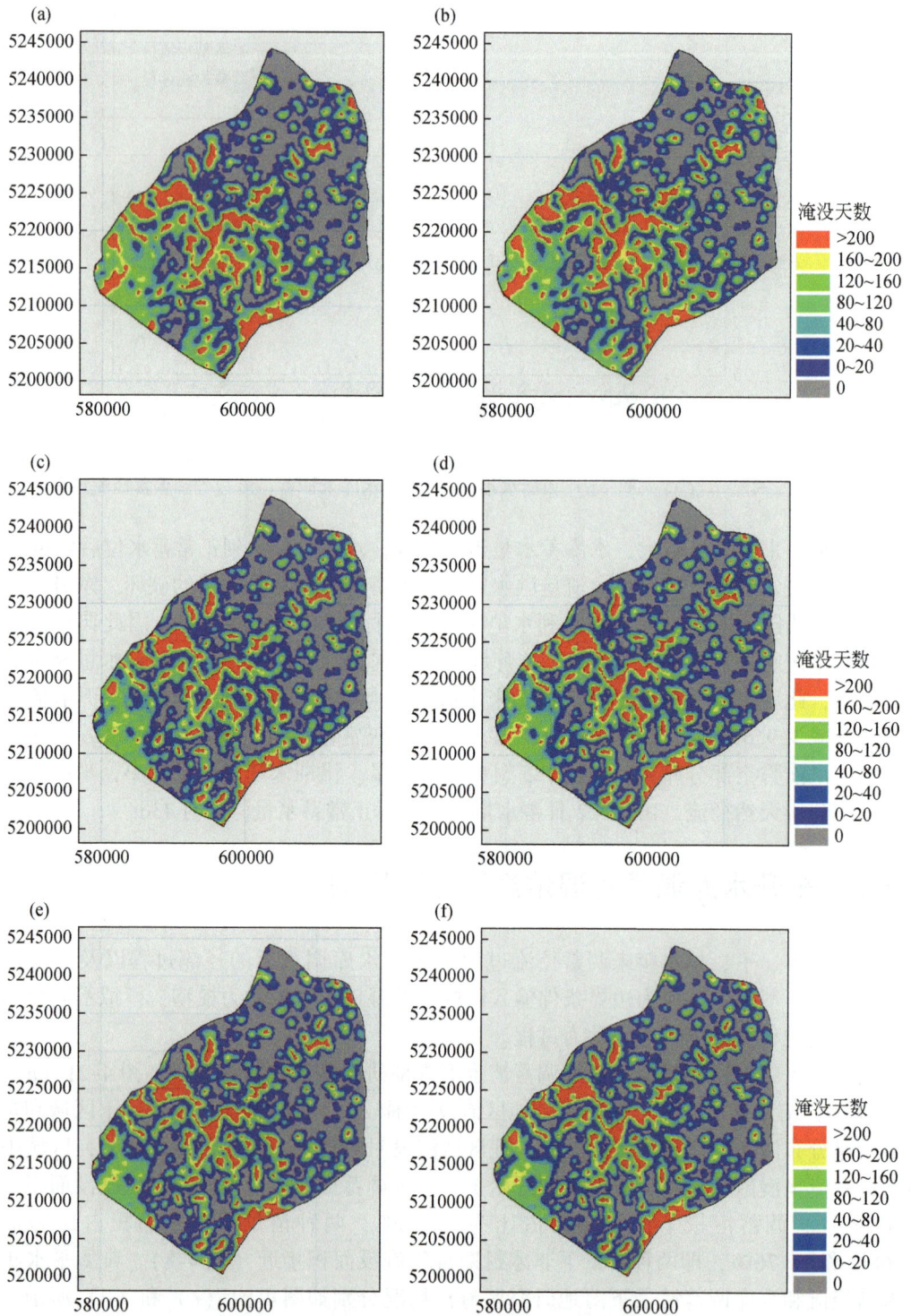

图 4-21　典型丰水年未调蓄（a）-调蓄（b）、典型平水年未调蓄（c）-调蓄（d）、典型枯水年未调蓄（e）-调蓄（f）情景下湿地网格淹没天数

天数接近，两种情景下研究区域未淹没面积占比分别为 42.01% 和 42.14%，非冰封期常年淹没面积占比接近，分别为 13.57% 和 14.75%。典型枯水年份未调蓄径流和水库调蓄情景下湿地研究区淹没情况分别如图4-21 (e) 和 (f) 所示，相对于典型平水年总体淹没范围进一步减少，未调蓄径流和水库调蓄两种情景下研究区域淹没面积占比分别为 37.71% 和 37.62%，非冰封期常年淹没的面积占比分别为 13.57% 和 14.40%，总体淹没状况相似。

表4-8 典型年份未调蓄径流和调蓄径流下湿地淹没面积占比 （单位:%）

年份	情景	面积占比		
		总淹没	季节性淹没	常年淹没
丰水年	未调蓄径流	49.85	33.17	16.68
	调蓄径流	46.30	28.54	17.76
平水年	未调蓄径流	42.01	28.44	13.57
	调蓄径流	42.14	27.39	14.75
枯水年	未调蓄径流	37.71	24.14	13.57
	调蓄径流	37.62	23.22	14.40

注：季节性淹没：0<淹没天数<230d；常年淹没：淹没天数≥230d（非冰封期天数）；水深>20cm的网格被认为产生洪泛淹没。

图4-22 (a) 为典型丰水年未调蓄径流和调蓄径流湿地网格淹没天数对比，淹没天数为正表示未调蓄径流情景下网格淹没天数大于调蓄径流情景下网格淹没天数，淹没天数为负表示调蓄径流情景下淹没天数较大，结果显示未调蓄径流情景下淹没天数较大的网格主要位于湿地下游东侧区域和常年淹没区域的外侧。常年淹没区域往往是水流冲刷形成的低洼区域，典型丰水年份未调蓄径流存在较大的脉冲流量，能够突破地形地貌的阻隔和限制，对湿地下游东侧区域进行较好的补给。调蓄径流情景下，靠近常年淹没区域的附近区域淹没时间更长，一方面是由于水库会在最枯月 5 月增加下泄量以腾空部分库容调蓄洪水，避免湿地发生干旱；另一方面丰水年水库坦化径流过程，增加了汛期后的流量。

图4-22 (b) 为典型平水年未调蓄径流和调蓄径流湿地网格淹没天数对比，结果显示两种情景下湿地各网格淹没天数差距较小。扎龙湿地位于我国东北寒区，5 月一般为最枯月，湿地最易发生干旱事件。水库调蓄情景下最枯月湿地来水量增加，但由于总体流量较小，因此在常年淹没区域附近网格淹没天数较多，而难以补给到湿地下游东部区域。

图4-22 (c) 为典型枯水年未调蓄径流和调蓄径流湿地网格淹没天数对比，结果显示两种情景下湿地各网格淹没天数差距较小，与典型平水年淹没对比状况相似，调蓄径流情景下湿地常年淹没区域附近网格淹没时长较长，同样是由于水库于 5 月泄水造成的。

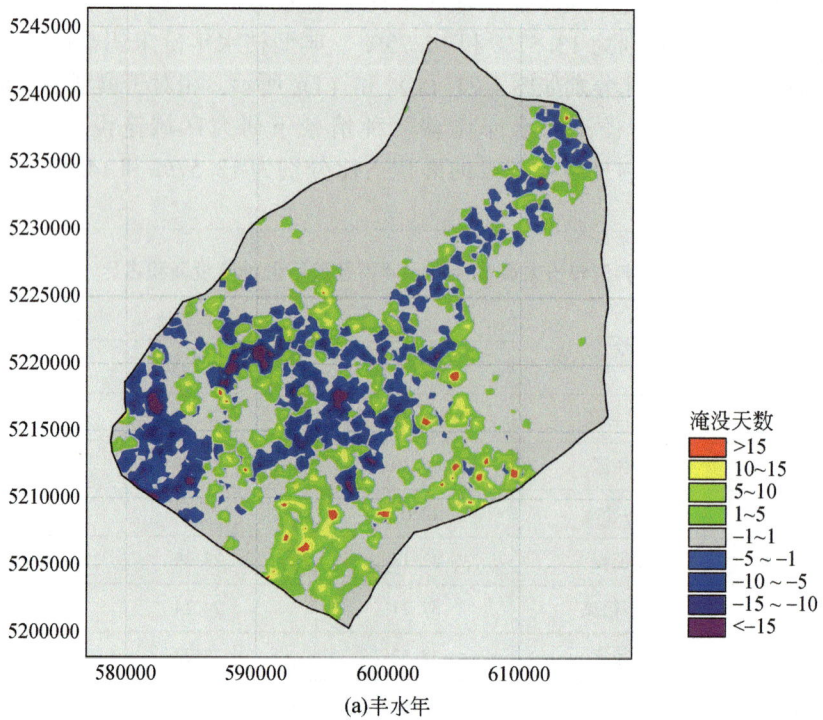

(a)丰水年

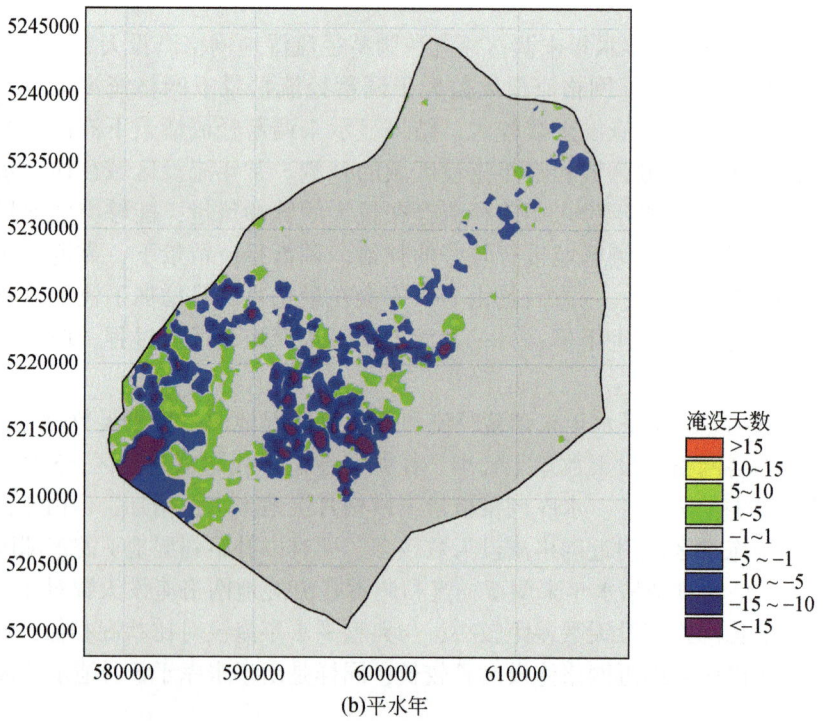

(b)平水年

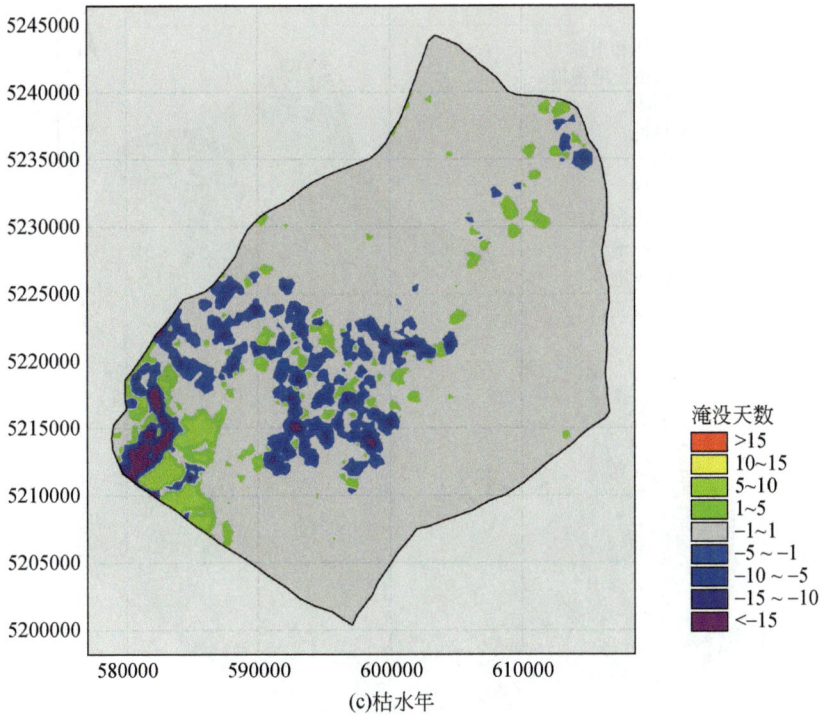

图 4-22　典型丰水年（a）平水年（b）和枯水型（c）未调蓄径流和调蓄径流湿地网格淹没天数对比
淹没天数为正表示未调蓄径流情景下网格淹没天数大于调蓄径流情景下淹没天数

湿地洪泛过程是在水文情势和地形地貌共同影响下塑造而成的，研究区域内土地利用/覆被、水渠和道路分布如图 4-23 所示。湿地研究区南北两端分别为滨洲铁路和绥满高速，研究区东西两侧分别为中引工程的两条干渠，道路和渠道将湿地核心区包围形成较为独立的水文单元，外界降水汇流难以进入。同时，天然状态下乌裕尔河径流为漫流状态，进入湿地后水流进一步漫散，水库的建设拦截乌裕尔河径流并通过水库闸坝将天然状态下的漫散径流改造为单点下泄的集束径流，进而在湿地核心区上游天然地形地貌和渠系道路等人工设施的协同影响下冲刷形成窄而深的河道，小流量的生态补水径流沿着湿地主要流路流出，难以产生洪泛过程。

湿地核心区中部区域地势开阔，水流开始发生漫散，但由于研究区东南部区域内存在较多岛状高岗以及耕地居民区，地势较高，阻水效应明显，水流整体向西流动，水库下泄流量不够大时生态补水难以到达（图 4-23）。由于湿地南部高岗和道路水渠分布，研究区西南区域形成"瓶颈"，漫溢的水流重新形成集束，使得水流流速加快冲刷形成河道。在水利工程和地形地貌的协同影响下湿地内形成常年淹没的"N"字形主要流路（图 4-23），即使枯水季也能较好地淹没，距离主要流路较远的区域或存在阻隔的区域则难以产生洪泛作用，湿地各区域水动力过程呈现异质化现象。

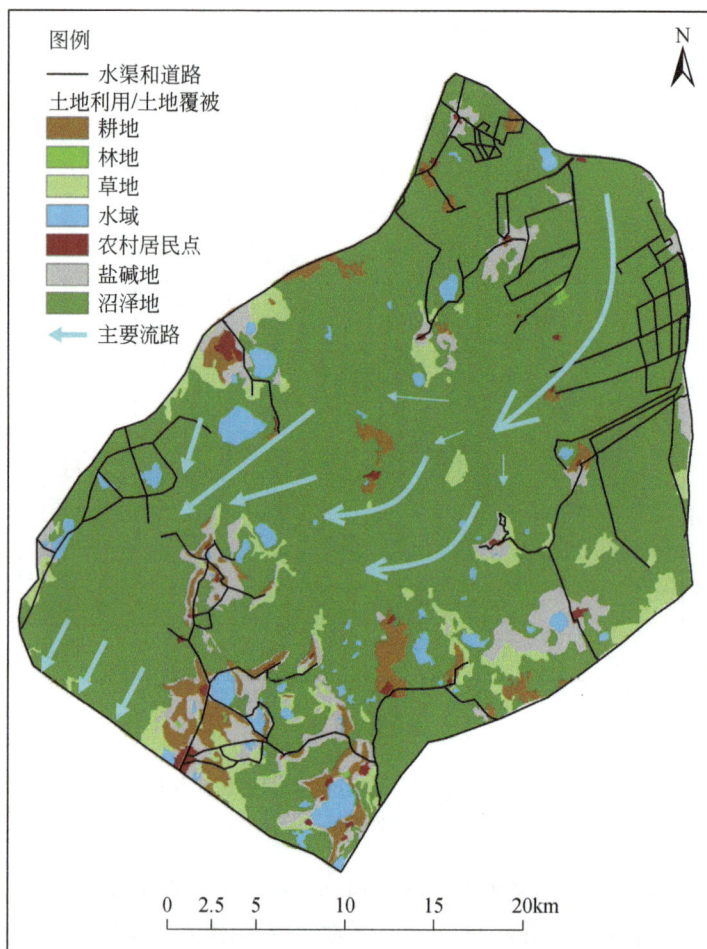

图 4-23　研究区域内土地利用/土地覆被及主要流路

4.4.3　水资源开发及水利工程对湿地洪泛过程的影响

将典型丰、平、枯水年份流域不同水资源开发和水利工程调度情景下的径流过程耦合湿地东升水库调度过程以及对应的降水、蒸散发等气象条件，作为边界条件输入已构建的湿地二维水动力模型，模拟不同典型年份不同情景下湿地水动力过程。

不同水资源开发情景下湿地不同淹没时长面积占比如表 4-9 所示，典型丰水年 6 种水资源开发情景下平均总淹没面积占比为 43.42%，相对于天然情景减少了淹没面积的12.90%，主要为季节性淹没面积的减小，减少了淹没面积的 11.03%，表明典型丰水年未经水库调蓄的天然情况下，较大的脉冲流量能够冲破湿地内的阻隔物，补给到更广泛的湿地区域。典型平水年 6 种水资源开发情景下平均总淹没面积占比为 39.60%，相对于天然情景减少了淹没面积的 5.74%，其中季节性淹没面积减少 11.74%，常年淹没面积增加6.00%；典型枯水年 6 种水资源开发情景下平均总淹没面积占比为 36.30%，相对于天然情景减少了淹没面积的 3.74%，其中季节性淹没面积减少 6.66%，常年淹没面积占比增加 2.92%。

表 4-9　不同水资源开发情景下湿地淹没面积占比 （单位:%）

水平年	水资源开发情景	淹没面积占比		
		总淹没	季节性淹没	常年淹没
典型丰水年	HWE	43.32	28.13	15.19
	MWE	43.49	28.06	15.43
	LWE	43.66	27.86	15.80
	EHWE	43.19	27.28	15.91
	EMWE	43.39	27.40	15.99
	ELWE	43.45	27.31	16.14
	NS	49.85	33.17	16.68
典型平水年	HWE	39.46	23.70	15.76
	MWE	39.66	23.73	15.93
	LWE	39.49	23.21	16.28
	EHWE	39.54	23.51	16.03
	EMWE	39.69	23.49	16.20
	ELWE	39.75	23.41	16.34
	NS	42.01	28.44	13.57
典型枯水年	HWE	36.08	21.85	14.23
	MWE	36.30	21.82	14.48
	LWE	36.47	21.39	15.08
	EHWE	36.24	21.78	14.46
	EMWE	36.33	21.63	14.70
	ELWE	36.38	21.30	15.08
	NS	37.71	24.14	13.57

注：HWE 为高水资源开发情景，MWE 为中水资源开发情景，LWE 为低水资源开发情景，EHWE 为生态高水资源开发情景，EMWE 为生态高水资源开发情景，ELWE 为生态高水资源开发情景，NS 为天然情景。

平水年和枯水年水资源开发情景下出现季节性淹没面积占比减少、常年淹没面积增加的情况，这是由于流域水资源开发情景下，水库于汛前枯水季泄水增加湿地流量而汛末拦蓄洪尾减少湿地流量。汛前湿地水资源由于长期得不到补充，仅主要流路区域过水，水库泄水避免部分区域干旱使之保持常年淹没，使得水资源开发情景下湿地常年淹没区域面积占比增加；汛末湿地经过汛期的水资源补充主要流路区域已经被淹没，此时的径流进入湿地后抬高水位使得主要流路区域外侧淹没，并进一步突破阻碍洪泛至远离主要流路的区域，而水库拦蓄洪尾减少了入湿地流量，造成水资源开发情景下季节性淹没面积占比减少。总体上，流域水资源开发造成湿地淹没面积减少，但不同水资源开发规模情景下湿地不同淹没时长面积占比差异较小，流域上游不同水资源开发程度下进入湿地的水资源量不同，但都经过东升水库的调蓄，水库对径流过程具有削丰补枯的作用，使得不同水资源开发规模情景下湿地淹没状况差异较小。流域水利工程的生态调度对于湿地洪泛过程的积极影响不大，生态调度保障了河流的生态基流和湿地主要流路低洼区域的淹没，但是由于缺乏营造洪泛过程的脉冲流量，使得湿地洪泛过程难以产生。综上所述，不同水平年流域水资源开发和水利工程调度造成湿地季节性淹没面积减小，平均减少了总淹没面积的10.43%，平、枯水年常年淹没面积小幅增加。季节性淹没面积减少主要发生在远离湿地主要流路或地势较高的区域，季节性淹没的缺失导致了区域常年干旱，沼生植被或湿生植被发生逆向演替成为陆生植被，甚至出现盐碱地，优质生态服务功能丧失。湿地部分区域植被退化则导致鱼类和鸟类（尤其是丹顶鹤、白鹤等严重依赖湿地生境的敏感珍稀物种）的生境破碎，适宜栖息环境遭到破坏。最为严重的则是部分区域季节性淹没的消失往往会造成"湿退人进"的局面，湿地景观被牧场或农田景观替代。同时，季节性淹没区域水陆物质能量交换频繁，其独特的过渡带栖息环境是珍稀野生水禽的重要摄食区域。常年淹没面积的增加主要发生在湿地主要流路低洼区域，水利工程于枯季泄水使得这些区域避免干旱，然而湿地植被具有一定的抗干旱能力，一定时间段的干旱对于湿地植被影响较小，因此季节性淹没面积的减少所产生的消极生态效应远大于常年淹没面积小幅增加带来的正面生态效益。生态调度保障了河流的生态基流和湿地主要流路低洼区域的淹没，对于河道生态系统具有一定的积极意义，但对于湿地生态系统，则由于缺乏洪泛过程导致生态效益降低。

第5章 农垦开发对河沼系统 生态需水的影响机制

大规模农垦开发直接压缩了河沼系统空间面积、挤占了河沼系统上游来水，同时下垫面的改变也对产汇流过程造成了极大影响，最终导致河沼系统天然水文过程的改变。本研究以三江平原七星河湿地为研究区，立足于三江平原大规模农业围垦及灌溉排水水系建设现状，以河沼系统形成、演化的关键物理、化学、生物过程研究为核心，分析农垦开发对河沼系统景观空间格局的响应及生态效应。

5.1 农垦开发对河沼系统空间格局的影响机制

七星河位于黑龙江省东部，是挠力河干流左岸的一级支流，发源于岚棒山南侧的七星砬子山，全长255km，流域面积为3816km²。七星河上游位于三江平原浅山丘陵地带，海拔高程相对较高，中下游地势平坦低洼，多湖泡沼泽，为典型的平原沼泽地带。七星河中下游流经三江平原腹地，水流被地势较高的长林岛阻滞、向河道两旁漫散，发育成连片的沼泽湿地，为生物栖息构建了天然的生态场所。

七星河湿地位于七星河下游、黑龙江省双鸭山市宝清县北，地理坐标为46°40′N～46°52′N，132°05′E～132°26′E。七星河由西南向东北方向穿湿地流过，为七星河湿地带来丰富的水量补给，是湿地的主要水源。七星河湿地属东北亚寒温带地区淡水沼泽湿地，草木沼泽、永久性淡水湖、森林沼泽在湿地内部均有分布，湿地中植被和水域的分布占比可概括为"两草一水七分苇"。七星河湿地生物多样性丰富，被认为是目前中国保护最好的具有原始状态的湿地之一。当前七星河湿地共有植物种类74科174属388种，占黑龙江省植物种数的21.44%，在其所处的三江平原地区，这一占比达到40%。从植物地理区划上来看，七星河湿地植物属长白植物区系，随着其他区系植物扩张与融入，区系成分变得更加复杂。植被主要包括草甸、沼泽和水生植被三种类型。除了芦苇、小叶章、毛果苔草等植物，七星河湿地还分布有国家濒危植物野大豆以及近些年发现的貉藻。七星河湿地野生动物以温带种类为主，全区共有脊椎动物5纲33目75科207属249种，占全国动物种数的5.17%，占黑龙江动物种数的29.42%，占三江平原动物种数的35.86%。保护区鱼类有18种，两栖类有11种，爬行类2种，鸟类201种，哺乳类17种。国家一级保护动物6种，国家二级保护动物17种。当前七星河湿地已经成为白枕鹤、丹顶鹤、白琵鹭等众多鸟类的栖息地与繁殖地。

该地区属于寒温带大陆性湿润季风气候，具有春季多风、夏季短而炎热、秋季过渡较快、冬季冰封期漫长的特点。全年温差较大，最高可达60℃以上；降水相对充沛，多年平均降水量可达551.5mm，多年平均蒸发量为744.10mm。降水主要集中在5～9月，降水量年际变化大，易有旱涝灾害。夏秋季节该地区受到气旋、冷锋、冷涡和随太平洋副热带高压西侧气流北上的影响，可能出现大范围降水，常因暴雨致涝。

七星河国家级自然保护区位于黑龙江省三江平原腹地（132°00′22″E～132°24′46″E，46°39′45″N～46°48′24″N），全区东西长30km，南北宽10km，总面积200km²，按照功能从上游到下游依次划分有试验区、缓冲区和核心区，面积分别为84.4km²、36km²和79.6km²。区内地势平坦低洼，泡沼星罗棋布。自然植被以芦苇、小叶樟和苔草为主，是我国同等类型保存最完整、最具代表性的天然淡水湿地之一，为三江平原原始景观的缩影。七星河湿地是我国珍稀水禽的重要栖息地和东北亚候鸟迁徙的重要通道。其中，白琵鹭数量超过全球总量的5%，湿地内部种群数量500只以上，秋季迁徙数量可达1000多只，2011年被授予"中国白琵鹭之乡"称号，并被列入国际重要湿地名录。受温带大陆性季风气候影响，七星河湿地1月平均气温–17.5℃，7月平均气温22.3℃，年平均气温2.4～2.5℃，平均无霜期143d，为典型的北方低温高寒湿地生态系统。湿地水量主要来源于大气降水及湿地北岸七星河的径流补充。湿地周边以农业种植区为主，无污染排放企业。

自20世纪50年代以来，三江平原经历了三次大规模的农垦开发运动，变为名副其实的"北大仓"，土地利用类型也由此发生了根本性转变。七星河流域农业生产是三江平原农业的主要组成部分，先后经历过多次大规模的农垦开发活动，1990～2000年达到了垦荒高潮，加之"以稻治涝"政策的推行，大量天然湿地及林地被侵占，土地利用格局变化显著。通过对1980年、1990年、2000年、2010年和2018年5期土地利用遥感数据对比分析，七星河流域土地利用变化如图5-1所示。七星河流域土地利用变化在1980～2000年经历了剧烈的变化，七星河流域水田面积迎来了高速增长期，直到2000年之后，这一趋势才有所缓和，但仍处于低速增长状态。由于该时段人类社会活动的加剧影响，开垦耕地和城镇化的速率急速增加，湿地面积不断萎缩，耕地面积大幅扩张。2000年之后，湿地面积萎缩和耕地面积扩张的趋势较为缓和，生态环境遭受破坏的速率得到了一定程度的延缓。从图中可以看出，1980年七星河流域下游主要土地利用类型为湿地，随着湿地不断被开垦为耕地，至2018年，沿七星河河道两侧分布的湿地廊道由面不断萎缩成线型分布，由于环湿地堤坝建设，下游七星河湿地和三环泡湿地保存较为完整。

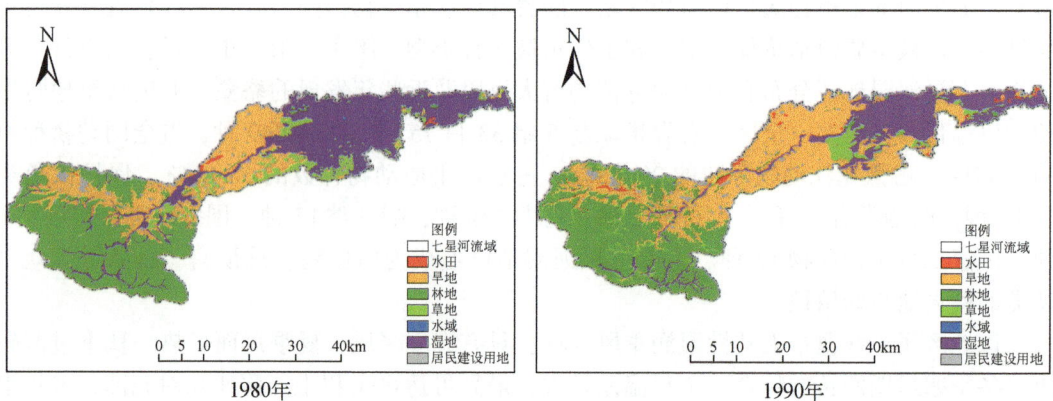

1980年

1990年

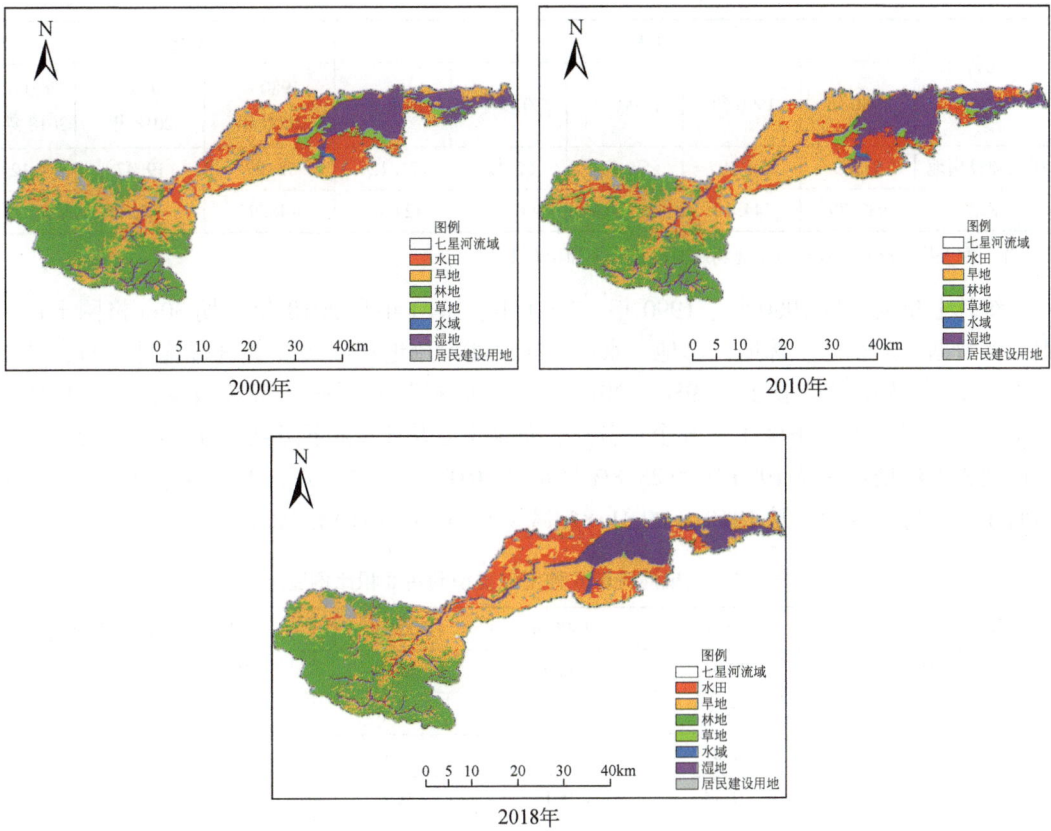

图5-1 七星河流域土地利用变化情况

统计不同土地利用类型面积变化情况，如表5-1所示，1980~2018年，湿地面积从938.79km²减少至424.43km²，占七星河流域的比例从31.79%减少至14.37%，耕地面积则从702.62km²增加至1570.95km²，占七星河流域的比例从23.79%增长至53.20%。值得注意的是，随着大规模开发井灌水田，水田的面积从11.51km²剧增至408.11km²，使得水资源供需矛盾不断加剧，浅层地下水位有逐年下降的趋势。

表5-1 各类水域空间土地利用类型面积变化情况

土地利用类型	面积/km²					变化率/%		
	1980年	1990年	2000年	2010年	2018年	1980~2000年	2000~2018年	1980~2018年
水田	11.51	37.70	342.67	351.71	408.11	2876.44	19.09	3444.77
旱地	691.11	1161.31	1137.69	1130.33	1162.84	64.62	2.21	68.26
林地	1081.47	989.11	836.17	840.36	855.99	−22.68	2.37	−20.85
草地	175.02	159.38	90.30	115.43	24.88	−48.41	−72.45	−85.78
水域	1.93	3.13	7.43	7.43	5.48	285.53	−26.27	184.27

土地利用类型	面积/km²					变化率/%		
	1980 年	1990 年	2000 年	2010 年	2018 年	1980 ~ 2000 年	2000 ~ 2018 年	1980 ~ 2018 年
居民建设用地	53.03	58.08	59.53	60.12	71.12	12.27	19.47	34.12
湿地	938.79	544.12	479.05	447.48	424.43	-48.97	-11.40	-54.79

注：由于数据修约，各年份土地利用类型面积加和稍有出入。

统计七星河流域1980年、1990年、2000年、2010年和2018年5期30m格网土地利用类型数据，从耕地、林地、草地、水域、居民建设用地和湿地6类进行统计分析，结果见表5-2。从表中可以看出，1980~2018年，林地和草地面积在持续减少，其中林地从36.6%下降到29%，下降了7.6个百分点，草地更是从5.9%下降到仅0.8%。与此同时，耕地面积大幅增加，从1980年的23.8%增加到2018年的53.2%。进一步分析可知，湿地的面积也在持续减少，从1980年的31.8%减少至2018年的14.4%。

表 5-2　七星河流域 6 种土地类型利用面积比例变化　　（单位:%）

各类型土地占比	1980 年	1990 年	2000 年	2010 年	2018 年
耕地	23.8	40.6	50.1	50.2	53.2
林地	36.6	33.5	28.3	28.5	29.0
草地	5.9	5.4	3.1	3.9	0.8
水域	0.1	0.1	0.3	0.3	0.2
居民建设用地	1.8	2.0	2.0	2.0	2.4
沼泽湿地	31.8	18.4	16.2	15.2	14.4

构造1980~2018年的土地利用转移矩阵，七星河流域土地利用变化情况如表5-3所示。从结果可以明显看出，有212.86km²的林地和170.34km²的草地转化为了耕地，分别占其总量的20%和97%，下垫面条件遭到巨大改变。其次，湿地也大量转化为耕地。大量的耕地扩张和林草地的减少，一方面导致农业用水的消耗增大，另一方面降低了流域的水源涵养能力，导致径流历时时间缩短，洪峰提前，径流更加快速地流向下游，影响下游湿地生态并加大了防洪压力。

表 5-3　1980 ~ 2018 年七星河流域 6 种土地类型利用面积转移　　（单位：km²）

转移面积	耕地	林地	草地	水域	居民建设用地	未利用土地
耕地	685.26	1.89	0.04	1.10	13.87	0.38
林地	212.86	853.37	7.96	1.63	2.44	2.95
草地	170.34	0.11	1.64	0.31	1.73	0.89
水域	0.00	0.00	0.03	0.21	0.00	1.68
居民建设用地	3.14	0.04	0.00	0.00	49.80	0.03
湿地	499.46	0.29	15.20	2.24	3.26	418.71

5.2 农垦开发对流域水文过程的影响机制

5.2.1 七星河流域水文-水动力耦合模型

流域和湿地作为地表最重要的两大主体单元,联系十分密切,传统的水文–水动力联合模拟研究尺度较粗,且无法模拟沼泽湿地的关键要素及复杂的水动力特征。针对这一问题,本研究将整个研究区分为流域和湿地两大主体单元,采用 WEP-MIKE21 水文–水动力模型进行模拟。流域内重点关注农垦开发前后的七星河流域内水循环过程,采用 WEP-L 水文模型模块进行模拟;湿地内重点关注在不同来水情况下,湿地内的水位变化过程,以及湿地内生态对水位过程的响应,故采用 MIKE21 水动力模块进行模拟。该水文–水动力模型为外部耦合模型,通过 WEP-L 水文模型模拟流域内水文过程,提取湿地入口水文过程,并将其作为 MIKE21 水动力模型的边界条件,通过水文–水动力耦合模拟探究流域内农垦开发对湿地生态水文过程的影响。湿地水位与流域内产汇流及引水用水过程关系密切,故湿地周边灌渠分布的地理位置对水动力模型模拟的准确程度来说十分重要。水文–水动力模型计算流程图如图 5-2 所示。

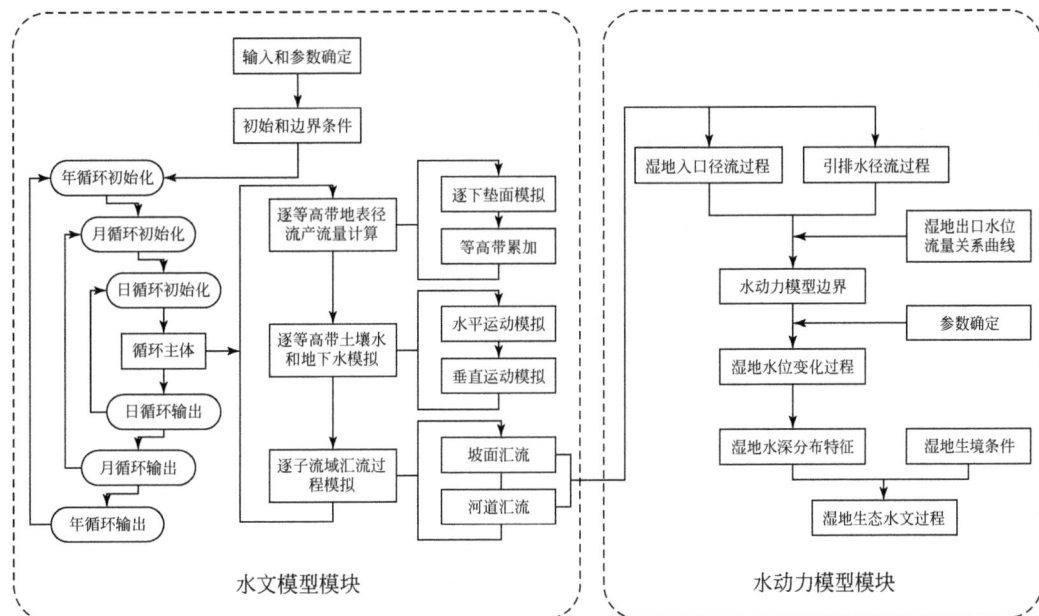

图 5-2 水文–水动力模型计算流程图

在灌区水文循环模拟中,灌区供水和灌区退水是模型构建的两大难点。与未开垦之前相比,农垦开发背景下的下垫面不透水层增多,大量引水渠系、排水沟道和抽水泵站的修建导致汇水过程加剧、用水时间更为集中。当前常见的水文模型在受人类活动干扰较小的流域内具有较好的模拟结果，但是在具有复杂水文条件的平原灌区适应性较差，难以对灌区内部引水、排水等人工调控进行模拟，无法精准刻画复杂的耗散–汇合过程。

本研究基于 WEP-L 模型基础进行改进。主要包括虚拟河网提取、天然子流域及灌排水域划分、汇水及供水路径确定、基本计算单元确定、数据展布及空间参数化五个步骤。首先，基于 DEM 地形数据、实测水系、排灌渠系的地理位置及结构功能，完成"自然–人工"虚拟河网的提取。其次，对天然子流域进行划分，基于灌区排水沟道分布，按照排水沟道分布图，划分每条排水沟道对应的汇水范围，最终确定研究区各排水域；根据行政区划、引水渠系划分各渠系对应的供水范围，确定各引水灌域。在对子流域、引水灌域、排水域进行精细划分后，确定各区域之间的拓扑关系，确定汇水及供水路径。接着以"子流域嵌套等高带"的方法完成各区域计算单元的确定，将汇水单元与耗散单元进行空间叠加，建立各计算单元之间的拓扑关系。最后，采用三维插值算法将气象数据进行展布，将空间信息数据进行参数化，输入至水文模型，完成灌区水循环模型的构建。改进后的 WEP-L 水文模型结构如图 5-3 所示。

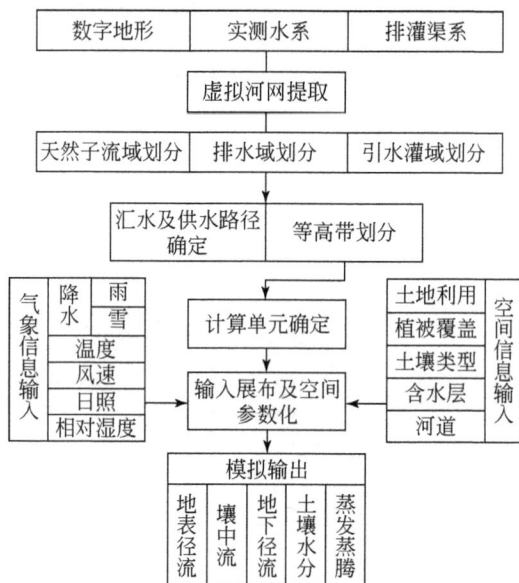

图 5-3　灌区水文模型架构示意图

（1）灌区引水过程

灌区引水分为地表引水和地下水开采。地表渠系引水模拟需要根据渠系分布确定各引水渠系所处的等级和引水节点，按照干渠、支渠、斗渠等从高到低逐级向下分配，分配到各个引水灌域的计算单元之上。其水量平衡包括上一级灌渠的入流量、向下一级灌渠的出流量、蒸散发量、漏损量等，其水量平衡方程如式（5-1）所示。

$$\Delta W_i = Q_{\mathrm{in}_{i+1}} + P_i - E_i - Q_{\mathrm{g}_i} - Q_{\mathrm{u}_i} - Q_{\mathrm{out}_{i-1}} \tag{5-1}$$

式中，ΔW_i 为第 i 级渠系水量蓄变量；$Q_{\mathrm{in}_{i+1}}$ 为 $i+1$ 级渠系入流量；P_i、E_i 为第 i 级渠系当前时段降水量、蒸散发量；Q_{g_i} 为第 i 级渠系渗漏量；Q_{u_i} 为第 i 级渠系灌溉范围内用水量；

$Q_{\text{out}_{i-1}}$ 为向 $i-1$ 级渠系出流量。

地下水开采模拟需要确定开采点与供水区域的对应关系，本研究通过数据整理和实地调研，根据不同灌区的水文地质条件，以及开采点的空间位置分布，将开采井点概化到具有代表性的开采井节点之上，按照水量平衡的原则，保持与地下水开采总量的一致性。

（2）灌区排水过程

每个灌区排水域都有与之对应的排水沟道，模拟计算时，采用一维运动波方法模拟排水干沟的水量过程；根据水量平衡法，模拟其他低级别排水沟道的水量过程，与灌区引水过程类似，其水量平衡方程式如式（5-2）所示：

$$\Delta W_j = Q_{z_{j-1}} + Q_{\text{tp}_j} + Q_{\text{ph}_j} + P_j - E_j + Q_{\text{p}_j} \tag{5-2}$$

式中，ΔW_j 为第 j 级排干蓄变量；$Q_{z_{j-1}}$ 为第 $j-1$ 级排干入流量；Q_{tp_j} 为第 j 级排干对应排水域的田间地表水入流量；Q_{ph_j} 为第 j 级排干对应排水域的地下水入流量（地下水位高于排干水位为正值，反之，则为负值）；P_j、E_j 为第 j 级排干当前时段降水、蒸散发量；Q_{p_j} 为引水渠道直接排向第 j 级渠系的入流量。

5.2.2 农垦开发对七星河流域径流过程影响

通过改进后的 WEP-L 分布式水文模型，分析农垦开发对入湿地径流过程的影响。基于平水年气象条件，分别模拟 1980 年和 2018 年不同农垦开发情景下七星河流域的水文变化过程，并对入湿地的日径流过程进行提取，如图 5-4 所示。

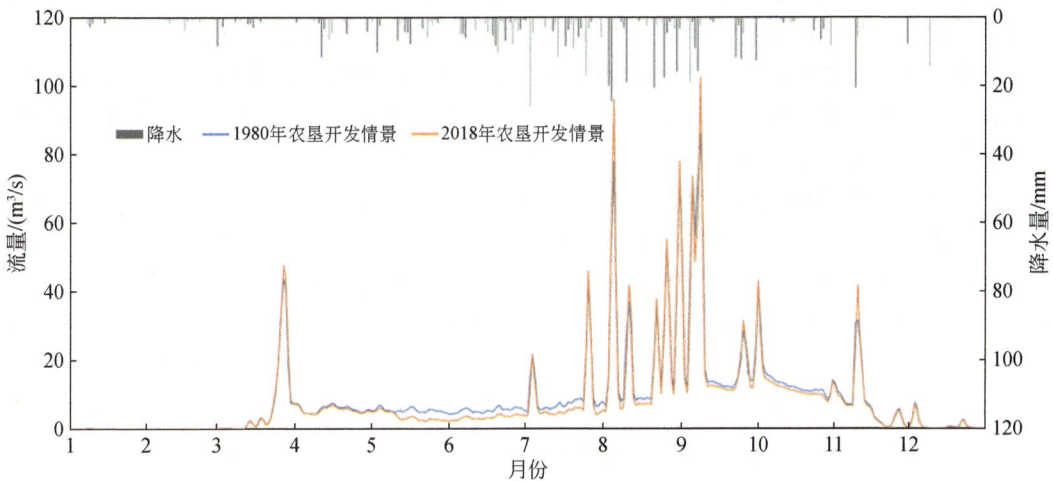

图 5-4　1980 年、2018 年不同农垦开发情景下入湿地径流过程图

由图 5-4 可以看出，随着农垦开发程度的加强，在相同的气象条件之下，径流变化波动越发剧烈。在 5 月至 7 月下旬，2018 年农垦开发条件之下的入湿地径流量明显低于1980 年农垦开发条件之下的径流量，最低流量仅为 2.26m³/s，且这一过程持续时间较长。随着 7 月末进入汛期，降水频率和降水强度显著增强，湿地入口断面不断出现高强度的洪峰，与 1980 年农垦开发条件下的径流过程相比，2018 年农垦开发条件下的洪峰均明显增

大，最大洪峰达到 102.3 m³/s，且径流极值差也显著高于前者。总体来看，相对于 1980 年近自然条件，2018 年农垦开发条件下年径流由 2.91 亿 m³ 下降至 2.63 亿 m³，汛期日径流极值比由 16 增加到 31。

下垫面改变导致产汇流过程发生改变。七星河流域土地利用类型在近几十年间经历了由湿地、林地、草地向耕地的大规模转变。从长期来看，耕地面积的增加，使得流域内农业用水大幅上升，浅层地下水位出现了显著的下降，在开采不合理的区域，甚至出现了地下水漏斗，由于土壤对水分的滞留能力明显提升，在相同量级的降水条件下，降水的蒸发和下渗显著增加，导致产流量明显低于农垦开发之前的水平，年径流总量明显下降。在农垦开发的过程中，七星河流域耕地类型经历了由旱地向水田的转化，在旱地面积基本稳定的基础上，水田面积明显增加。从短期来看，每年 5 月初，七星河流域进入灌溉期，此时段内降水较少且强度较低，大量降水被耕地所截留，流域内河道水量无法得到保障，甚至出现断流风险。随着时间进入到 7 月末至 8 月初，七星河流域迎来汛期，降水频率增加，并且单次降水量较大。随着水田比例的增加，加之大量农场长期的浅耕湿耕，难透水面积增加，最终导致暴雨条件下，流域内发生大面积的超渗产流现象，大量洪水进入河道，使得流域内短期洪峰加剧。

灌区用水导致入湿地水量不足。七星河流域主要作物为一年一熟，七星河流域水稻主要以井灌及引水灌溉为主，而旱作植物主要以降水灌溉为主。大面积的水稻种植，加之该地区主要以大水漫灌为主，导致流域水资源耗散量急剧增加，水资源浪费现象十分突出。同时，七星河流域位于全球气候变化最为显著的东亚季风区，该区域内暖干化现象明显，在农业用水量不断增大的背景下，区域水资源总量下降更为突出。七星河流域湿地面积急剧缩减，使得该地区暖干化现象进一步加剧，增大了农田生态系统的无效蒸发。尽管七星河流域水资源量稀缺程度远低于我国西北地区，但 1980 年以来，该地区内水资源总量存在长期赤字状态，水资源供需矛盾也逐步凸显。从整体来看，七星河流域农垦开发造成水资源量锐减，是导致七星河湿地生态需水不足的主要原因。

沟道排水加剧洪峰过程。随着七星河流域内农业机械化和现代化的推进，流域内形成了五九七农场、友谊农场等多个规模化农场。农业集约化需要根据农场内各区域的土壤状况、水资源情况以及作物需求实现对天然水资源的重新分配。具体手段如增打灌井、修建灌渠、开挖沟道等。随着排水灌溉系统的完善以及排灌网密度持续增加，流域汇流方式逐渐从坡面汇流主导转向河道汇流主导，汇流条件的变化最终改变了汇流条件，进而在河道径流中得以体现。七星河流域降水具有连丰连枯的特点。在丰水年降水主要集中在 7~9 月，且降水强度较高，过多的降水会在耕地表面形成积水，淹水时间过长或淹水水深过深都会影响农作物的生长，造成粮食的减产，重则会导致洪涝区的粮食绝收，危及到地区粮食安全。为避免这一现象发生，种植者通常会采取排水、抽水等方式让农田积水快速汇入排水沟道当中，大量洪水通过灌区内的排干系统逐级汇集，最终在河道某一断面汇入七星河。由于排水系统大部分为硬化工程，沟道内糙率极低，灌区的汇水速度要显著高于未开发条件下的汇水速度，造成短时间内的水量聚集，在河道内形成洪峰。

5.2.3 流域水文过程变化对沼泽湿地水位的影响

水位是湿地生态关注的重要指标，湿地水位的高低关系到湿地的淹水范围、水资源总量、水深分布等重要指标。七星河湿地核心区是湿地内部最重要的区域，核心区总面积占湿地总面积的40%。核心区位于保护区中下游，生态系统未遭受严重的人为破坏，且无不良因素的干扰和影响，核心区外部具有良好的缓冲条件。良好的生态环境为核心区内保护对象提供了适宜的生长、栖息环境和条件，使该区域成为物种最丰富的地区。七星河湿地核心区大多为深塘区，地势低洼、平坦，植被类型齐全，芦苇和水资源极为丰富，地表常年积水，土质肥沃。沼泽湿地占该区面积的100%，人迹罕见，是以苇塘为栖息环境的鸟类、鱼类的优良栖息场所。

本研究通过水文–水动力耦合模型，对1980年、2018年不同农垦开发情景下的湿地水位进行模拟。模型通过WEP-L水文模型，分别对农垦开发前后湿地入口以及周边6个取排水口径流过程进行提取，并将两组径流过程作为水动力模型的入口边界条件，以狼豁子断面水位–流量关系曲线作为出口边界。七星河湿地位于东北寒区，冬季较长，12月至次年3月湿地处于封冻期，湿地核心区冻结且冰层较厚，故模型选取4~11月作为模拟时段。由于湿地核心区内部地势平坦，水域连通性较好，故核心区水位基本持平，研究选取核心区中心点作为代表点，对该点在1980年、2018年不同农垦开发情景下的水位变化过程进行提取，模拟结果如图5-5所示。

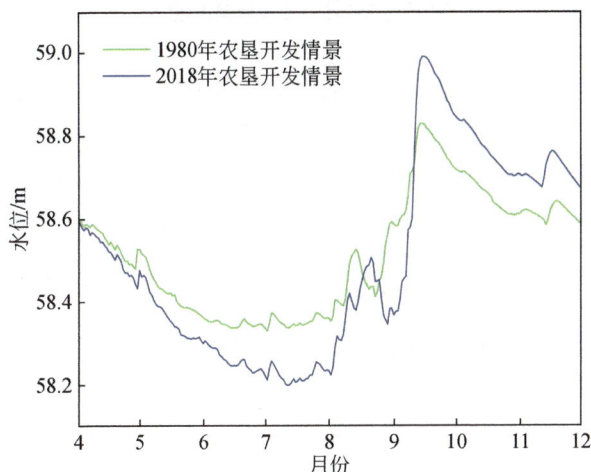

图 5-5 1980 年、2018 年不同农垦开发情景下湿地核心区水位变化过程

通过对比不同农垦开发条件下该时段的湿地水位变化过程，可以发现，1980年农垦开发情景（1980年情景）下的湿地水位波动显著低于2018年农垦开发情景（2018年情景）。农垦开发前后，湿地水位极值差由0.5m增加至0.79m。4~7月，两种情景下水位均呈现逐渐下降的趋势，但2018年情景下的水位降幅更加突出。进入8月，两种情景下的水位均开始回升，与1980年情景下的水位相比，2018年情景的水位响应更为剧烈且快速下降，

说明其对单次洪水的承载力较差。随着 9 月初主汛期的到来，湿地水位开始急速攀升，两种情景均在此期间达到水位峰值，2018 年情景下的水位峰值比 1980 年情景下的水位峰值高 0.16m。主汛过后，2018 年情景下的湿地水位回落用时更长。

对 1980 年、2018 年不同农垦开发情景下的湿地核心区水位变异情况进行分析，5~8 月为七星河流域灌溉期，农垦开发使农业用水加剧，使湿地内水量长期无法得到补给，水位持续下降，农业用水大幅挤占生态用水，造成 5~8 月 2018 年情景下的湿地水位长期低于 1980 年情景之下的水位。

7 月下旬，进入汛期，虽然 2018 年情景下的湿地水位出现回升，但是由于农业用水的持续影响，水位迅速回落。与之相比，1980 年情景下的水位波动较为平缓。农业活动的用水及排水过程是造成 2018 年情景下湿地水位波动较大的主要原因。

从主汛期两种情景之下的水位峰值对比，可以发现，经过长期的农垦开发，2018 年情景下，人类活动对湿地水位过程的影响更加剧烈。进入汛期，上游大面积农田为避免内涝发生，需要向河道内排水，导致主河道洪峰加剧。短时间、大流量的洪水进入湿地，导致该时段内出现水位峰值，七星河湿地地处平原地区，调洪能力有限，过量的洪水导致湿地内出现超高的水位峰值，严重威胁湿地生态环境及人类的生存环境。洪峰过后，2018 年情景之下，湿地水位下降更加缓慢，湿地持续保持超高水位状态。通过分析发现，1980~2018 年，大规模的农垦开发导致湿地面积大幅萎缩，湿地蓄水能力严重不足，同时由于狼豁口过流能力有限，在大流量洪水过境后，短期内湿地核心区水位会出现雍高现象。

5.2.4 沼泽湿地水位变化引起的生态效应

沼泽湿地丰富的自然环境资源为大量植物提供了优良的生长环境，为众多动物提供了良好的栖息地。湿地动植物的生长对于生长周期内的水文条件有着特定的需求，水位的波动会引起初级生产者种类组成及分布变化，而鸟类的栖息、分布数量以及物种多样性往往取决于栖息地范围、空间格局以及水深分布情况。通常来说，由气候变化或人类活动（如围塘养殖、农业取水、沟道排水）引起的湿地水位波动，均被视为影响湿地鸟类生存的干扰因素。湿地水位的降低甚至干涸，会严重挤压生物的生存空间，鸟类的生存、觅食与繁殖面临巨大挑战，相当数量的物种可能会因为生存环境的恶化而放弃原有的栖息地，进行大规模迁移。而物种的减少会引发生物结构的改变，物种多样性降低，产生一系列的负面效应。湿地水文条件的改变往往会引起生态过程的一系列响应，本研究通过鸟类、植物、鱼类生长状况对水文的响应过程，探究湿地水文-生态之间的相关关系。

七星河湿地适宜生态水位的研究主要以鸟类栖息的水域空间、植物生长的适宜水深以及鱼类越冬的最低水深为基础，结合湿地地形，分别核算不同水位条件下生物适宜水深面积。通过核算芦苇、白枕鹤、鱼类适宜生态水深，分别建立核心区水位-适宜生境面积占比关系曲线，进一步确定七星河湿地各时段适宜生态水位阈值。综合考虑湿地各物种的适宜水位以及洪泛期的湿地水体连通要求，将全年分为 4~5 月、6~8 月、9~10 月、11 月四个时段，建立分时段的七星河湿地生态水位阈值。

4~5 月七星河湿地为芦苇出芽的重点时期，该时期也是白枕鹤筑巢、孵化的重要时期，此时需综合考虑两个物种对于水深的需求，结合芦苇和白枕鹤生态–水文响应关系，可以发现，芦苇和白枕鹤在该时段的适宜水深范围发生重叠。考虑到此时芦苇幼苗比较脆弱，且白枕鹤的筑巢、孵化期适宜水深需求同时满足芦苇出芽期水深要求，故选取 0.1 ～ 0.25m 作为该时段的七星河湿地核心区适宜水深。结合湿地整体地形，绘制湿地核心区 4 ～ 5 月适宜生境水位–面积关系曲线，如图 5-6（a）所示，当水位达到 58.4m 时，湿地核心区适宜生境面积达到最大，为 91.6km²，占湿地核心区总面积的 76.3%。当水位高于 58.4m 时适宜生境面积明显下降。当核心区水位维持在 58.3 ～ 58.6m 时，湿地核心区适宜生境面积可以维持在 85km² 以上。因此选取 58.3 ～ 58.6m 作为七星河湿地 4 ～ 5 月生态水位阈值。

6 ～ 8 月为七星河湿地白枕鹤育雏的主要时期，在该时段内芦苇经历了幼苗期的发育，生长高度已经普遍超过 50cm，在一定程度上，水深越深，芦苇生长越旺盛。该时段，白枕鹤觅食生境植被密度通常高于 600 株/m²。综合两物种的生境需求，选取 0.2 ～ 0.4m 作为该时段的适宜生态水深。通过绘制湿地核心区 6 ～ 10 月白枕鹤适宜生境水位–面积关系曲线，如图 5-6（b）所示，可以发现，当水位达到 58.5m 时，湿地核心区白枕鹤适宜生境面积达到最大，为 85.9km²。当水位超过 58.5m 时，适宜生境水位–面积关系曲线出现拐点，适宜生境面积开始减小。当核心区水位维持在 58.3 ～ 58.7m 时，湿地核心区适宜生境面积可以维持在 80km² 以上，故选取 58.3 ～ 58.7m 作为七星河湿地 6 ～ 8 月生态水位阈值。

9 ～ 10 月，七星河流域降水十分充沛，为该流域主汛期。这一时期芦苇生长高度通常在 2 ～ 2.5m 或以上，白枕鹤也已发育成型，拥有了基本的捕食技能，对于生存环境适应能力较强。同时，湿地的洪泛过程在保障水体连通、生态系统营养物质输送等方面具有重要价值。小幅度的水位波动对湿地生态系统具有正向促进作用，而超出湿地承载能力的水位波动，将会对湿地生态系统造成较大冲击。根据前期湿地适宜生态水位，选取 58.4 ～ 58.7m 作为七星河湿地 9 ～ 10 月生态水位阈值。

11 月为湿地的冰封前期，候鸟已普遍向南迁徙，芦苇此时也处于枯萎时期。由于冰封期水位与当年的降水、气温等条件关系密切，无法对冰封期水位进行精准调控，故需要对冰封前期生态水位进行调控，确保鱼类安全越冬。通过绘制湿地核心区 11 月适宜生境水位–面积关系曲线，如图 5-6（c）所示，随着水位的上升，湿地核心区适宜面积不断增加，湖泡等低洼位于核心区北侧，当水位达到 58.7m 时，湖泡面积足以维持鱼类越冬，且封冻期水位继续升高时，易引发次年春季凌汛。故选取 58.6 ～ 58.7m 作为七星河湿地 11 月生态水位阈值。

由于湿地内部水浅滩多，从上游到下游地形复杂，湿地核心区地势相对平坦，具有更加完整的生态功能，故选择核心区生态水位阈值作为七星河湿地的适宜生态水位阈值。通过确定湿地各时段的生态水位阈值，绘制核心区全年适宜生态水位阈值曲线（图 5-7）。

结合农垦开发前后七星河湿地水位变化过程，以及七星河湿地生态水位阈值，分析在不同农垦开发背景下，湿地生态水位保证情况，确定农垦开发对湿地生态的影响机制。分别统计 1980 年、2018 年不同情景下，七星河湿地生态水位保证情况（表 5-4）。

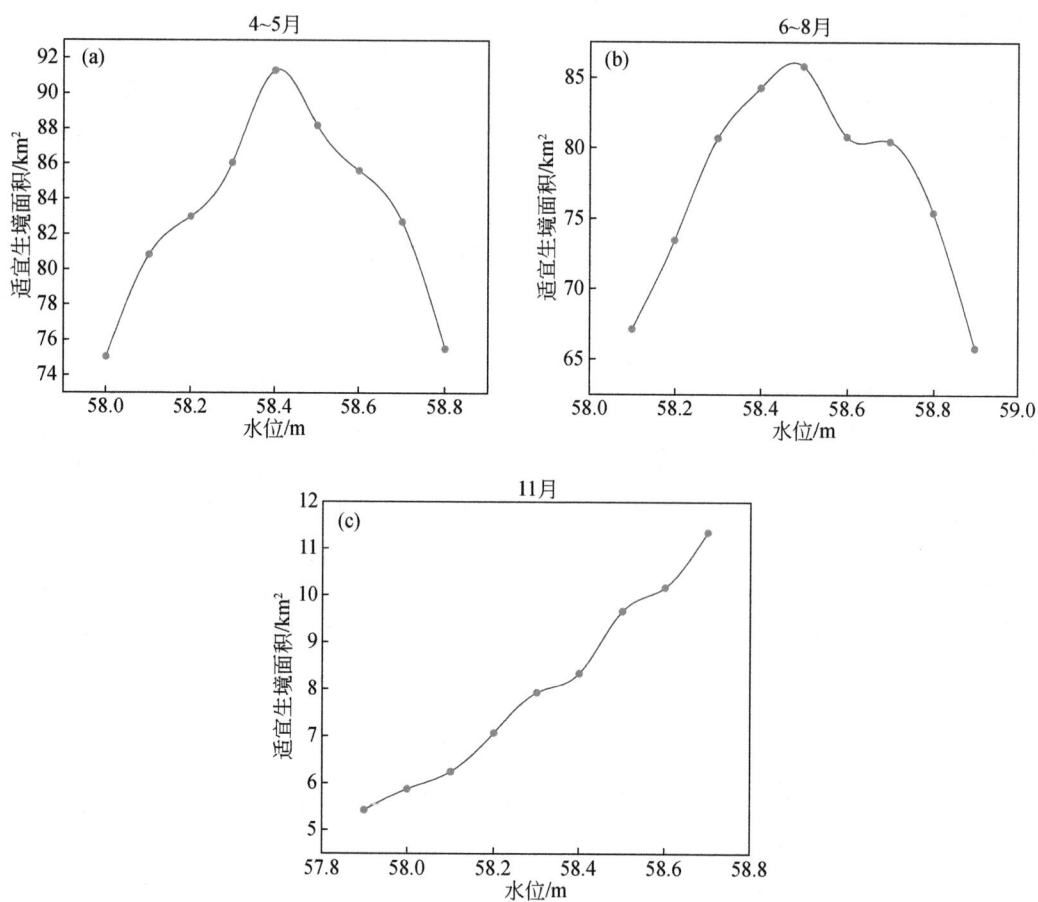

图 5-6　核心区水位–适宜生境面积关系

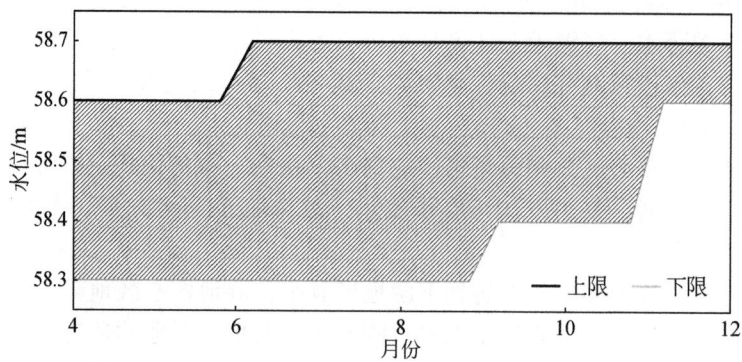

图 5-7　七星河湿地（核心区）适宜生态水位阈值

表 5-4　1980 年、2018 年情景下适宜生态水位保证情况

情景	保证天数/d	适宜生态水位保证率/%
1980 年	193	79.1
2018 年	107	43.9
1980 年（4~5月）	61	100.0
2018 年（4~5月）	59	92.4
1980 年（6~8月）	85	95.7
2018 年（6~8月）	30	32.6
1980 年（9~10月）	25	41.0
2018 年（9~10月）	7	11.5
1980 年（11月）	22	73.3
2018 年（11月）	11	36.7

由表 5-4 可知，1980 年情景下，适宜生态水位保证天数为 193d，保证率达到 79.1%。而在 2018 年情景下，适宜生态水位保证天数严重下降，总保证天数仅为 107d，仅为 1980 年情景下的一半。4~5 月是芦苇出芽和白枕鹤筑巢、孵化的主要时期，同时 5 月也是七星河流域的灌溉时期，农业用水的增加和天然来水量的不足，导致 2018 年情景下的湿地水位下降速率更快，在此期间 1980 年和 2018 年情景下适宜生态水位保证率分别为 100% 和 92.4%。6~8 月为芦苇的主要生长期，该时段内 2018 年情景下的湿地适宜生态水位保证率较低，仅达到 32.6%。主要由于 6~7 月流域农业用水持续挤占生态用水，湿地来水量严重不足，水位持续下降，长时间低于适宜生态水位。9~10 月为湿地汛期，由于流域灌区排水量的骤然上升，河道洪峰明显加剧，2018 年情景下的湿地水位发生较大程度抬升，对湿地生态构成严重威胁，生态水位保证率仅为 1980 年情景的四分之一左右。11 月进入冰封前期，由于湿地出口泄流能力有限，2018 年情景下的洪量难以在短时间内快速下泄，造成湿地水位壅高，在冰封前期仍保持较高水位，适宜生态水位保证率仅为 36.7%，远低于 1980 年情景下的 73.3%。

5.3　农垦开发对河沼系统水质的影响机制

5.3.1　农垦开发对流域水环境质量的影响

为探究七星河湿地水质时空的变化性，于 2019 年 6 月、7 月和 10 月在七星河湿地内部、七星河河道上及周边分别布设 27 个、27 个和 29 个采样点，收集水体样品检测其水质指标，3 个不同月份的地表水水质参数统计汇总见表 5-5。结果表明，七星河湿地水质在月份间存在不同程度的变化。统计分析（Kruskal-Wallis 检验，$p<0.01$）指出，化学需氧量（COD）、溶解氧（DO）、氨氮（NH_3-N）、总氮（TN）、总磷（TP）和 pH 表现出显著变化，NO_2^- 和 NO_3^- 在月份间变化不显著。其中，COD 的浓度在 7 月上升，10 月下降为 7 月

的三分之一，达到Ⅰ类水质标准。7月湿地气温开始升高，农业活动、湿地生物和水中微生物的活动增加，这可能是导致COD浓度上升的原因。而10月湿地气温逐步下降，又经历了8月和9月的强降雨过程，湿地的COD被大量降水稀释，因此浓度显著下降。DO的浓度受气温影响，气温低时氧气能更多地溶解于水中，随着气温升高，水体中的氧气释放到大气中，造成DO浓度的下降。强降雨使气温下降，雨水向水体中带入游离在大气中的氧气，并使湿地水体的流动性增强，因此DO的浓度表现为先高后低再升高的趋势。NH_3-N、TN和TP为营养元素指标，过量的氮磷会造成水体富营养化，这个过程会消耗大量氧气导致水生生物的死亡。与2018年6月的监测数据相比，TP的浓度基本持平，NH_3-N和TN的浓度则有所上升，但同时观察到NH_3-N和TN的SD较大，说明该两项水质指标在研究区内分布不均，个别高浓度点拉高了浓度整体平均值。从时间变化上看，NH_3-N的浓度在7月显著下降为6月的四分之一，10月和7月的平均浓度接近。由于含氮化合物的不稳定性，水体中的氨氮可经过硝化作用转化为亚硝酸氮，并最终被氧化为稳定的硝酸氮。TN的浓度表现与NH_3-N相似。6~7月TP的浓度有所上升，并在10月下降。磷元素作为一种迁移性较差的元素，在月份间浓度起伏较小，分布得也较为均匀。

表5-5 七星河湿地2019年6月、7月和10月水质参数统计汇总表

水质参数	6月（n=27）		7月（n=27）		10月（n=29）		总体（n=83）	
	平均值	标准差	平均值	标准差	平均值	标准差	平均值	标准差
COD	18.52	9.41	25.93	11.47	7.04	10.65	17.16	10.51
DO	5.71	0.39	5.31	0.77	6.88	1.16	5.96	0.77
NH_3-N	0.67	0.83	0.17	0.13	0.17	0.16	0.34	0.37
TN	1.26	0.53	0.80	0.33	0.78	0.41	0.94	0.42
TP	0.20	0.08	0.30	0.11	0.16	0.04	0.22	0.08
NO_2^-	0.010	0.01	0.007	0.01	0.012	0.01	0.010	0.01
NO_3^-	0.122	0.20	0.060	0.05	0.205	0.27	0.129	0.17
pH	7.37	0.28	7.27	0.23	7.70	0.20	7.45	0.24

为了进一步评价七星河湿地的水质状况，使用反距离加权法（IDW）解释水质的空间变化。七星河湿地作为沿河伴生型湿地，湿地内部水体与七星河河道及周围农田沟渠有一定的交互性，受其影响在插值图上表现出独特的空间变化。有研究使用河岸带法模拟土地利用类型和水质的关系，缓冲带半径从500m到1000m不等。为客观真实反映湿地水质时空变化，现将研究区域沿湿地外边缘向外扩充1000m，扩充后的新区域囊括农田沟渠采样。由图5-8可知，从整体上看6月和7月的水质空间分布具有相似性，10月湿地各水质参数空间分布更加平均，浓度更低。DO在6月和7月表现为东西高，中部低，周边区域低于湿地内部；在10月高浓度区域从湿地东部向湿地中部推进，湿地周边的DO浓度依旧较低。COD的高浓度区在3个月份间均出现在湿地北部，东部表现较好，高浓度区域主要出现在湿地周边。氨氮在6月和7月的空间分布相较于同月份其他水质参数更为平均，在10月则较为分散。这可能是由于强降雨使得土壤径流过程增强，残留在土壤中的氮进入

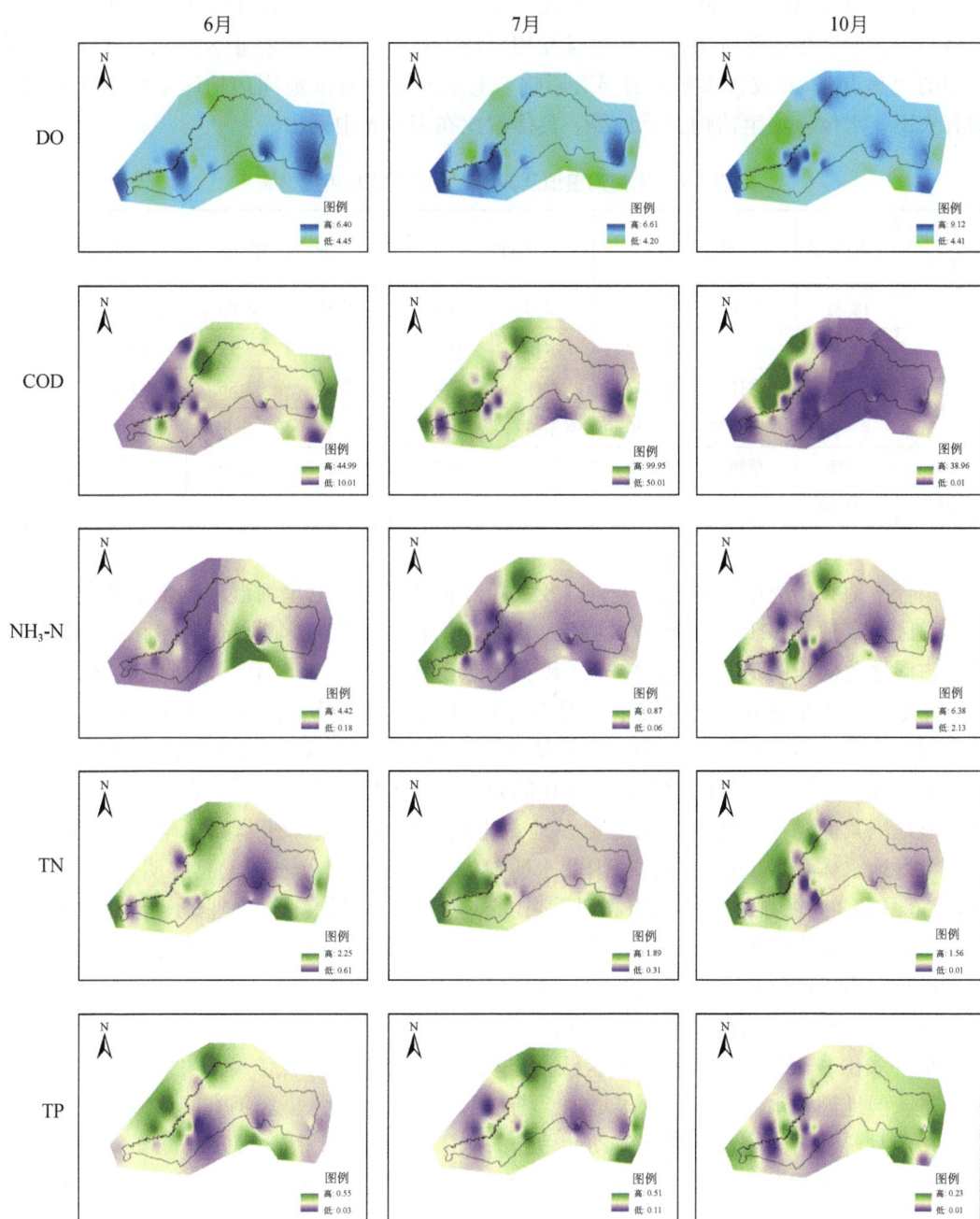

图 5-8　七星河湿地水质变化趋势（单位：mg/L）
从左至右分别为 6 月、7 月和 10 月；从上到下分别为 DO、COD、NH₃-N、TN 和 TP

到水体中，在硝化与反硝化作用下形成的现象。TN 的空间分布通常表现为东部高西部低，在农业活动频繁的 7 月尤为明显。TP 在 10 月虽表现出东低西高的趋势，但 10 月 TP 总体浓度较低，多处于Ⅱ类水质标准与Ⅲ类水质标准之间，因此 TP 整体表现良好。

三江平原自20世纪80年代起历经大规模农垦开发，已经形成了湿地与农田共存的景观格局，两者在生态系统中密切相关且互相影响。有研究称这种农业区湿地为地球生物化学中的"热点"，对改善水质有着显著影响。七星河湿地及湿地周边地区主要土地利用类型有农田、水体、水生植物、草地等，具体占比在表5-6中列出。

表5-6　七星河湿地及其周边地区土地利用类型表

土地利用类型	总占比/%	实验区/%		缓冲区/%		核心区/%		湿地周边/%	
旱田	18.32	旱田	4.74	旱田	0.31	旱田	0.02	旱田	13.25
水田	27.16	水田	1.02	水田	0.40	水田	0.19	水田	25.55
沼泽地	49.57	水体	1.43	水体	3.46	水体	2.86	沼泽地	18.32
		水生植物	4.30	水生植物	6.33	水生植物	12.87		
草地	4.95	草地	1.70	草地	1.22	草地	1.06	草地	0.97
总计	100.00								

结合土地利用类型图和占比表，以及空间分布图可知，七星河湿地内部农田集中分布在实验区，零散分布于缓冲区与核心区，以旱田为主。三个区域均有水体和水生植物分布，占湿地总面积的74.58%，缓冲区和实验区占比超过一半以上。将研究区域扩充后，农田土地利用类型面积明显增加，主要位于湿地南部和北部，以水田为主。从图5-8可知，湿地水质总体为西部浓度高，东部浓度低，北部高浓度区域向湿地内部推进时被稀释，南部高浓度区在月份间没有显著变化的表现。从土地利用图上看，湿地周边被农田环绕，湿地因其储水蓄水的生态功能更多地蓄集周围农田径流，在非降雨季节滞留在湿地中，被湿地水体和水生植物净化，因此水质参数浓度在空间分布图上具有明显的边界性。DO在6月和7月受湿地北部农田和河道来水影响较深，6月起人类农业活动频繁展开，农业回水和夹裹流失化肥的农业径流进入七星河河道扩散至湿地，对湿地水体造成污染，但在扩散过程中又被湿地水生植物净化，越靠近湿地中心水质表现得越好。包括COD在内的其余四项水质参数均在湿地边界最北部出现高浓度区域，往东则浓度下降，这与土地利用类型（农田）表现一致。湿地实验区常出现多个高浓度点和低浓度点共存的现象，农田径流进入湿地湖泊水体中导致浓度增加。湖泊水体可以稀释污染，但在降水缺乏且农业活动较多的月份，污染则会汇集在流动性较差的水体中，如TN的空间分布表现。研究表明，城市和农田对水质有负向影响，贡献了大部分氮磷负荷；森林和草地对水质有正向影响，能够增加水中DO的含量并减少水体中的悬浮性固体。水体对水质的影响与水量大小有关，水量过大导致的冲刷作用会把原本固定在土壤中的氮磷释放进湿地水体中，反而增加了水体的营养负荷。

5.3.2　农垦开发对水环境重金属污染特征的影响

表5-7列举了七星河湿地水环境中重金属的含量范围。水体中重金属平均含量由高到

低依次为：Zn>Cr>Cu>Ni>Cd。与《地表水环境质量标准》（GB 3838—2002）比较的结果表明，水体中所有重金属的含量均明显低于地表水 I 类水体标准限值（$p<0.01$）。沉积物中重金属平均含量由高到低依次为：Zn>Cr>Ni>Cu>Cd，Ni 和 Cu 的相对排序与水体相比存在明显差异。这是由于进入水体中的重金属会吸附在悬浮颗粒物上并在重力的作用下沉积至表层沉积物，因此，水体中重金属的含量反映的仅是采样期的污染状况，而理化性质较为稳定的沉积物则可反映出长期累积的结果。沉积物中重金属的含量明显低于《土壤环境质量　农用地土壤污染风险管控标准（试行）》（GB 15618—2018）农用地土壤风险筛选值（$p<0.01$），表明沉积物中重金属不会对湿地植物的生长产生明显影响。但应注意所有采样点沉积物中 Cd 和 Zn 的含量明显高于大规模开垦前沉积物中土壤重金属含量（$p<0.01$）。根据尚二萍等（2018）的研究结果，我国东北粮食主产区土壤重金属高污染区域主要集中于松嫩平原的哈尔滨、长春等工业化和城市化程度较高的地区。自 20 世纪 80 年代以来，除三江平原外，我国其他粮食主产区耕地土壤重金属超标比重显著增加，这表明农业区人为来源的重金属输入远低于工业或城市化较发达的地区，并且七星河湿地远离城市人口密集区，且周边无大型排污企业，其水体和沉积物 Cd 和 Zn 的复合污染可能主要来源于农业活动。此外，Jiao 等（2014）的研究结果表明，三江平原耕地土壤中重金属的流失与复垦后土壤中粘土和有机质含量的减少密切相关，即湿地复垦区重金属的面源性污染主要发生在土壤侵蚀过程中。特别是天然湿地开垦为水田后，土壤中 Cd 和 Zn 的含量显著下降，而三江平原在 1993～2017 年水田种植比例提高了近 35%，伴随着农药、化肥的大量使用，进一步加速了 Cd 和 Zn 等重金属元素通过地表径流进入湿地的步伐。

表 5-7　七星河湿地水环境重金属含量特征（2018 年 6 月）

	沉积物/（mg/kg）			水体/（μg/L）			Class I	CBR
	Min. ～ Max.	Mean±SD	Cv	Min. ～ Max.	Mean±SD	Cv		
Cu	18.0～29.7	24.4±3.0	0.1	1.4～10.7	3.2±2.3	0.7	10	20.71
Cr	61.2～132.0	81.9±22.7	0.3	1.6～8.9	4.5±2.0	0.5	10	42.17
Cd	0.1～0.4	0.2±0.1	0.3	0.0～0.2	0.1±0.1	0.4	1	0.15
Ni	20.2～113.4	45.7±31.5	0.7	1.4～8.8	2.6±1.7	0.6	20	23.13
Zn	103.8～166.2	139.4±19.8	0.1	8.6～64.8	28.0±15.1	0.5	50	69.01

注：Min. ～ Max. （最小值～最大值）；Mean±SD（平均值±标准差）；Cv（变异系数）；Class I（地表水环境质量 I 类标准）；CBR（Concentrations before reclamation，开垦前沉积物重金属含量）。

变异系数（Cv）能够反映出重金属含量的异常特征，变异系数越大表明重金属含量受外界因素影响越大。根据 Everitt（1988）对空间变异等级的划分，水体和沉积物中 5 种重金属均处于"中等变异"水平（$0.1<Cv<1.0$）（表 5-7），但是水体中重金属的变异系数要明显高于沉积物（$p<0.01$）。水体中重金属的含量常受到沉积物中重金属释放的影响，但是 Pearson 相关分析的结果显示水体重金属的含量与沉积物无明显相关性（$p>0.05$），这可能是因为外源性的输入影响了这种内在联系。上游来水的污染输入、大气沉降和农业面源污染以及水量稀释等因素是造成不同采样点水体重金属含量差异较大的主要因素。需要注意的是，七星河汇入湿地处水体中 Cd 和 Zn 的含量分别是其他采样点平均含量的 1.9 倍和 2.5 倍。Jiao 等（2014）的研究结果表明，长期的农业耕作会导致农田附近的排水沟道以及河岸湿地中重金属含量的提升，即重金属可临时汇集在农田附近的排水沟道并通过水文过程进入湿地，这进一步解释了重金属含量的最大值均出现在湿地上游七星河汇入处的原因。

5.3.3 农垦开发对河沼系统面源污染输入的影响

根据质量平衡原理，流域内农业面源污染氮磷负荷在一个时期内应遵循以下平衡：输入量 I=输出量 O+残留量 R。输入量主要为肥料的施入量以及上期土壤残留量；输出量包括很多途径，如地表径流流失、地下淋溶损失、植物的吸收以及大气挥发等；残留量主要指当期土壤中氮磷负荷的残留量。农业面源污染负荷估算公式如式（5-3）所示。

$$F+R'=S+S_0+U+V+R \tag{5-3}$$

式中，F 为施肥量；R' 为上期土壤残留量；S 为地表径流流失量；S_0 为地下淋溶损失量；U 为植物吸收量；V 为大气挥发量；R 为当期土壤残留量。

根据估算模型原理建立逐月农业面源污染负荷估算模型，农业面源污染氮磷负荷即为农业面源污染物输出过程中地表径流流失部分。由于研究区属高寒地区，冰封期较长，因此本研究仅估算作物生长期的农业面源污染负荷。

通过查阅《黑龙江省统计年鉴》，获取 1991～2017 年黑龙江省氮肥、磷肥施用量（折纯量）及作物种植面积，作物种植结构主要以玉米、水稻、小麦及大豆为主，本研究将种植结构简化为水田以水稻为主、旱田以玉米为主。根据实地调查，施肥方式统一设置为水稻在全生育期内氮肥按基肥 50%、蘖肥 35%、穗肥 15% 施入，玉米在全生育期内氮肥按60% 作为基肥、40% 作为追肥施入，两种作物的磷肥全部作为基肥施入。

黑龙江省耕地的单位面积施肥量计算公式如式（5-4）所示：

$$单位面积施肥量(氮、磷)=化肥施用量(氮、磷)/种植面积 \tag{5-4}$$

在地理空间数据云下载 1991 年、1996 年、2003 年和 2014 年四期遥感影像，通过目视解译与监督分类等方法，得到流域内水田及旱田面积，由式（5-5）计算七星河流域水田与旱田施肥量：

$$施肥量(氮、磷)F=农田(水田、旱田)面积×单位面积施肥量(氮、磷) \tag{5-5}$$

假设 4 个时期之间农田面积不变，将 1991 年农田面积作为 1991～1995 年农田面积，以此类推，得到 1991～2017 年七星河流域逐年农田面积，进而得到七星河流域 1991～2017 年逐年施肥量。

植物吸收部分参考相关文献，水稻在全生育期氮素吸收率为 36.8%～64.9%，取 64.9% 为施肥期植物吸收率，36.8% 为其他时期植物吸收率。水稻对磷肥的利用率为 10%～25%，取平均值 17.75% 为水稻对磷肥的吸收率。根据水稻各生育期吸收磷肥占全生育期吸收磷肥总量的比例，推求各月植物吸收率。玉米对氮肥的利用率为 35%，根据玉米各生育期吸收氮肥占全生育期吸收氮肥总量的比例，推求各月植物吸收率。玉米对磷肥的利用率为 19.9%～38.7%，取平均值 29.3% 为玉米对磷肥的吸收率。根据玉米各生育期吸收磷肥占全生育期吸收磷肥总量的比例，推求各月植物吸收率。

大气挥发部分参考相关文献，在吸收的氮中，有13%~16%通过水稻氮素挥发等其他途径损失，约6%通过部分老叶和死亡器官损失。取植物吸收氮素的20%为大气挥发损失。玉米中挥发的氮素占氮素输入的11%。

地表径流流失和与地下淋溶损失参考《第一次农业污染源普查–肥料流失系数手册》中"东北半湿润平原区–平地–水田–单季稻"和"东北半湿润平原区–平地–旱地–春玉米"两种模式，获取研究区水稻和玉米的地表径流流失系数与地下淋溶损失系数，其中水稻中总氮和总磷的地表径流流失系数为0.397%和0.1%，水稻的地下淋溶部分无数据；玉米中总氮和总磷的地表径流流失系数为0.198%和0.075%，玉米中总氮和总磷的地下淋溶损失系数为0.5%和0.067%。

土壤残留部分依据质量平衡有：

$$R = F + R' - (S + S_0 + U + V) \tag{5-6}$$

其中由于磷肥的利用率较低，残留在土壤中的磷主要为无效磷，占95%以上，故取上期土壤磷素残留的5%为当期的土壤磷素残留量。

七星河流域6月与7月估算值与实测值对比如图5-9所示。可以发现，径流量较高年份总氮和总磷估算值偏低，径流量较低年份总氮和总磷估算值高于实测值。6月总氮浓度估算范围为0.32~3.25mg/L，平均值为1.84mg/L，2018年总氮浓度实测值为1.38mg/L，估算值是实测值的0.2~2.4倍；2019年总氮浓度实测值为1.12mg/L，估算值是实测值的0.3~2.9倍；总磷浓度估算范围为0.06~0.74mg/L，平均值为0.42mg/L，2018年总磷浓度实测值为0.17mg/L，估算值是实测值的0.4~4.4倍，2019年总磷浓度实测值为0.20mg/L，估算值是实测值的0.1~3.8倍。7月总氮浓度估算范围为0.08~4.63mg/L，平均值为1.44mg/L，2019年总氮浓度实测值为0.77mg/L，估算值是实测值的0.1~6.0倍；总磷浓度估算范围为0.02~1.25mg/L，平均值为0.33mg/L，总磷浓度实测值为0.31mg/L，估算值是实测值的0.1~3.8倍。估算值与实测值总体上处于同一数量级，估算结果可信度较高。综合分析可知，依据质量平衡原理估算七星河流域农业面源污染负荷的结果是合理的，可以将估算结果作为水文模型输入数据进行水质参数率定与验证。

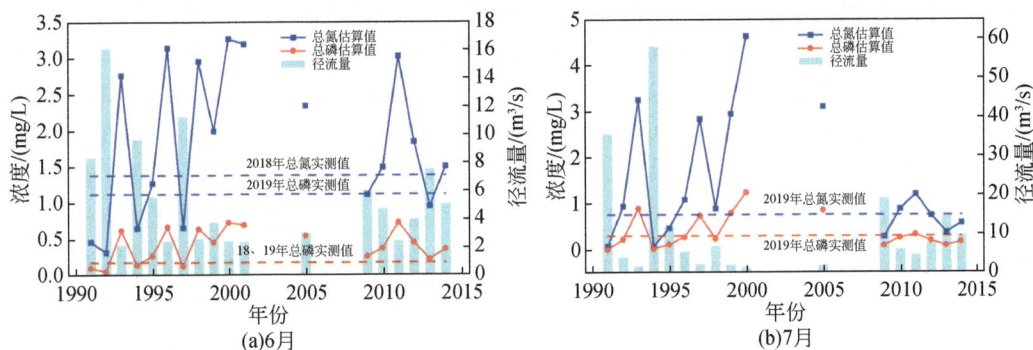

图5-9 七星河流域6月和7月估算值与实测值对比（1991~2014年）

七星河流域农业面源污染年负荷估算值如图5-10所示。年际分布和黑龙江省单位面积施肥量相似，总体上呈现先急速上升后波动上升的趋势，流域内农业面源污染负荷受施肥量和作物种植面积的双重影响，1991～1995 年，总氮和总磷负荷上升较快，总氮负荷从43t 增加到 84t，增加了近 1 倍，总磷负荷由 16t 增加到 27t，增加了 0.7 倍，主要是由于该时期内单位面积施肥量逐年增加，同时受农垦开发影响，农田面积也逐年增加，导致该时期内农业面源污染负荷急剧增加，1995～2004 年呈缓慢上升趋势，在 2004 年达到最大值，总氮负荷为 96t，总磷负荷达到 33t，2005 年氮磷负荷出现急剧下降趋势，这是由于种植结构的变化，导致单位面积施肥量的急剧减少，造成氮磷负荷的降低。2005 年以后，氮磷负荷又呈现缓慢上升趋势，主要是由于种植面积的逐年增加，导致面源污染负荷逐年升高。

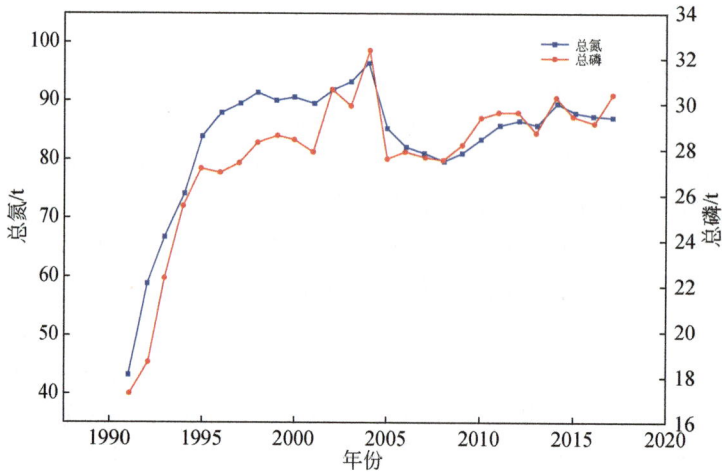

图 5-10　七星河流域农业面源污染年负荷估算值（1991～2017 年）

　　七星河流域农田单位面积农业面源污染年负荷输入量与入沼量如图 5-11 所示。1991～2017 年单位面积农田总氮负荷与总磷负荷输入量平均值分别为 4.51t/km^2、2.81t/km^2，单位面积农田总氮负荷与总磷负荷入沼量平均值分别为 0.06t/km^2、0.02t/km^2，即每新增农田 1km^2，将新增总氮负荷 4.51t，总磷负荷 2.81t，进入湿地的面源污染负荷分别新增总氮负荷 0.06t，总磷负荷 0.02t。单位面积农业面源污染负荷输入量与入沼量呈现相似的分布特征。以输入量为例，1991～1994 年，单位面积氮磷输入量迅速增加，4 年内单位面积总氮输入量从 2.34t/km^2 增加到 4.60t/km^2，总磷输入量从 1.92t/km^2 增加到 2.99t/km^2，这一阶段主要是由于施肥总量的迅速增加，导致单位面积输入量的增加；1994～2004 年，单位面积输入量一直呈波动式上升，在 2004 年达到最大值，其中单位面积总氮输入量为 5.07t/km^2，单位面积总磷输入量为 3.25t/km^2，主要是由于施肥总量及作物种植面积在这一阶段波动式变化，受两者综合影响，导致这一阶段单位面积输入量呈波动式上升。而 2004～2005 年，单位面积输入量突然下降，其中总氮输入量下降了 16.9%，总磷输入量下降了 17.2%，虽然氮磷施用总量有小幅度增加，但由于大豆种植面积的迅速增加，导致作物种植总面积增幅较大，进而导致单位面积输入量迅速减少。2005 年以后，尽管施肥总量和作物种植面积均呈现上升趋势，但单位面积输入量总体上呈现先上升后下降的趋势。

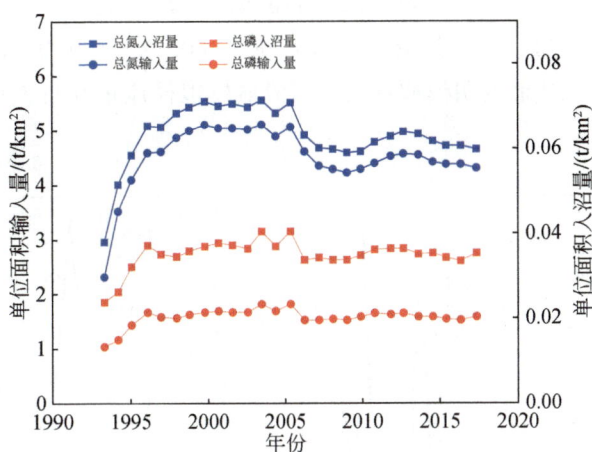

图5-11　七星河流域农田单位面积农业面源污染年负荷输入量与入沼量（1991～2017年）

作物管理措施如表5-8所示。对于旱田而言，玉米以二胺为底肥，第一次追肥以钾肥为主，第二次追肥以尿素为主。对水田而言，以复合肥（益农肥）为底肥，硫酸铵为第一次追肥，尿素为第二次追肥。其中二胺含氮量（以下均为折纯量）18%，含磷量48%；尿素含氮量46.67%；硫酸铵含氮量21%；益农肥含氮量12%，含磷量18%。研究区耕作方式在秋收以后主要以机耕为主，耕作次数为一年一耕，耕作深度为15～20cm。

表5-8　七星河流域作物管理措施

作物类型	种类	施肥量/(kg/hm²)	时间
玉米	二胺	200	4月20日
	尿素	300	6月10日
水稻	益农肥	350	4月20日
	硫酸铵	100	5月20日
	尿素	200	6月10日

对敏感性参数进行率定，经参数率定得到最佳参数的校准值后，将其代入验证期时段进行验证。本研究模型预热期为4年，2005～2007年为径流率定期，2008～2010年为径流验证期。2005～2006年为水质率定期，2007～2008年为水质验证期。本研究选用决定系数R^2和纳什系数（Nash-Suttcliffe）E_{NS}评价模型的适用性。其中，R^2用于评价实测值和模拟值之间的拟合程度，R^2越接近1，拟合效果越好。E_{NS}表示模型的总体效率，其值越高，表示模型的适用性越好，如果E_{NS}为负值，则意味着模拟效果较差，说明模型模拟平均值比直接使用实测平均值的可信度更低。根据以往研究经验，当$E_{NS} \geq 0.75$时，可以认为模拟效果好；$0.36 \leq E_{NS} < 0.75$时模拟效果令人满意；$E_{NS} < 0.36$时，模拟效果不好。

通过参数自动率定及手动调参，每次迭代模拟1000次，径流量调参共进行7次迭代，总氮负荷调参共进行4次迭代，如图5-12所示，径流量与总氮负荷模拟值与实测值较吻合，径流量率定期 R^2 为 0.82，E_{NS} 为 0.82；验证期 R^2 为 0.72，E_{NS} 为 0.71。总氮负荷率定期 R^2 为 0.60，E_{NS} 为 0.51；验证期 R^2 为 0.76，E_{NS} 为 0.72。总磷负荷模拟结果不太理想，R^2 和 E_{NS} 均小于 0.36，结果表明模型在七星河流域模拟径流量和总氮负荷方面有较好的适用性。

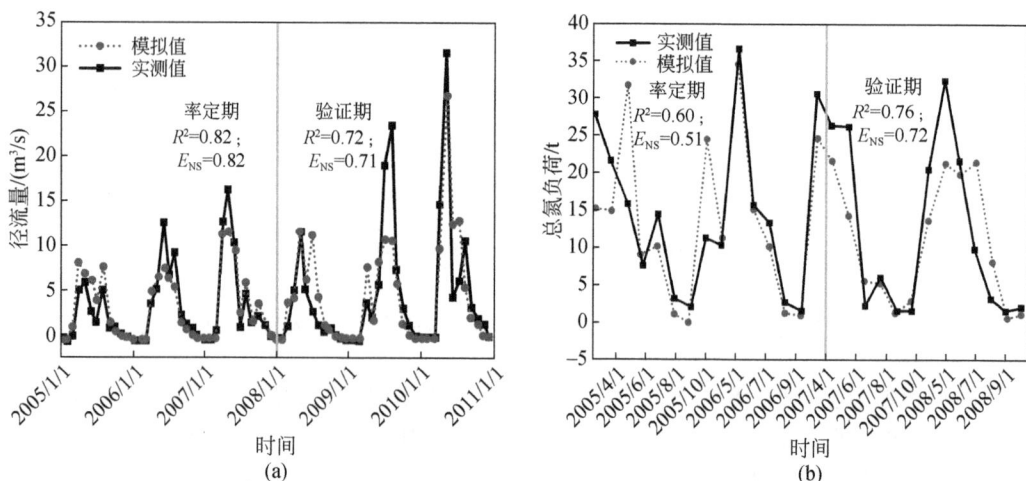

图 5-12　七星河流域径流量（a）与总氮负荷（b）模拟结果

由图 5-13 可知，2005～2010 年七星河流域降水量均在 400mm 以上，年均降水量达 499mm，总体呈波动式上升趋势。与降水量相同，径流量虽然略有波动，但总体呈上升趋势，与降水量趋势基本一致。2005～2010 年七星河流域总氮负荷年均值为 2013t，呈逐年上升趋势，这可能是由于七星河流域农业资料的连年施用，并且肥料施用量也逐年增加，但我国氮肥利用率仅为 30%~35%，而施入土壤中的肥料约 70% 都随土壤水土流失进入到河流水域中，导致总氮负荷的累积。总氮负荷在 2010 年急剧上升，达到了最高值，为 2597t，超出平均值 29%。可能是由于径流量的大幅度增加，导致径流可携带的总氮负荷增加。而 2006 年和 2008 年，随着降水量和径流量的减少，总氮负荷上升趋势有所减缓，说明七星河流域总氮负荷不仅和施肥量（"源"）有关，还和径流量有关（"流"）。

由图 5-14 可知，径流量和总氮整体上均呈现先上升后下降的趋势，径流量在 5 月达到最大值，占年径流量的 21.89%，在 6 月出现短暂下降，在 7 月上升至第二个峰值，占年径流量的 20.57%，后呈下降趋势。总氮负荷从 1 月到 3 月呈缓慢上升趋势，由于每年的 11 月至次年 3 月为冰封期，此间径流量较小，甚至大部分时期径流量几乎为 0，因此冰封期总氮负荷的流失量也相应减少，冰封期总氮负荷仅占全年总氮负荷的 1.13%，而三江平原作物生长期一般为 4 月末至 10 月初，因此总氮负荷的流失时期基本和作物生长期一致。在 3～5 月和 6～7 月总氮负荷急剧上升，而 5～6 月上升较缓慢，这可能是因为 4 月开始施入基肥，6 月又进行一次追肥，导致负荷的流失量急剧增加，因此在 7 月达到最大值，占全年的 34.11%，这可能是由于作物在 6～7 月肥料利用率较高，而有效态氮作为植物易吸收的形态又容易随地表径流流失。而 7～9 月，总氮负荷急剧下降，9 月总氮负荷占全年总氮负荷的 1.25%，这一阶段由于作物生长发育趋于平稳，不再需要大量的肥料，因此总

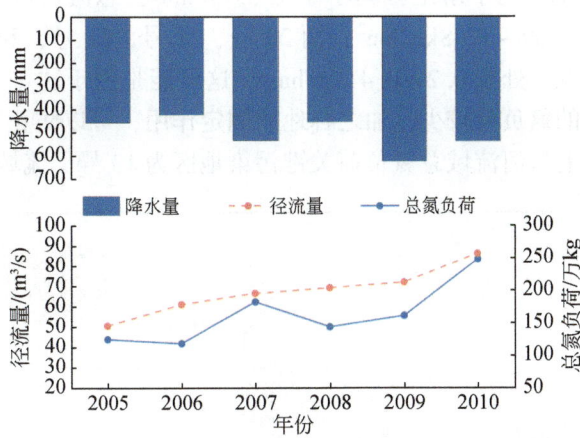

图 5-13　七星河流域降水量、总氮负荷和径流量年际分布图（2005～2010 年）

氮负荷在这一时期呈下降趋势。由此可见，总氮负荷的流失主要集中于 4～10 月，与作物生长期一致，占全年总氮负荷流失的 98.87%，而 7 月为总氮负荷贡献最大时期，因此，七星河流域总氮负荷关键污染时期为 7 月。

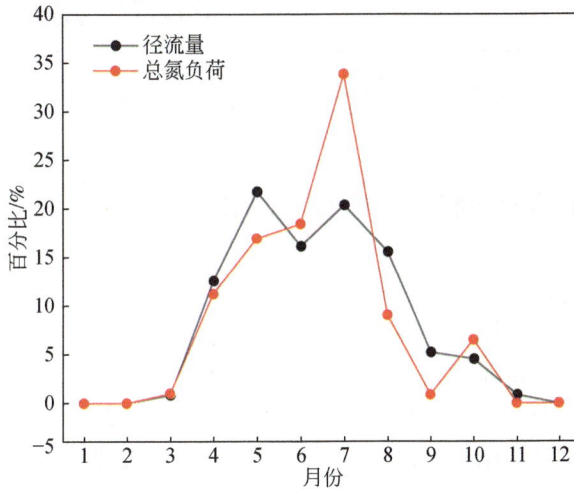

图 5-14　七星河流域径流量和总氮负荷月均值分布（2005～2010 年）

2005～2010 年七星河流域单位面积年均总氮负荷输出强度空间分布如图 5-15 所示。流域内总氮负荷输出强度为 0.20～8.05kg/hm²，平均值为 1.45kg/hm²，变异系数为 1.19>1，属于高度变异。13 号子流域总氮负荷输出强度达到了 8.05kg/hm²，为流域内总氮负荷输出强度最高的地区，主要是由于 13 号子流域土地利用方式多为坡耕地，农业活动产生的总氮负荷易于流失到地表径流中，随水土流失集中于 13 号子流域。除 13 号子流域外，各子流域差异不大，总氮负荷输出强度从 0.20kg/hm² 到 2.76kg/hm² 不等，11 号、14 号、16 号和 19 号等 4 个子流域总氮负荷输出强度为 1.48～2.76kg/hm²，为次要污染区，占流域总面积的 4.27%，七星河下游地区均小于 1.09kg/hm²，总氮负荷输出强度高值区集中在上游，中游均处于 1.09～1.48kg/hm²，而 20 号、21 号、23 号、和 25 号等 4 个子流域总氮负荷输出强度最低，处于 0.2～0.41kg/hm²，这可能是由于这 4 个子流域土地利用类型以林地为主，产生的氮负荷较少，加之林地的固定作用，可以防止水土流失，减少总氮负荷的流失。因此，七星河流域总氮负荷关键污染地区为 13 号子流域。

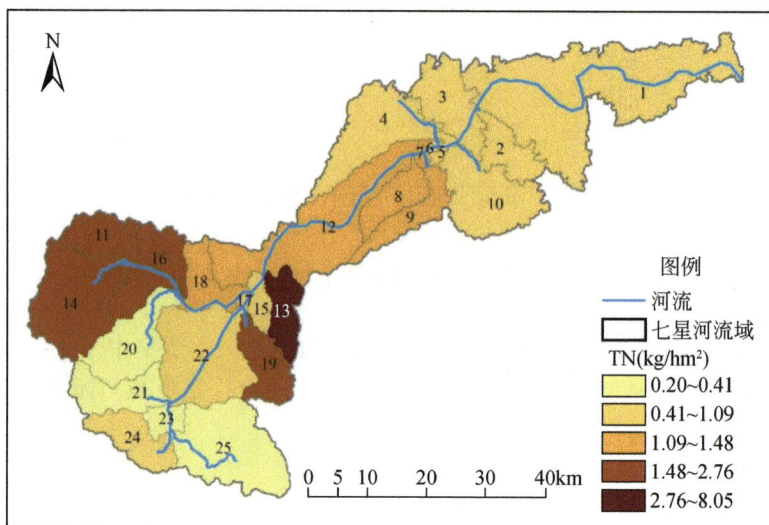

图 5-15　七星河流域年均总氮负荷输出强度空间分布（2005～2010 年）

5.3.4　种植结构变化对污染负荷的影响

本研究模拟不同施肥管理方案，并分析各方案对于七星河流域农业面源污染负荷的影响。考虑到施肥是七星河流域农业面源污染负荷的主要来源，并且流域内种植结构的不同直接影响施肥量的变化，耕作方式、耕作次数及耕作时间是影响水土流失的重要环节，植被过滤带可以在农业面源污染迁移路径中实现对污染负荷的截留，因此通过情景模拟，探讨施肥量的变化、调整种植结构、保护性耕作、建立植被缓冲带 4 种措施对农业面源污染负荷的影响，并在四种措施基础上探讨每种措施下的最佳调控方案，进一步设置 12 种情景，探讨每种情景的最佳管理措施。具体情景设置如下。

Q0 基线情景：以实际调查作物管理数据作为模型输入数据的情景。

Q1 减少施肥 50%：在基线情景下，两种作物各阶段施肥量均相应减少 50%。

Q2 减少施肥 25%：在基线情景下，两种作物各阶段施肥量均相应减少 25%。

Q3 增加施肥 25%：在基线情景下，两种作物各阶段施肥量均相应增加 25%。

Q4 增加施肥 50%：在基线情景下，两种作物各阶段施肥量均相应增加 50%。

Q5 调整种植结构：在基线情景下，将研究区覆盖作物水稻变为玉米。

Q6 调整种植结构：在基线情景下，将研究区覆盖作物玉米变为水稻。

Q7 保护性耕作：在基线情景下，将原有耕作措施删除，变为无耕作。

Q8 保护性耕作：在基线情景下，将原有耕作措施变为三年一耕，即少耕作。

Q9 建立植被过滤带：在基线情景下，添加植被过滤带，其中 FILTER_RATIO 为田间面积与过滤带面积之比，变化范围为 0 ~ 300，最常见的范围为 30 ~ 60，设为 30。FILTER_CON 为过滤带最密集区的 10% 面积占水文响应单元（HRU）面积的分数，默认值为 0.5。FILTER_CH 为过滤带最密集区的 10% 区域内完全渠道化的水流所占分数（无量纲）。完全渠道化的水流不受过滤或下渗影响，默认值为 0。

Q10 建立植被过滤带：在 Q9 情景下，将 FILTER_RATIO 默认值设置为 40。

Q11 建立植被过滤带：在 Q9 情景下，将 FILTER_RATIO 设置为 50。

最后将每种措施下面源污染氮磷负荷削减效果最佳的情景综合为 Q12，探讨工程措施与非工程措施相结合的最佳管理措施下对农业面源污染负荷的削减效果。

不同施肥量对七星河流域 2005 ~ 2010 年月均总氮负荷和总磷负荷的影响如图 5-16 所示，基线情景多年月均总氮负荷为 2012558kg，与基线情景相比，Q1 情景和 Q2 情景可相应减少总氮月负荷 24.19% 和 11.79%，Q3 情景和 Q4 情景可相应增加总氮月负荷 9.26% 和 19.24%。4 种情景下，改变施肥量对 2 月的影响最小，Q1 情景和 Q2 情景分别减少 2.07% 和 1.13%，Q3 情景和 Q4 情景分别增加 0.55% 和 1.46%，2 月的总氮负荷最小，为 9.73kg。Q1 情景和 Q2 情景对 11 月的影响最大，分别减少 39.42% 和 18.70%，这可能与 11 月进入冰封期以及植物生育期结束有关。对关键期 7 月的影响为 14.43% 和 7.10%，低于月均总氮负荷平均值 24.19% 和 11.79%。因此可以得出以下结论，改变施肥量对接近于月总氮负荷平均值的月份影响最大，对总氮负荷最大或最小的月份影响较小，且 Q1 情景对总氮负荷的控制效果最好，与基线情景相比可减少总氮负荷 24.19%。

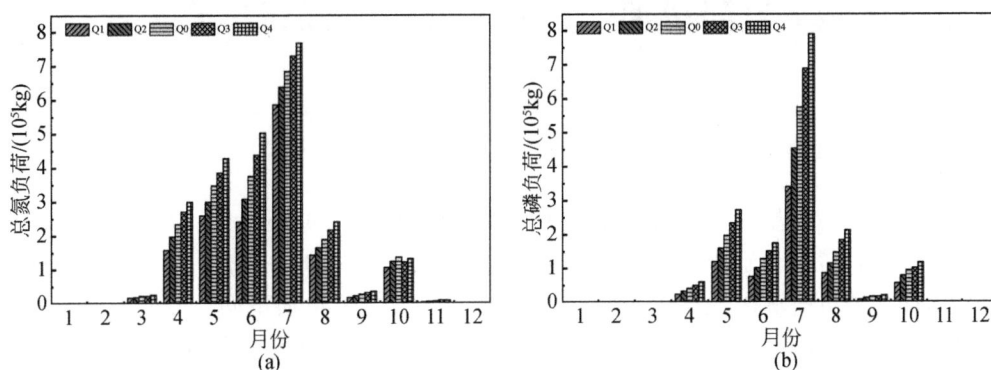

图 5-16 不同施肥量对七星河流域总氮负荷（a）和总磷负荷（b）的月际影响（2005 ~ 2010 年）

与总氮负荷相似，增减施肥量对总磷年负荷的影响较大，基线情景多年月均总磷负荷为 100106kg，与基线情景相比，Q1 情景和 Q2 情景可相应减少总磷年负荷 40.64% 和 20.27%，Q3 情景和 Q4 情景可相应增加总磷月负荷 19.13% 和 38.01%。改变施肥量对月均总磷负荷影响比总氮负荷影响较大。Q1 情景和 Q2 情景对 11 月总磷负荷影响最大，这与总氮负荷相似，Q1 情景和 Q2 情景可分别减少月均总磷负荷 48.69% 和 29.13%，这可能与 11 月进入冰封期以及植物生育期结束有关。Q3 情景和 Q4 情景同样对 11 月总磷负荷影响最大，这与总氮负荷不同，可分别增加月均总磷负荷40.02%和76.76%。因此可以得出以下结论，改变施肥量对月均总磷负荷的影响更大，与月均总氮负荷不同，不管是增加施肥量还是减少施肥量均对11月总磷负荷的影响最大。

不同施肥量对七星河流域年均总氮负荷与总磷负荷输出强度的空间影响如图5-17所示，基线情景下，七星河流域年均总氮负荷输出强度为1.45kg/hm²，与基线情景相比，Q1情景和Q2情景可分别减少总氮负荷输出强度23.68%和11.33%，Q3情景和Q4情景可分别增加总氮负荷输出强度9.17%和19.02%。七星河流域25个子流域中，4种情景下，对4号子流域影响最大，Q1情景和Q2可分别减少总氮负荷输出强度33.40%和16.46%，Q3情景和Q4情景可分别增加总氮负荷输出强度13.91%和28.81%。然而改变施肥量对总氮负荷输出强度影响最小的子流域却不相同，Q1情景和Q2情景下对19号子流域影响最小，可分别减少年均总氮负荷输出强度12.99%和7.09%，Q3情景和Q4情景下对13号子流域的影响最小，可分别增加年均总氮负荷输出强度4.93%和10.63%，13号子流域作为研究区关键污染地区，减少施肥量对其的影响小于流域内平均值。因此，改变施肥量50%比25%对总氮负荷的空间影响更大；减少施肥量虽然可有效减少流域内总氮负荷输出强度，但对关键污染区的控制效果低于流域内平均值。

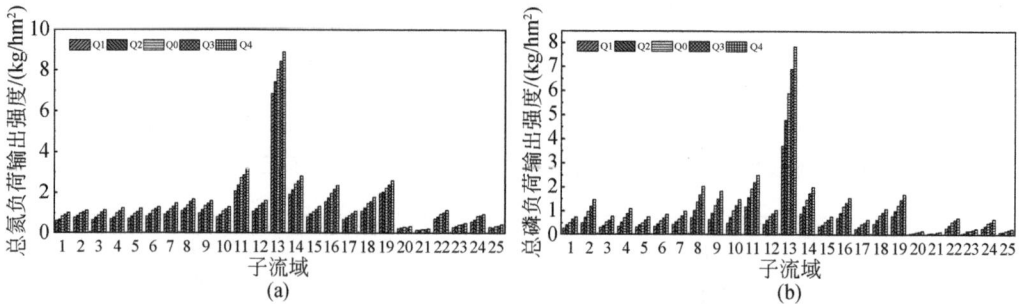

图5-17　不同施肥量对七星河流域总氮负荷（a）和总磷负荷（b）的空间影响（2005~2010年）

基线情景下，七星河流域年均总磷负荷输出强度为0.98kg/hm²，与基线情景相比，Q1情景和Q2情景可分别减少总磷负荷输出强度40.26%和19.90%，Q3情景和Q4情景可分别增加总磷负荷输出强度18.37%和36.85%。与总氮负荷不同，改变施肥量对2号子流域影响最大，Q1情景和Q2情景可分别减少总磷负荷输出强度46.67%和23.94%，Q3情景和Q4情景可分别增加总磷负荷输出强度23.16%和48.31%，2号子流域总磷负荷输出强度为0.98kg/hm²，与七星河流域总磷负荷输出强度一致。因此可以得出以下结论，与总磷负荷输出强度相比，改变施肥量对总磷负荷输出强度影响更大，且不管是增加施肥量还是减少施肥量均对2号子流域影响最大，可能与2号子流域总磷负荷输出强度接近于流域总磷负荷输出强度平均值有关。

调整种植结构对七星河流域2005~2010年总氮负荷与总磷负荷的月均影响如图5-18所示，与基线情景相比，Q5情景可减少月均总氮负荷24.19%，Q6情景可增加总氮负荷14.64%，这可能是由于与旱田相比，水田易于总氮负荷的流失，研究区覆盖作物为玉米时，可减少总氮负荷的流失，研究区覆盖作物为水稻时，总氮负荷易于随地表径流流失，导致研究区总氮负荷的升高。Q5 情景可减少总氮负荷的范围为 13.46%~99.76%，影响最大的为 11 月，最小的为 9 月。Q6 情景可增加总氮负荷的范围为 17.09%~83.10%，影响最大的为 10 月，最小的为 12 月。两种情景对关键期 7 月的影响为 Q5 情景可减少总氮负荷 96.45%，Q6 情景可增加总氮负荷 70.03%，由此可见，将研究区覆盖作物变为水稻，会增加研究区总氮负荷的排放，而将研究区覆盖作物变为玉米，可有效控制研究区总氮负荷的排放，且对关键期总氮负荷的控制效果较好。

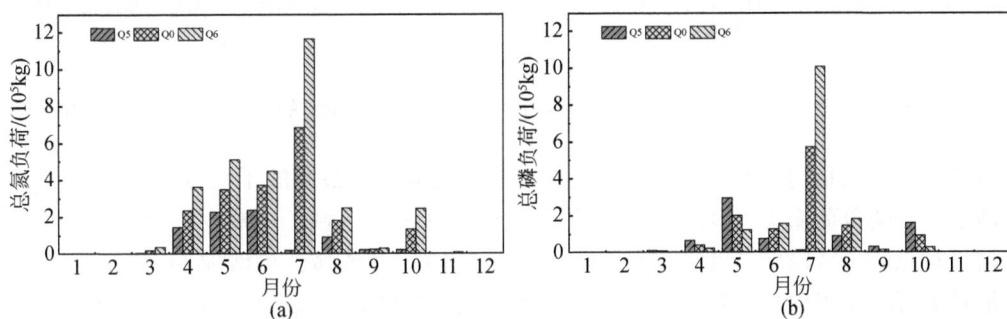

图 5-18　调整种植结构对七星河流域总氮负荷（a）和总磷负荷（b）的月均影响（2005~2010 年）

与基线情景相比，Q5 情景可减少月均总磷负荷 38.58%，Q6 情景可增加总磷负荷 26.88%，调整种植结构均对 7 月影响最大，Q5 情景可减少 98.88% 的总磷负荷，而 Q6 情景可增加 74.79% 的总磷负荷，这可能是由于水稻在 7 月追肥导致，而 7 月总磷负荷为最高月份，因此可以得出以下结论，调整种植结构对总磷负荷较高的月份影响较大。

调整种植结构对七星河流域 2005~2010 年多年平均总氮负荷与总磷负荷输出强度的空间影响如图 5-19 所示，基线情景下研究区内各子流域年均总氮负荷输出强度平均值为 2.36kg/hm²，与基线情景相比，Q5 情景可减少总氮负荷输出强度 21.17%，Q6 情景可增加总氮负荷输出强度 12.05%。调整种植结构对年均总氮负荷输出强度空间影响最小的子流域为 21 号子流域，Q5 情景下可减少年均总氮负荷输出强度 1.75%，Q6 情景下减少 2.81%，这与 Q6 情景下的其他子流域不同，还有 25 号子流域也呈现出总氮负荷输出强度减少的趋势，这可能是由于 21 号和 25 号子流域土地利用类型以林地为主，因此，调整研究区种植结构，对其影响较小。Q5 情景下对年均总氮负荷输出强度影响最大的子流域为 4 号子流域，可减少年均总氮负荷 32.88%，而 Q6 情景下对年均总氮负荷输出强度影响最大的子流域为 8 号子流域，可增加年均总氮负荷输出强度 21.09%，两种情景下年均总氮负荷输出影响最大的子流域均位于七星河流域下游，土地利用类型以耕地为主。而对关键区 13 号子流域的影响为 Q5 情景下可减少年均总氮负荷输出强度 22.49%，Q6 情景下可增加总氮负荷输出强度 12.34%，均大于平均值，因此，调整种植结构对研究区关键区的影响较大，但是研究区植被覆盖类型为玉米时，可减少总氮负荷的排放，而研究区植被覆盖类型为水稻时，可增加总氮负荷的排放，Q5 情景下可减少年均总氮负荷输出强度的范围为 1.75%~32.88%，Q6 情景下可增加年均总氮负荷输出强度的范围为 0.62%~21.09%。

基线情景下研究区内各子流域年均总磷负荷输出强度平均值为 0.98kg/hm²，与基线情景相比，Q5 情景可减少总磷负荷输出强度 38.13%，Q6 情景可增加总磷负荷出强度

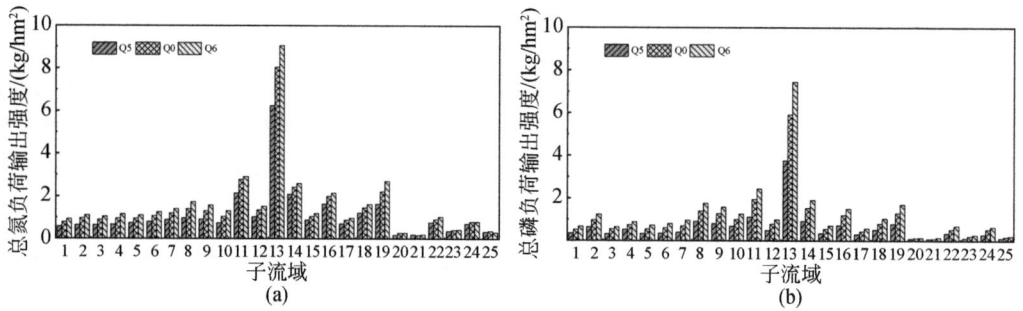

图 5-19　调整种植结构对七星河流域总氮负荷（a）和总磷负荷（b）的空间影响（2005～2010 年）

26.01%。与总氮负荷不同，调整种植结构对总磷负荷影响最大的子流域不为同一子流域，Q5 情景对总磷负荷输出强度影响最大的子流域为 24 号子流域，可减少 41.82% 总磷负荷，Q6 情景对总磷负荷输出强度影响最大的子流域为 19 号子流域，可增加 31.26% 总磷负荷。Q5 情景下可减少年均总磷负荷输出强度的范围为 27.22%～41.82%，Q6 情景下可增加年均总磷负荷输出强度的范围为 18.59%～31.26%。

　　不同保护性耕作措施对七星河流域 2005～2010 年总氮负荷与总磷负荷的月际影响如图 5-20 所示，基线情景下，流域内月均总氮负荷为 167713.20kg，与基线情景相比，Q7 情景可减少月均总氮负荷 28.45%，Q8 情景可减少月均总氮负荷 50.15%，不同保护性耕作措施对总氮负荷的影响呈现出增减不一的情况，在植物生长期减少，在冰封期增加，两种情景下，对月均总氮负荷影响最大的均为 10 月，Q7 情景可减少月均总氮负荷 92.42%，Q8 情景可减少月均总氮负荷 92.12%，对月均总氮负荷影响最小的为 4 月，Q7 情景可减少月均总氮负荷 21.08%，Q8 情景可减少月均总氮负荷 20.31%。这是由于保护性耕作通过无耕作或少耕作等措施，减少农田土壤侵蚀，进而减少总氮负荷的流失。由于 4 月为作物生长苗期，因此植物主要以吸收自身存储的营养物质为主，该时期对肥料的利用率较低。而 10 月为植物收获期，作物的肥料利用率最低，而保护性耕作有效减少水土流失，因此 10 月的影响最大。不同保护性耕作措施对关键期 7 月的影响较大，Q7 情景下可减少月均总氮负荷 69.01%，Q8 情景下可减少月均总氮负荷 70.02%，大于平均值。因此，不同保护性耕作措施主要对作物生长期的月均总氮负荷的影响较大，可有效控制作物生长期总氮负荷的流失，与无耕作措施相比，少耕作措施对总氮负荷的控制效果更明显，少耕作措施下可减少关键污染期总氮负荷 70.02%。

　　基线情景下，流域内月均总磷负荷为 100105.8kg，与基线情景相比，Q7 情景可减少月均总磷负荷 97.12%，Q8 情景可减少月均总磷负荷 96.33%。与总氮负荷不同，不同保护性耕作措施对总磷负荷影响最大的月份为 9 月，Q7 情景和 Q8 情景可分别减少总磷负荷 99.93% 和 99.92%，可以看出，与月均总氮负荷相比，不同保护性耕作措施对月均总磷负荷的削减效果更好。

　　不同保护性耕作措施对七星河流域 2005～2010 年多年平均总氮负荷与总磷负荷的空间影响如图 5-21 所示，与基线情景相比，两种措施下对总氮负荷输出强度的空间影响较为相近，Q7 情景可减少总氮负荷输出强度 51.35%，Q8 情景可减少总氮负荷输出强度

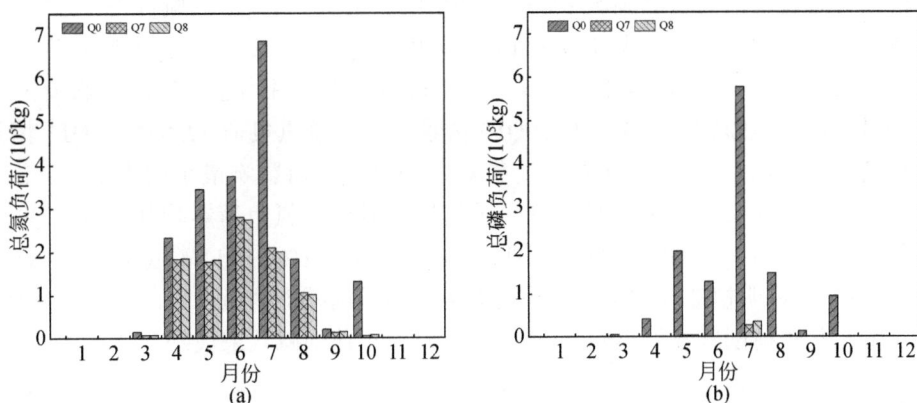

图 5-20　保护性耕作对七星河流域总氮负荷（a）和总磷负荷（b）的月际影响（2005～2010 年）

51.88%。对总氮负荷输出强度的空间影响最大的子流域为 13 号子流域，即面源污染关键区，Q7 情景可减少总氮负荷输出强度 78.24%，Q8 情景可减少总氮负荷输出强度 78.65%，这可能是由于保护性耕作措施对水土流失的控制效果较好，进而可减少以耕地为主的子流域的总氮负荷输出强度。不同保护性耕作措施对总氮负荷输出强度影响最小的子流域为 4 号子流域，Q7 情景可减少总氮负荷输出强度 22.73%，Q8 情景可减少总氮负荷输出强度 23.62%，可能是由于 4 号子流域位于下游，土地利用类型以耕地为主，因此 4 号子流域的影响最小。因此，不同保护性耕作措施对总氮负荷输出强度的空间影响较大，与无耕作措施相比，少耕作措施对总氮负荷的控制效果更好。与其他子流域相比，对关键区的控制效果最好。

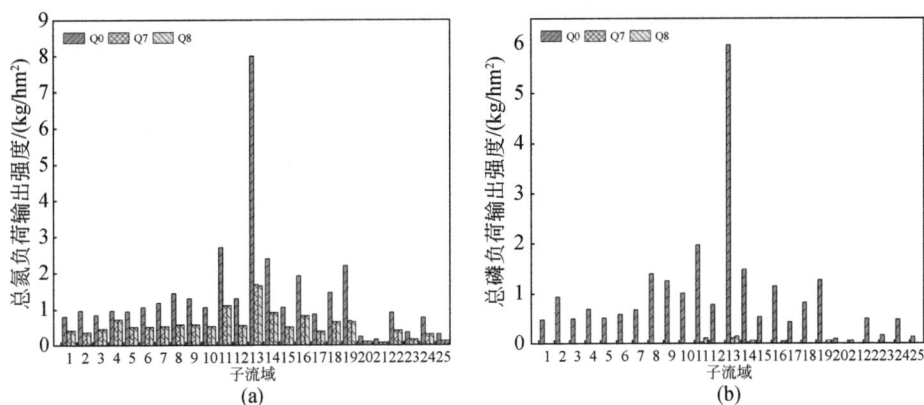

图 5-21　保护性耕作对七星河流域总氮负荷（a）和总磷负荷（b）的空间影响（2005～2010 年）

与基线情景相比，Q7 情景可减少总磷负荷输出强度 96.90%，Q8 情景可减少总磷负荷输出强度 96.10%。不同保护性耕作措施对 2 号子流域总磷负荷输出强度的影响最大，Q7 和 Q8 情景可分别减少总磷负荷输出强度 97.94% 和 97.36%。与总氮负荷相比，不同保护性耕作措施对总磷负荷的削减效果更好。

不同植被过滤带对七星河流域 2005～2010 年月均总氮负荷的影响如图 5-22 所示，与基线情景相比，Q9 情景可减少总氮负荷 28.62%，Q10 情景可减少总氮负荷 27.99%，Q11 情景可减少总氮负荷 27.44%。建立不同植被过滤带对月均总氮负荷影响最大的为 10 月，Q9 情景可减少总氮负荷 43.75%，Q10 情景可减少总氮负荷 42.84%，Q11 情景可减少总氮负荷 41.98%。建立不同植被过滤带对月均总氮负荷影响最小的为 1 月，3 种情景均可减少总氮负荷 0.35%。而 3 种情景对关键期 7 月的总氮负荷影响却不同，Q9 情景可减少总氮负荷 37.56%，Q10 情景可减少总氮负荷 36.21%，Q11 情景可减少总氮负荷 35.07%。进一步说明植被过滤带的面积与总氮负荷的削减能力呈反比。因此，3 种情景下对关键期的总氮负荷削减效果不同，Q9 情景对总氮负荷削减效果最好。

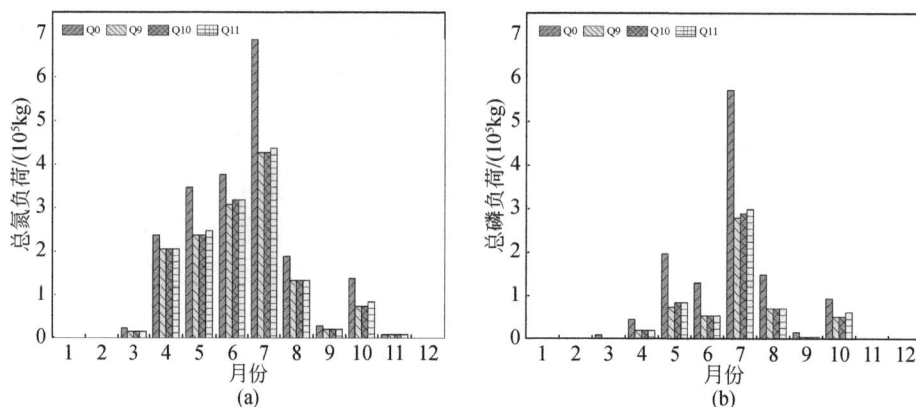

图 5-22　不同植被过滤带对七星河流域总氮负荷（a）和总磷负荷（b）的月际影响（2005～2010 年）

与基线情景相比，Q9 情景可减少总磷负荷 51.83%，Q10 情景可减少总磷负荷 51.03%，Q11 情景可减少总磷负荷 50.30%。建立不同植被过滤带对月均总磷负荷影响最大的月份为 5 月，Q9 情景可减少总磷负荷 59.29%，Q10 情景可减少总磷负荷 59.02%，Q11 情景可减少总磷负荷 58.75%。与总氮负荷相比，不同植被过滤带对总磷负荷的削减效果更好。

不同植被过滤带对七星河流域 2005～2010 年多年平均总氮负荷的空间影响如图 5-23 所示，与基线情景相比，Q9 情景可减少总氮负荷输出强度 31.17%，Q10 情景可减少总氮负荷输出强度 30.38%，Q11 情景可减少总氮负荷输出强度 29.71%。与总氮负荷时间影响相似，总氮负荷的空间影响同样表现出植被过滤带的面积与总氮负荷的空间影响呈反比。3 种情景对总氮负荷的空间影响最大的区域为 13 号子流域，即面源污染关键区，Q9 情景减少总氮负荷输出强度 55.55%，Q10 情景可减少总氮负荷输出强度 53.94%，Q11 情景可减少总氮负荷输出强度 52.52%。对总氮负荷的空间影响最小的区域为 4 号子流域，Q9 情景减少总氮负荷输出强度 11.61%，Q10 情景可减少总氮负荷输出强度 11.61%，Q11 情景可减少总氮负荷输出强度 11.60%。因此 3 种情景中对总氮负荷削减效果最好的为 Q9 情景，建立植被过滤带对总氮负荷的空间影响较大，与其他子流域相比，对关键区的削减效果最好。

与基线情景相比，Q9 情景可减少总磷负荷输出强度 56.75%，Q10 情景可减少总磷负

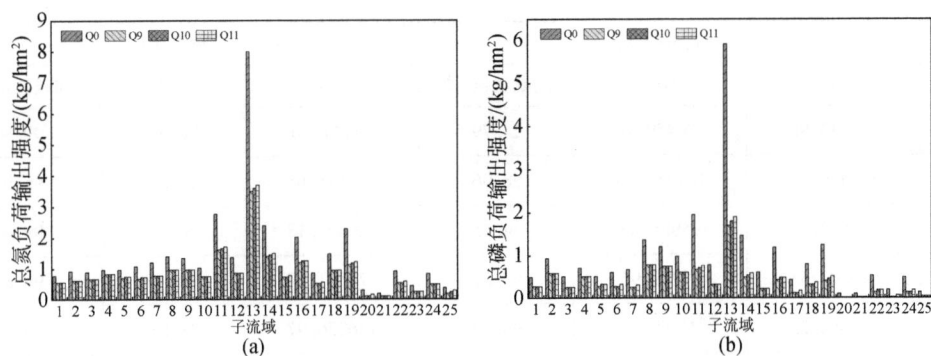

图 5-23　建立不同植被过滤带对七星河流域总氮负荷（a）和总磷负荷（b）的
空间影响（2005～2010 年）

荷输出强度 55.61%，Q11 情景可减少总磷负荷输出强度 54.60%。与总磷负荷的时间影响相同，不同植被过滤带对总磷负荷的空间影响与植被过滤带的面积呈反比。建立不同植被过滤带对七星河流域总磷负荷输出强度影响最大的子流域为 13 号子流域，Q9 情景、Q10 情景和 Q11 情景下可分别减少总磷负荷输出强度 70.16%、68.48% 和 67.15%。与时间尺度相同，不同植被过滤带对总磷负荷的削减效果要优于总氮负荷。

　　根据上述分析，分别对 4 种最佳管理措施中共 11 种情景进行分析，探寻每种措施下对面源负荷削减效果最好的措施，结果表明，改变施肥量措施中 Q1 情景对面源污染负荷削减效果最好，调整种植结构措施中 Q5 情景对面源污染负荷削减效果最好，不同保护性耕作措施中 Q8 情景对面源污染负荷削减效果最好，建立不同植被缓冲带措施中 Q9 情景对面源污染负荷削减效果最好，将这 4 种措施结合形成 Q12 情景，即在基线情景下，将研究区覆盖作物水稻变为玉米，各阶段施肥量均相应减少 50%，将原有耕作措施变为三年一耕，即少耕作，将 FILTER_RATIO 设置为默认值 30，探讨不同 BMPs 组合对径流量和面源污染负荷的综合影响效果，最终建立工程措施与非工程措施相结合的最佳管理措施。

　　不同 BMPs 对七星河流域面源负荷月际影响如表 5-9 所示，与基线情景相比，Q12 情景可减少总氮负荷 77.18%，可减少总磷负荷 99.61%，这与年际影响结果相同。Q12 情景对总氮负荷和总磷负荷影响最大的月份均为 8 月，可分别减少总氮负荷和总磷负荷98.99% 和 99.98%。对于关键期 7 月，Q12 情景可分别减少总氮负荷和总磷负荷 98.21% 和 99.87%。

表 5-9　不同 BMPs 对七星河流域径流量和面源污染负荷的月际影响

月份	总氮负荷/kg			总磷负荷/kg		
	Q0	Q12	削减比例/%	Q0	Q12	削减比例/%
1	26.54	19.91	24.99	1.75	1.24	28.90
2	9.73	8.53	12.29	0.78	0.63	19.29
3	19857.88	16287.77	17.98	4458.01	9.55	99.79

月份	总氮负荷/kg			总磷负荷/kg		
	Q0	Q12	削减比例/%	Q0	Q12	削减比例/%
4	234613.98	176459.70	24.79	43111.36	86.65	99.80
5	345436.24	141750.63	58.96	197518.68	2109.27	98.93
6	375693.93	95985.83	74.45	126425.18	737.57	99.42
7	686403.53	12273.96	98.21	574501.50	726.67	99.87
8	186662.23	1892.47	98.99	146226.97	28.63	99.98
9	25210.72	899.57	96.43	14670.81	8.33	99.94
10	135770.85	10411.86	92.33	94176.63	954.28	98.99
11	2793.39	3251.17	16.39	174.73	5.85	96.65
12	79.15	60.83	23.15	3.04	2.58	15.01
平均值	167713.18	38275.19	77.18	100105.79	389.27	99.61

不同 BMPs 对七星河流域径流量面源负荷空间影响如表 5-10 所示,与基线情景相比,Q12 情景可减少总氮负荷 77.18%,可减少总磷负荷 99.61%,这与时间影响结果相同。Q12 情景对总氮负荷影响最大的子流域为 13 号子流域,可减少总氮负荷 90.46%,对总磷负荷影响最大的子流域共 19 个,可减少总磷负荷 100%(这里 100% 仅指削减程度,并不是完全削除总磷负荷)。因此可以发现组合 BMPs 对七星河流域面源污染关键区的削减效果最好。

表 5-10　不同 BMPs 对七星河流域径流量和面源污染负荷的空间影响

子流域	总氮负荷/(kg/hm²)			总磷负荷/(kg/hm²)		
	Q0	Q12	削减比例/%	Q0	Q12	削减比例/%
1	238307.11	58433.51	75.48	0.52	1.71×10^{-7}	100.00
2	6872.32	1279.01	81.39	0.98	1.56×10^{-5}	100.00
3	212298.52	52159.82	75.43	0.54	5.75×10^{-7}	100.00
4	16714.28	4564.41	72.69	0.73	8.76×10^{-6}	100.00
5	202091.83	48952.70	75.78	0.55	1.02×10^{-6}	100.00
6	205935.30	47187.44	77.09	0.62	1.27×10^{-6}	100.00
7	221511.30	48843.01	77.95	0.71	1.43×10^{-6}	100.00
8	9829.52	1750.38	82.19	1.40	4.57×10^{-5}	100.00
9	9984.13	1941.95	80.55	1.26	4.63×10^{-5}	100.00
10	17960.50	3617.38	79.86	1.03	2.76×10^{-5}	100.00
11	21039.64	4323.46	79.45	1.96	2.54×10^{-5}	100.00
12	235921.95	51254.24	78.27	0.79	2.34×10^{-6}	100.00

子流域	总氮负荷/(kg/hm²)			总磷负荷/(kg/hm²)		
	Q0	Q12	削减比例/%	Q0	Q12	削减比例/%
13	55918.32	5333.66	90.46	5.90	2.44×10^{-5}	100.00
14	51512.49	10482.80	79.65	1.50	1.34×10^{-5}	100.00
15	150490.81	36094.71	76.02	0.58	4.16×10^{-6}	100.00
16	82617.71	18241.00	77.92	1.18	8.77×10^{-6}	100.00
17	66990.63	15778.04	76.45	0.47	1.08×10^{-5}	100.00
18	90867.71	21700.14	76.12	0.84	8.29×10^{-6}	100.00
19	19338.56	2797.13	85.54	1.27	6.79×10^{-5}	99.99
20	3605.07	1304.94	63.80	0.13	1.53×10^{-4}	99.88
21	1932.86	775.54	59.88	0.11	2.71×10^{-4}	99.75
22	61681.57	14539.15	76.43	0.54	1.51×10^{-5}	100.00
23	13756.27	4008.95	70.86	0.21	5.74×10^{-5}	99.97
24	7159.61	1622.31	77.34	0.51	1.48×10^{-4}	99.97
25	8220.17	2316.55	71.82	0.19	1.08×10^{-4}	99.94
平均值	80502.33	18372.09	77.18	0.98	4.27×10^{-5}	99.61

第6章 寒区河沼系统生态需水目标确定技术

对于河沼系统，需综合考量河流、沼泽单独需水及二者水文补给关系，精准设定不同区域、时段、组分的生态需水目标。为此，本章提出了分区域、分时段、分组分的核算方法，并以扎龙湿地及其上游乌裕尔河为例，结合生态水文响应关系分析和栖息地模拟，提出了包含生态基流、敏感生态需水及汛期洪水的河流生态流量过程，并结合丹顶鹤及其食源生物生境需求提出了沼泽湿地季节性生态水位，同时根据河沼连通关系提出了年入湿地水量目标，为河沼系统生态保护提供科学依据。

6.1 基于"三分"技术的河沼系统生态需水核算

天然状态下，上游河流来水是沼泽湿地的主要水源，当上游河道径流量达到生态流量的要求时，可认为沼泽湿地也相应满足需水量要求。然而随着工程建设及河道演变，河流–沼泽间的连通关系发生改变，沼泽需水与河流需水的对应关系也随之改变。因此，在核算河沼系统生态需水时，首先需要分别去讨论河流和湿地的生态需水过程，进而分析河流和沼泽生态需水的关系，以及在河流生态需水满足情况下沼泽生态需水的满足程度。

对于河流生态需水而言，除维持基本河道不断流外，其主要目标是保证河道内水体质量及鱼类等水生生物生长繁殖需求，而流量、流速、水深及流量变化幅度等水文要素均是水生生物生态敏感期的影响因子，因此，需要基于水流过程对鱼类生境环境的影响，确定河流生态流量过程；沼泽湿地的重点保护生物为珍稀水禽，适宜生境范围及水域面积是最基本的影响因子，可用水位来表征和量化，重点研究沼泽生态水位变化。

时间分段：生态需水过程主要依据典型生物生命全周期需水进行研究，对于河沼系统，其相对复杂的自然生境为珍稀水禽和鱼类等水生生物提供了丰富的栖息环境，因此河沼系统生物结构复杂多样，不同时段生态保护目标和需水要求不同，因此在乌裕尔河下游及扎龙湿地河沼系统研究过程中，首先需要厘清湿地以丹顶鹤栖息繁殖为重点的生态保护目标需求，进而从典型鸟类筑巢、孵化期，鱼类洄游、产卵、越冬，芦苇出芽、生长等生态敏感期作为时间分段依据。

空间范围：河沼系统主要包括河流下游及沼泽湿地，不同的水流过程提供了不同的生境条件，鱼类洄游、产卵多在河流中进行，而鱼类越冬和鸟类生长生境则更多分布在沼泽湿地中，因此在空间上，河流生态流量主要依据鱼类繁殖期需求，而沼泽生态需水重点结合鸟类及植物生长需求进行分析。河沼系统中，下游河段是河流研究的重点，下游的河流并不一定是产卵场，但一定是洄游渠道，所以对于河沼系统河流生态需水，在洄游期是否有足够的水文条件满足鱼类洄游的需求，是需要首先考虑的一个重要问题。

在河沼系统中，天然条件下，上游河流来水决定了湿地水量、淹没面积及水位变化，因此河流生态流量和生态水量的研究不仅关系到河流生态健康，也是维持扎龙湿地生态系统稳定的必要条件。对于河流生态需水的核算，一方面考虑维持河流自身物理结构和生态群落稳定的生态流量过程；另一方面，设定河流进入湿地的年生态水量维持河沼系统整体健康至关重要。对于河流生态流量过程的核算，分别针对枯期和非汛期的生态基流、鱼类洄游期和产卵期的生态流量以及汛期维护河道稳定的洪水脉冲过程进行研究，即全过程的河流生态需水研究。河流生态基流旨在维持河流的纵向连通性，为湿地提供营养物质，保持河流鱼类栖息地的适宜水面宽度，保证可供鱼类利用的最小生存水域；鱼类产卵期需要一定的流速以提供洄游信号和方向指引，流量脉冲涨水使鱼类在适当的时间受到产卵所需的流量刺激，因此产卵期要尤其注重保证脉冲流量过程；汛期洪水过程主要是冲刷河床泥沙，稳定河道结构，为成鱼提供洄游的通道，为需要进入河漫滩产卵和育幼的鱼类提供条件，同时也从河漫滩冲刷有机质，为鱼类提供食物，另外鱼卵和幼鱼也可在洪水脉冲的刺激下从河道被带到湿地产卵场或河道中。其中，面向鱼类自然繁殖需求的脉冲流量核算是河流生态流量研究的重点。

在河沼生态系统中，满足沼泽湿地的生态需水要求是维持整个河沼系统生态健康的关键。对于沼泽湿地生态需水的研究，既要考虑总的需水量，也要考虑季节性水位变化过程，在沼泽湿地季节性水位要求中，既要考虑适宜的生态水位，也要制定极限枯水位，支撑应急生态补水。从水量的角度，沼泽湿地生态需水主要包括蒸发、下渗的耗损量，及满足水生植物生长、动物栖息繁殖需要的地表蓄水量。而沼泽生态水位的确定与沼泽湿地的保护目标有关，只有确定明确的生态目标，才能确定相应的水面面积、水位等参数。同时，河沼系统是一个开放的系统，有持续的水流汇入和外排，受上游来水的影响，沼泽湿地的水位是动态变化的，且不同于湖泊，由于河流的持续补给以及沼泽地的阻水效应，沼泽湿地内部存在较大水位差，而水位和水深的变化对于沼泽内部生物群落的栖息、繁殖和生长会有显著的影响。因此，需要建立河沼系统生态水力学模型，分析水力学因子对生物的影响机制，同时结合水动力学模型，模拟不同来水条件下湿地水位变化，评价目标物种生境适宜度。

河沼系统生态需水计算方法如图 6-1 所示。首先，基于河沼系统的生态需水保护目标，分别针对鸟类、鱼类和水生植被解析生态–水文响应关系，同时，结合水动力学模拟，构建河沼系统生态水力学模型，依据统计资料和遥感影像划定关键物种主要栖息范围，进而评价关键物种的生境适宜度，最终根据各时期关键保护物种的适宜生境面积随水位的变化确定沼泽湿地季节性生态水位。主要计算步骤如下。

（1）生态–水文响应关系解析

水动力因子对目标生物生理及行为的作用机制及其定量响应关系是生态水力学研究的基础，分别以鸟类、鱼类和水生植被为主线，研究水生生物的生理特征，分析水力学因子（如水深、流速等）对生物的影响机制，解析目标物种生态–水文响应关系。

（2）构建河沼系统水动力学模型

考虑到河沼过渡带河道漫散严重，需要分别建立河流、湿地沼泽水动力学模型，通过分析河–沼过渡带水力联系，核算河流进入沼泽湿地总水量，连接河道、沼泽湿地水动力学模型。

（3）生境适宜度评价

利用模拟各水文情景下河道及湿地内部水深、流速分布，对河沼系统生态水力条件进行模拟与分析，进而结合物理栖息地模拟理论，评价生境适宜度。

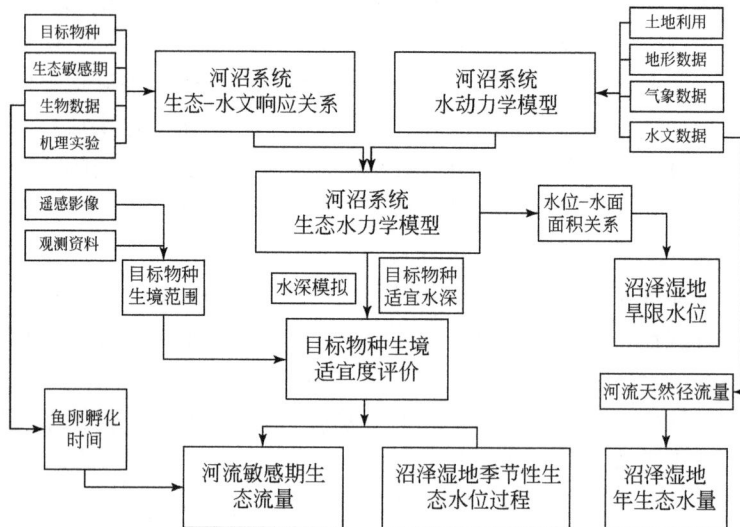

图 6-1　河沼系统生态需水核算方法

6.2　栖息地分区模拟技术

以扎龙湿地及乌裕尔河河沼系统为研究区，明确尾闾湿地型河沼系统不同时期主要生态功能，解析关键物种生态-水文响应关系，结合 MIKE 二维水动力学模型构建生态水力学模型，评价不同来水条件下的关键物种生境适宜度，进而获得河沼系统生态需水过程。

6.2.1　生态-水文响应关系

河沼系统的生态服务功能指湿地生态系统及其生态过程所形成的人类赖以生存的自然环境条件与效用，包括生态效益和社会经济效益。其中直接使用价值包括物质生产、旅游休闲，间接使用价值包括涵养水源、水质净化和生物栖息地等。对于尾闾湿地型河沼系统，上游河道中的水流最终汇入尾闾湿地，孕育了大面积的芦苇沼泽，为珍稀鸟禽提供了优质的栖息生境。因此在尾闾湿地型河沼系统的生态服务功能中，珍稀鸟类的保护具有重要的生态效益，同时，芦苇和鱼类资源既是社会经济效益的集中体现，又对珍稀鸟类的生存条件和湿地自然形态的维持具有重要作用。因此，珍稀候鸟位于沼泽湿地生物链顶端，是整个生态系统最具指示性的生物因子之一，其种群数量和丰度直接反映了河沼系统生态功能的完整性。就扎龙湿地而言，丹顶鹤是目前最具代表性和保护价值的鸟类。

1. 丹顶鹤繁殖期生态水文响应关系

丹顶鹤的繁殖期主要分为孵化前期、孵化期、育雏前期和育雏后期四个阶段，各阶段生长环境条件如下。孵化前期（3 月下旬迁来 ~ 4 月中上旬）：丹顶鹤在孵化前期需要占区，倾向于选择芦苇沼泽，要求芦苇植被高度低于 16cm、水深低于 8cm，明水面距离小于 50m、明水面面积小于 500m²，火烧地距离大于 1.5km、距人为活动频繁地距离大于 2.0km。孵化期（4 月中旬 ~ 6 月中旬）：巢址选择是丹顶鹤孵化期的核心，而水深则在一定程度上决定了丹顶鹤营巢的成功性，一是由于巢址需隐蔽在芦苇沼泽中，而芦苇沼泽的形成和发育就意味着必须满足特定的水深要求；二是巢址周围的水能够满足雏鹤的饮水需求。根据 2002 ~ 2004 年实地观测到的 38 处巢穴，丹顶鹤营巢的水深范围集中在 10 ~ 30cm，平均水深为 16cm，其中 27 巢水深为 10 ~ 25cm，7 巢水深为 30 ~ 60cm，4 巢巢下无水，但周围均有明水面存在。由此，将丹顶鹤筑巢水深下限设为 5cm，最大水深为 60cm，最适宜水深范围为 10 ~ 30cm。育雏前期（5 月中旬 ~ 8 月中上旬）：在育雏前期，雏鹤的快速生长是生境选择的核心，特定的水环境能提供雏鹤发育的高蛋白物质，保障丹顶鹤的觅食条件，同时隐蔽的芦苇丛是雏鹤安全发育的最理想生境。因此，水深和苇丛是该时期生境选择的决定性生态因子。定性观察发现，育雏前期丹顶鹤主要在人为活动较少、隐蔽度较大（芦苇高度大于 130cm）、水深为 10 ~ 20cm 的芦苇沼泽中。育雏后期（6 月中上旬 ~ 9、10 月迁徙开始）：育雏后期丹顶鹤生境选择的主要影响因子为草甸和明水面，主要活动范围分布在开阔度较大（植被高度一般低于 30cm）的有水草甸，一边觅食一边练习飞翔，可以随时补充体内所需的能量需求。综上可知，在丹顶鹤繁殖期各个阶段的生境选择过程中，水深都是决定性的生态因子。水深条件决定了丹顶鹤的巢址选择，同时巢址处的水环境也满足了雏鹤的饮水及食物需求，因此将丹顶鹤生境的水深适宜度作为河沼系统生态指标。综合各阶段的生境需求，尤以孵化期巢址选择需求为重点，丹顶鹤繁殖期适宜水深设为 10 ~ 30cm，适宜度曲线如图 6-2 所示。

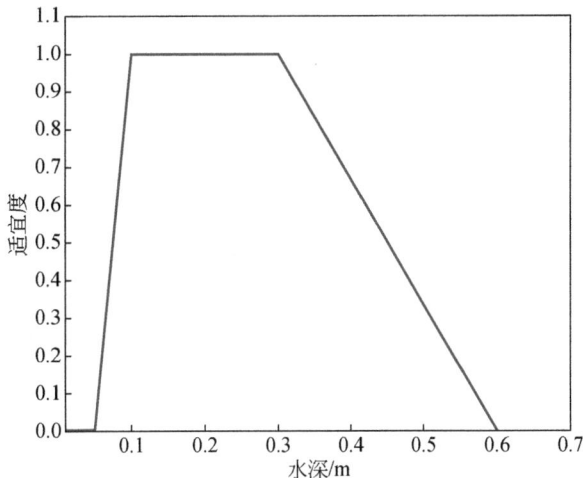

图 6-2　丹顶鹤巢址水深适宜度曲线

在河沼系统中，鱼类不仅是评价河流生态功能的指示物种，同时也是鹤类等珍稀水禽的食物来源，是沼泽食物链中的一个关键环节。而对于鱼类各生命阶段而言，水文需求也不尽相同，在繁殖期，特定的流速刺激提供了鱼类洄游和产卵信号，鱼卵孵化、籽鱼发育等也需要一定的水流条件，而流量脉冲及周期性的洪水过程维持着鱼类生存和繁衍的栖息环境；在生长期和越冬期，适宜的水域空间和水深条件则是影响鱼类生存的主要限制因子。本研究分别对目标鱼类不同生长阶段的适宜水文条件进行研究，解析扎龙湿地及乌裕尔河流域鱼类生境生态–水文响应关系。

2. 鱼类越冬期生态水文响应关系

考虑到乌裕尔河冬季基本为连底冻，鱼类越冬区域主要集中在扎龙湿地，扎龙湿地冰封期从11月至来年4月初，长达5个月。为保障鱼群的越冬需求，需要在封冻前抬升湿地内部水位，为湖泡等深水区保留一定的冰下水深。冰下水深的确定需要同时考虑生存空间、水温及溶解氧等多方面因素。水温对水体的溶氧状况、越冬鱼类的生存和浮游植物的生长影响很大，当水温达到3℃时，一些耐低温、低光照的藻类可以生长、繁殖，并进行一定的光合作用。相对而言冰下水深越深，生存空间越大、水温越高，原则上越有利于鱼类越冬，当冰下水深超过0.4m时，底层水温可达到2℃以上，当冰下水深超过1m时，底层水温可达到3℃以上，既为鱼群越冬提供较适宜栖息环境，同时也有利于提升水体溶解氧含量。因此取冰下水深0.4m作为最低值，冰下水深1m以上为适宜水深，结合扎龙湿地平均冰盖厚度为1m，将冻前最低水深设为1.4m，适宜水深为2m。鱼类越冬水深适宜度曲线如图6-3所示。

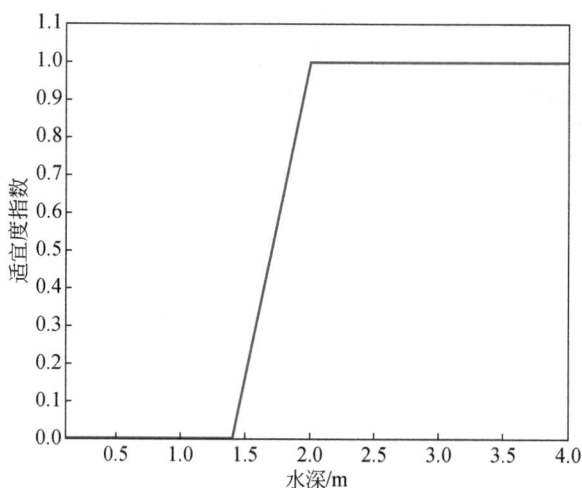

图6-3 鱼类越冬水深适宜度曲线

3. 鱼类繁殖期生态水文响应关系

在河沼系统中，河沼过渡带为鱼类洄游的重要通道，是鱼类繁殖和觅食的必要条件。

本书以典型生殖洄游鱼类草鱼为主，综合分析鱼类洄游期生态-水文响应关系。基于鱼类生殖洄游实验结果，目标鱼类在流速大于 0.25m/s 时，能够感受到来流刺激；流速超过 0.4m/s 时，鱼群较为迅速的开始上溯；当流速超过 1m/s 时，鱼群持续上溯能力明显减弱。而考虑到我国大多数河流尚不足以提供过高的流速条件，尤其是乌裕尔河常年来水量偏少，对高流速条件下的洄游能力不做深入探讨。流速适宜度曲线如图 6-4 所示。

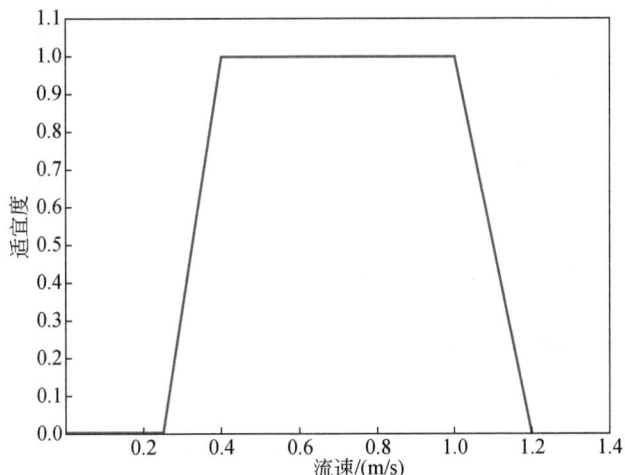

图 6-4　鱼类洄游流速适宜度曲线

对于目标物种洄游的水深需求，当水深小于 0.2m 时，鱼群能够在短距离内迅速通过，但绝不是长时间自由游动的适宜条件，并且结合实验可知，在流速及其他水文条件一致的情况下，实验鱼群在超过 0.3m 的水深条件下，游泳能力相对更强。因此，鱼类产卵期洄游通道水深至少在 0.3m 以上。

4. 芦苇出芽期生态水文响应关系

水生植物的物种分布和种群数量与生境的干湿变化密切相关，水量的多少直接决定了植物种群结构和演替方向，不同群落间的演替过程亦依赖于植物种对水分变化的反应强度和敏感程度。芦苇沼泽是扎龙保护区最典型的沼泽类型，同时又是丹顶鹤筑巢的必备条件，因此选取芦苇作为水生植被的代表性物种。

芦苇生长与水深的变化密切相关，芦苇生长的水深要求在 20cm 以上，30～50cm 是芦苇最适合的水深区间，植被高度和密度都随水深增加而增加，而当水深超过 80cm，植株高度依旧呈现上升趋势，这主要是由于其在深水条件下需要争夺更多的养分以供发育需求。当水深超过 1m 时，芦苇的直径明显更大，但过高的水深会对苇丛的密度产生影响，此时高度与密度间会出现一定的补偿机制，但这种补偿机制反而会导致生物量的减少，同时也不利于丹顶鹤筑巢的需求。综上所述，芦苇生长期适宜水深范围如图 6-5 所示。根据适宜度曲线变化，认为芦苇生长适宜区间为 0.2～1m，最适范围在 0.3～0.5m。

同时，芦苇生长过程中水位不能没顶，尤其是芦苇幼苗，耐水性较低，长时间在水面以下会影响其生长。相关研究表明，没顶淹水环境下，芦苇幼苗生长期死亡率接近 20%，除了顶端新生芦苇叶子外，淹水中的幼芽和叶片基本完全掉落。因此，根据芦苇的生长高度及其对水深的要求设定水深阈值。首先分析从芦苇丛发芽到成熟期的生长状况，建立芦苇植株的高度随生长时间的变化规律，如图 6-6 所示。

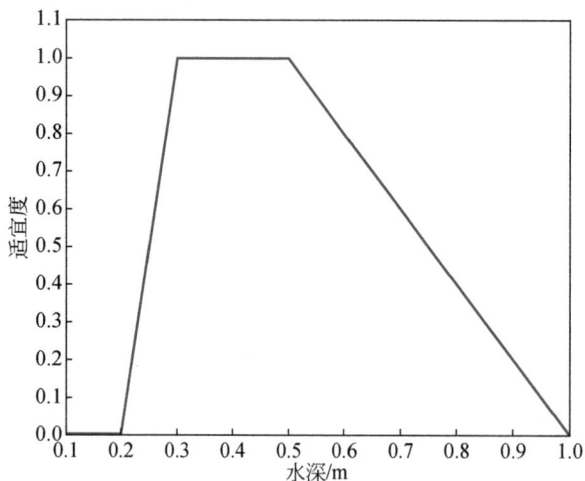

图 6-5　芦苇生长期水深适宜度曲线

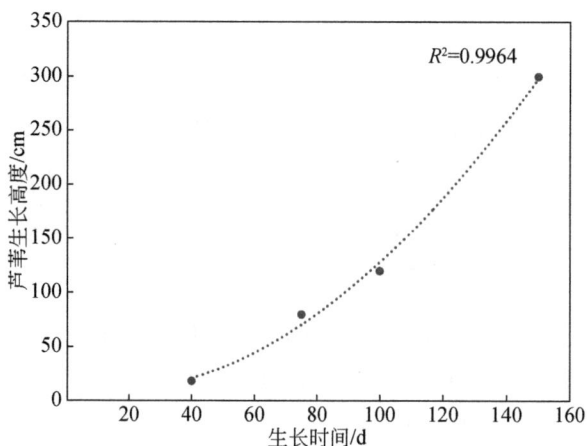

图 6-6　芦苇生长高度与生长期时间的关系

　　通过芦苇高度与生长时间的关系，来确定解冻初期水深上限。本书主要是针对扎龙湿地融冰后芦苇出芽期的水深要求进行设定，即 4 月、5 月（生长时间 40d 以内）芦苇生长适宜水深为 10～20cm。

6.2.2　代表性物种适宜生境模拟

　　首先分析影响代表性生物栖息地分布范围的环境因素，结合扎龙湿地自然条件，划定代表性生物生态敏感期的生境范围；其次结合生态–水文响应关系，利用沼泽水动力学模型，研究不同水位条件下栖息地适宜度；最后借鉴物理栖息地模拟理论，建立水位与有效栖息地面积的关系曲线。

1. 丹顶鹤繁殖期适宜生境评价

以地理空间信息为基础，通过对土地利用、植被类型、与人类活动密集区域的距离综合分析，预测丹顶鹤巢址分布位置。研究结果表明，丹顶鹤繁殖期活动范围主要分布在核心区内的芦苇沼泽中，分布比例高达70%，大面积生境相对比较完整。结合扎龙管理局近三次（1996年、2004年、2008年）的航拍调查结果，已有研究成果中丹顶鹤巢址分布如图 6-7 所示。参考现有研究成果，考虑明水面（即湖泡）分布的影响，根据扎龙自然保护区管理局丹顶鹤巢址位置调查的记录数据，结合扎龙湿地 1∶10000 地形图、土地利用和植被类型资料，利用 GIS 平台确定丹顶鹤主要适宜栖息地分布范围，如图 6-7 所示。丹顶鹤繁殖期栖息地主要分布于 301 国道以下至滨洲铁路之间地势低洼平坦、河道极不明显的区域，90% 为芦苇沼泽，区域内有克钦湖、东汗潭、龙湖、腰零泡、八代泡等大型明水湖泊，以及地势起伏不大的唐突岗子、林齐岛、赵凯、老马场、卧牛岗子、大榆树、田合祥、后地房子等孤岛或半岛镶嵌其中。

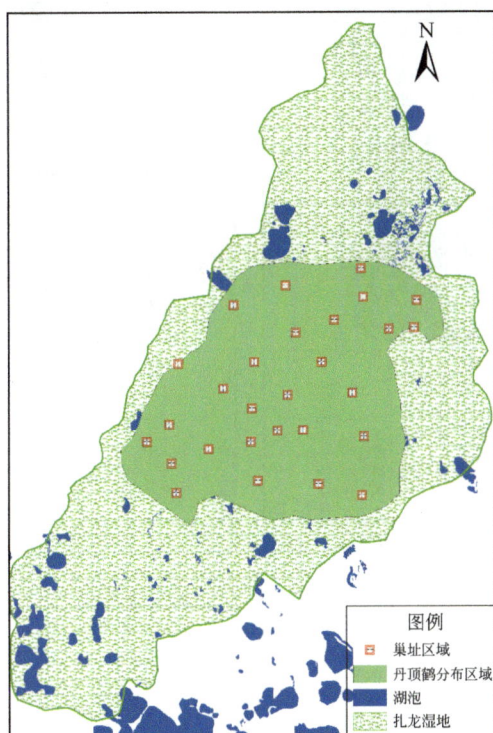

图 6-7　丹顶鹤巢址分布及繁殖期栖息地分布范围

基于以上分析，结合沼泽湿地水动力学模型地形网格文件，明晰丹顶鹤适宜生境所在区域及对应的水动力学模型网格，接下来的分析主要针对这些适宜生境的网格进行统计分析。基于丹顶鹤繁殖期生境范围，分别研究不同水位条件下栖息地水深分布情况，进而结合丹顶鹤生境生态水文响应关系，计算每个计算单元的栖息地适宜度。需要注意的是，对于沼泽系统而言，由于其内部地形及水面的复杂性，各水位下水深的准确模拟是栖息地适宜度评价的先决条件。在此基础上，结合丹顶鹤繁殖期适宜水深条件，根据各计算单元栖息地适宜度，进而结合对应单元面积核算出加权栖息地面积（即单元面积与适宜度乘积），所有单元格加权栖息地面积相加所得即为该水位条件下丹顶鹤适宜生境面积。据前分析结果，丹顶鹤适宜水深为 10~30cm，主要是考虑到丹顶鹤筑巢、觅食和育幼各过程所需水深略有差别，且不同生物个体之间繁殖过程并不同步，不能仅仅按照筑巢的水深适宜度曲线进行核算。因此，在核算适宜度时，并未采用传统适宜度曲线的设置方式，而是将水深为 10~30cm 的区域适宜度设为 1，其他区域适宜度设为 0，即以适宜、不适宜区分。特征水位下丹顶鹤栖息地适宜度分布如图 6-8，此时适宜生境总面积为 476km²，占丹顶鹤栖息地面积（764km²）的 62.3%。

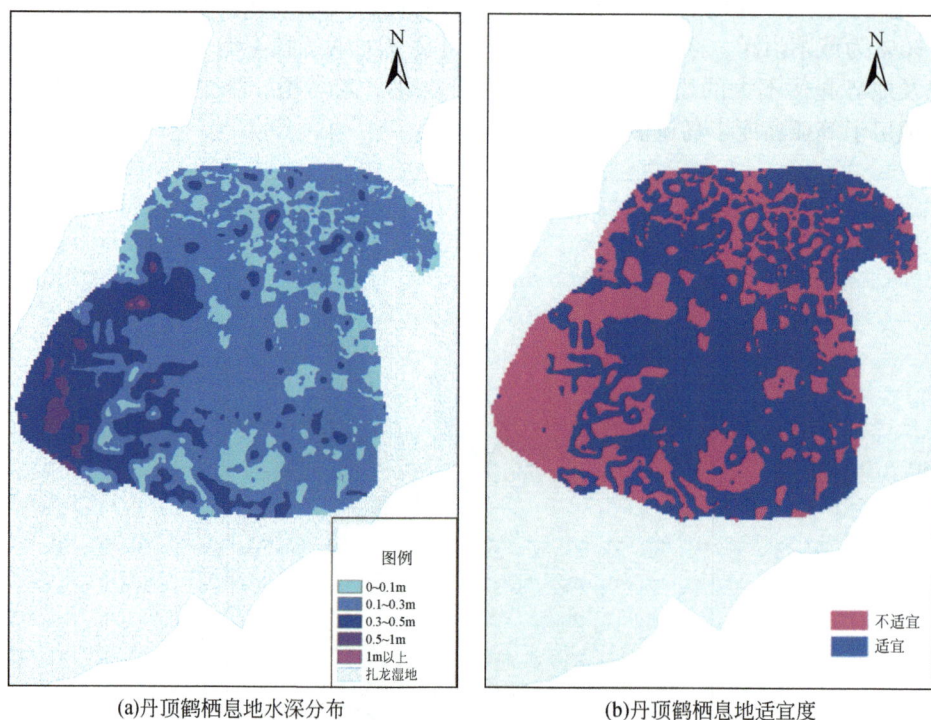

<table>
<tr><td>图例</td></tr>
<tr><td>0~0.1m</td></tr>
<tr><td>0.1~0.3m</td></tr>
<tr><td>0.3~0.5m</td></tr>
<tr><td>0.5~1m</td></tr>
<tr><td>1m以上</td></tr>
<tr><td>扎龙湿地</td></tr>
</table>

不适宜
适宜

(a)丹顶鹤栖息地水深分布　　　　　　　　　　(b)丹顶鹤栖息地适宜度

图 6-8　丹顶鹤栖息地水深分布图

2. 鱼类越冬期适宜生境评价

鱼类越冬期适宜生境评价的目的是作为冰前生态水位的制定依据，鱼类越冬期栖息环境主要为沼泽湿地内部湖泡，结合前期统计资料和遥感影像，湖泡分布如图 6-9 所示，利用 GIS 计算得湖泡总面积为 158km²，接下来重点针对湖泡的水深进行模拟分析。与丹顶鹤适宜水深研究思路类似，首先明晰鱼类越冬适宜生境所在区域及对应的水动力学模型网格，主要针对适宜生境范围进行统计分析；结合越冬适宜水深栖息地曲线，利用河沼系统水动力学模型，分析不同水位条件下越冬适宜生境面积，建立相关关系曲线。与芦苇生境评价思路不同的是，适宜度计算时需根据适宜度曲线计算各单元加权栖息地面积，因此其适宜度在 $0 \sim 1$，各计算单元适宜度如图6-9所示，在该水位条件下，鱼类越冬期适宜生境面积为 $73.6km^2$，占湖泡面积的 46.6%。

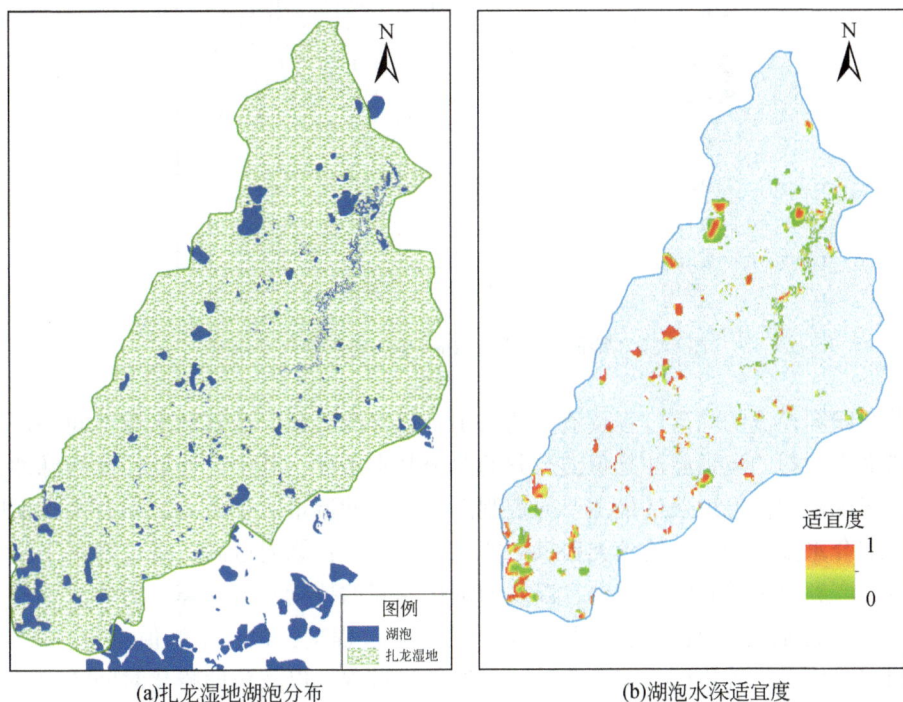

(a)扎龙湿地湖泡分布　　　　　　　　　　(b)湖泡水深适宜度

图6-9　扎龙湿地湖泡分布及鱼类越冬生境适宜度

3. 鱼类繁殖期适宜生境评价

洄游和产卵是鱼类自然繁殖的两个关键环节，考虑到河沼系统中，主要考虑下游河段的需水过程，而乌裕尔河下游段并不一定是鱼类的产卵场，但一定是鱼群上溯通道，因此鱼类洄游通道的水文条件是生境评价的重点。针对鱼类洄游通道的生境模拟，在物理栖息地模拟理论的基础上，以流速作为评价因子，将水深作为洄游通道限定条件，通过分析不同流量下流速与适宜生境面积的关系，研究模拟河段洄游期生境适宜度。首先根据特征流量值（如多年平均流量、生态基流等）确定水文情景方案，进而通过河流水动力学模型模拟各流量方案下河段流速分布，最后结合鱼类洄游生态水文响应关系，分析各断面生境适宜度指数，结合断面对应控制河道长度核算适宜生境面积。以特征流量 $10m^3/s$ 为例，利用河流水动力学模型模拟该流量下各断面流速分布，如图6-10所示，结合洄游流速适宜度曲线，依据各断面流速计算生境适宜度，进而结合各断面控制河段长度核算适宜洄游通道长度，计算过程及结果如表6-1所示。其中断面控制河段长度按照上、下断面均等控制的原则设置，得到各断面控制河段的洄游适宜长度，所有断面相加即得到总适宜洄游通道长度，在10m³/s流量下适宜洄游通道长度为61.2km，模拟河段共72km。

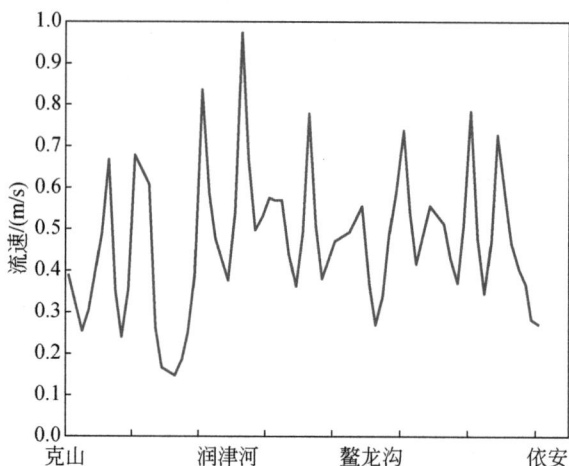

图6-10 特征流量下（10m³/s）流速沿程变化图

鱼类产卵同径流的涨落过程及流量的大小有直接的关系，适宜的水域空间和产卵盛期接近天然水文过程的流量脉冲是鱼类产卵的两个基本条件，其中产卵期径流的脉冲式变化是鱼类产卵规模和栖息地条件最主要的控制因子。脉冲流量对于鱼类产卵有两方面的显著作用：①结合水温的变化，给鱼类提供产卵的刺激信号；②通过高流量过程对于漫滩的淹没，为鱼类产卵提供适宜的栖息地，以及卵孵化期间的持续水流保障。需要注意的是，脉冲流量不仅仅表征水量或流量，而且其本身是一个过程量，包含了峰值流量、发生时机、持续时间和发生频率等指标，本研究基于天然径流过程，以及鱼卵孵化时间需求，重点研究脉冲流量指标值，提出产卵期各月份脉冲流量峰值、发生时机和持续时间。

表6-1 特征流量下（10m³/s）适宜洄游通道长度

断面编号	至克山大桥站距离/m	平均流速/（m/s）	适宜度指数	适宜长度/m	断面编号	至克山大桥站距离/m	平均流速/（m/s）	适宜度指数	适宜长度/m
1	0	0.391	0.94	164.5	12	6300	0.642	1	700.0
2	350	0.309	0.39	137.7	13	7000	0.608	1	625.0
3	700	0.255	0.03	14.8	14	7550	0.261	0.07	40.3
4	1240	0.306	0.37	201.6	15	8100	0.166	0	0.0
5	1780	0.383	0.89	529.8	16	8800	0.156	0	0.0
6	2435	0.488	1	655.0	17	9500	0.147	0	0.0
7	3090	0.672	1	807.5	18	9925	0.185	0	0.0
8	4050	0.353	0.69	659.2	19	10350	0.251	0.01	4.1
9	5010	0.24	0	0.0	20	11160	0.387	0.91	739.8
10	5305	0.354	0.69	204.5	21	11970	0.84	1	837.5
11	5600	0.679	1	497.5	22	12835	0.592	1	865.0

断面编号	至克山大桥站距离/m	平均流速/（m/s）	适宜度指数	适宜长度/m	断面编号	至克山大桥站距离/m	平均流速/（m/s）	适宜度指数	适宜长度/m
23	13700	0.48	1	1855.0	48	32760	0.341	0.61	643.1
24	16545	0.432	1	2845.0	49	33820	0.484	1	857.5
25	19390	0.378	0.85	1425.1	50	34475	0.595	1	655.0
26	19885	0.545	1	495.0	51	35130	0.74	1	570.0
27	20380	0.974	0.75	382.3	52	35615	0.534	1	485.0
28	20900	0.66	1	520.0	53	36100	0.418	1	1110.0
29	21420	0.499	1	492.5	54	37835	0.478	1	1735.0
30	21885	0.534	1	465.0	55	39570	0.557	1	1637.5
31	22350	0.574	1	420.0	56	41110	0.536	1	1540.0
32	22725	0.573	1	375.0	57	42650	0.515	1	2070.0
33	23100	0.573	1	512.5	58	45250	0.433	1	2600.0
34	23750	0.443	1	650.0	59	47850	0.373	0.82	1822.5
35	24400	0.362	0.75	479.7	60	49695	0.506	1	1845.0
36	25035	0.494	1	635.0	61	51540	0.786	1	1912.5
37	25670	0.779	1	555.0	62	53520	0.481	1	1980.0
38	26145	0.517	1	475.0	63	55500	0.346	0.64	1395.2
39	26620	0.386	0.91	578.0	64	57880	0.47	1	2380.0
40	27420	0.427	1	800.0	65	60260	0.733	1	2375.0
41	28220	0.478	1	795.0	66	62630	0.572	1	2370.0
42	29010	0.486	1	790.0	67	65000	0.469	1	2160.0
43	29800	0.494	1	632.5	68	66950	0.412	1	1950.0
44	30275	0.525	1	475.0	69	68900	0.368	0.79	1376.7
45	30750	0.56	1	475.0	70	70450	0.285	0.23	361.7
46	31225	0.362	0.75	354.7	71	72000	0.273	0.15	118.8
47	31700	0.267	0.11	87.0	总计				61203

4. 芦苇出芽期适宜生境评价

芦苇生长期为 4~10 月，与丹顶鹤栖息时间基本吻合，同时芦苇生长所需水深与丹顶鹤栖息繁殖水深条件能够兼容，整体上以丹顶鹤生境作为生态水位的制定依据，但是芦苇出芽期需要考虑其水深不没顶要求，因此本节重点针对芦苇出芽期的生境适宜度进行评价。类似地，芦苇生境模拟也是结合适宜水深的阈值范围，通过沼泽水动力学模拟，分析不同水位条件下适宜生境分布，从而得到芦苇生长期适宜水位过程。结合前期统计资料和遥感影像，芦苇分布范围如图 6-11 所示，总面积达 1483km²，占扎龙湿地总面积的 70.6%，芦苇分布面积较广，除湖泡和高地外，几乎遍布整个核心区范围。依据芦苇出芽

期水深 $10\sim20\mathrm{cm}$ 的需求，特征水位条件下生境适宜度如图 6-11 所示，此时芦苇出芽期适宜生境面积为 $913.2\mathrm{km}^2$ ，占芦苇分布范围的 61.6% 。

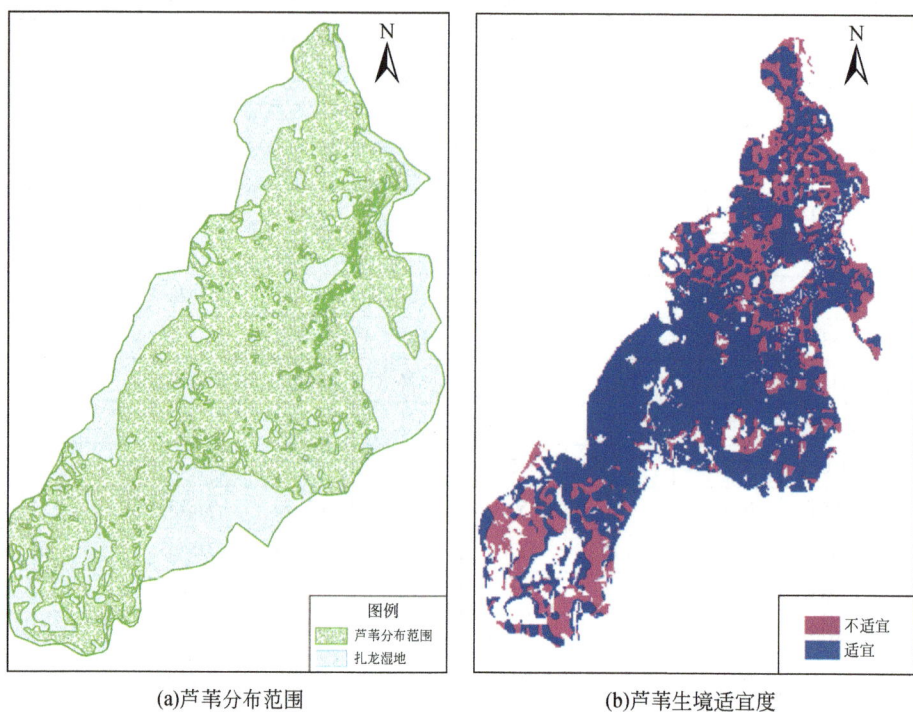

(a)芦苇分布范围　　　　　　　　　　　(b)芦苇生境适宜度

图 6-11　扎龙湿地芦苇分布范围及芦苇出芽期水深适宜度

6.3　河流生态流量核算方法

在河沼系统中，天然条件下上游河流来水决定了湿地水量、淹没面积及水位变化，因此河流生态流量和生态水量的研究不仅关系到河流生态健康，也是维持扎龙湿地生态系统稳定的必要条件。对于河流生态需水的核算，一方面考虑维持河流自身物理结构和生态群落稳定的生态流量过程；另一方面设定河流进入湿地的年生态水量对于维持河沼系统整体健康至关重要。

对于河流生态流量过程的核算，分别针对枯期和非汛期的生态基流、鱼类洄游期和产卵期的生态流量以及汛期维护河道稳定的洪水脉冲过程进行研究，即全过程的河流生态需水研究。河流生态基流旨在维持河流的纵向连通性，为湿地提供营养物质，保持河流鱼类栖息地的适宜水面宽度，保证可供鱼类利用的最小生存水域；鱼类产卵期需要一定的流速以提供洄游信号和方向指引，流量脉冲涨水使鱼类在适当的时间受到产卵所需的流量刺激，因此产卵期要尤其注重保证脉冲流量过程；汛期洪水过程主要是冲刷河床泥沙，稳定河道结构，为成鱼提供洄游的通道，为需要进入河漫滩产卵和育幼的鱼类提供条件，同时也从河漫滩冲刷有机质，为鱼类提供食物，另外鱼卵和幼鱼也可在洪水脉冲的刺激下从河道被带到湿地产卵场或河道中。其中，面向鱼类自然繁殖需求的脉冲流量核算是河流生态流量研究的重点。

6.3.1　生态基流

河流生态基流旨在维持河流的纵向连通性，保证鱼类等生物在非生态敏感期的最小生存空间及水文条件的需求。生态基流研究主要结合水文学方法进行确定，本书针对非汛期生态基流，分别利用7Q10法和Tennant法开展生态基流初值的计算。7Q10法又叫最小流量法，通常选取90%保证率下最枯连续7d的平均水量作为河流的生态基流。Tennant法是非现场测定的标准设定法，采用河流年平均流量百分比，统筹考虑保护鱼类及有关环境资源流量状况下的推荐生态流量值。

生态基流初值还需要与水环境流量需求、水利工程运行调度和现状实际流量过程进行对比分析，综合确定科学合理、具备较强操作性的流域整体河流生态基流。在分别得到基于天然径流过程的生态基流初值后，将基于天然径流过程得到的生态基流初值，与该河段水功能区设计流量、流域水资源保护规划制定的生态流量进行对比，取最大值作为生态基流建议值。将该建议值与近10年非枯水期75%保证率日均流量做比较，如果该建议值近10年实际达标率过低，需对其原因进行分析，如果是由于水利工程调蓄或人工取用水较大导致低达标率，则维持该建议值作为断面非汛期生态基流标准；如果是由于设计流量或保护规划制定流量不合理，超过了该断面天然和实际流量水平，则以维持现状流量不降低为原则，取近10年非枯水期75%保证率日均流量与上述3个流量中舍去不合理值后的最大流量作为该断面非汛期生态基流标准。

利用流域分布式水文模型WEP对流域长系列（1956~2013年）天然径流过程进行还原模拟。依据天然径流过程，7Q10法计算结果为4.6m³/s，参考近10年实测径流数据，非冰封期日流量满足率55.1%；Tennant法计算结果为3.26m³/s，现状满足率63.7%，综合判断生态基流初值设为4.6m³/s。同时，参考流域生态、环境流量标准，《松花江流域水资源保护规划》中明确乌裕尔河非汛期生态流量为2.09m³/s，而松辽委制定的水功能区设计流量中，乌裕尔河下游设计流量为0.03m³/s，因此本文计算的生态基流初值能够满足环境流量要求。图6-12展示了生态基流计算值与现状实测径流的对比，现状达标率为55.1%，而近10年非枯水期75%保证率日均流量为1.56m³/s，汛期实测径流值要远远高于生态基流值，而5、6月份径流量则普遍偏低，这是由灌溉用水和上游水库拦截共同造成的，考虑到乌裕尔河上游水库共40余座，其中干流及主要支流水库共8座，尚有一定的可调节空间，因此本文生态基流确定为4.6m³/s。

6.3.2　产卵期脉冲流量

径流的脉冲式变化过程是鱼类等水生生物进行生命循环和不同生命阶段更迭的主要驱动力。脉冲流量对于鱼类产卵有两方面的显著作用：①结合水温的变化，给鱼类提供产卵的刺激信号，并提供鱼类洄游的方向指引；②通过高流量过程对于漫滩的淹没，为鱼类产卵提供适宜的栖息地，以及产卵后黏性卵孵化期间的持续水流条件、漂浮性卵孵化期间的

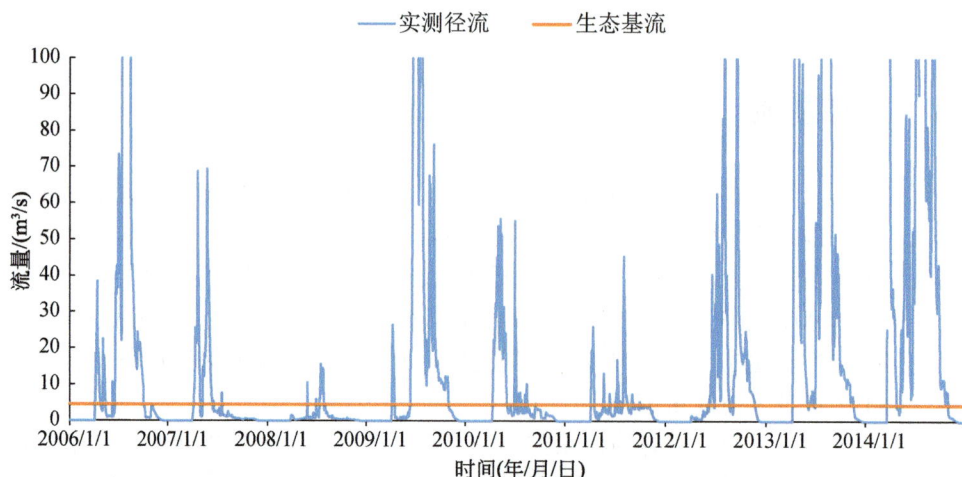

图 6-12　2006～2014 年依安大桥站实测径流与生态基流对比图

持续流速保障。

对于洄游期生态流量的研究，考虑到维持洄游通道是河沼系统中河流最重要的生态保护功能，洄游生境评价是脉冲流量计算的重要环节。通过文献搜集或者实验研究，获取代表性鱼类洄游适宜水文条件等参数，建立洄游生境适宜度曲线。考虑到水温和流速是影响鱼类洄游的关键水文因子，关键性参数包括代表性鱼类洄游的适宜水温范围、刺激鱼类洄游的临界流速和适宜流速阈值，以及不同水温下刺激鱼类洄游和性腺发育的流速阈值等。结合鱼类洄游流速适宜度曲线，以流速和水深作为评价因子，开展洄游通道生境适宜度评价，计算各断面生境适宜度指数，根据断面对应控制河道长度核算鱼类洄游适宜河道长度，计算公式如下。

$$\mathrm{WUA} = \sum_i \left[f(V_i) \times f(D_i) \right] \times L_i \qquad (6\text{-}1)$$

式中，V_i，D_i 为第 i 单元格水深；$f(V_i)$、$f(D_i)$ 为第 i 单元格的流速和水深适宜度指数，由对应的流速、水深适宜度曲线获得；L_i 为研究河段第 i 段的长度。

对于脉冲峰值流量的核算，主要基于天然流量过程开展评价。本研究采用水文学方法，力图使人工影响后的径流过程在刺激鱼类产卵、提供鱼类产卵场所与鱼卵孵化条件等方面所起的作用，尽量与天然径流过程保持一致。因此，基于产卵期天然径流过程，分别选取各个时间段一定保证率（75%）下的还原径流最大连续 N 日径流量中的平均值，作为当月脉冲流量的下限值。对于 75% 的保证率选取，主要考虑生态流量的保证率，本次研究将生态流量的保证率定为 75%，即每 4 年中需至少有 3 年达到生态流量要求。该计算方法，是为了从恢复自然水文情势的角度，维持一段连续的脉冲过程，具有生态学和水文学理论支撑。对于 N 值的选取，主要考虑鱼卵孵化时间，而鱼卵孵化时间随水温变化，在 4 月份水温较低时产的鱼卵，相应的孵化时间较长，5 月次之，在 6、7 月时水温升高到 20℃ 左右后，孵化时间也会大幅缩短。

1. 基于洄游通道适宜流速的生态流量核算

基于水动力学模拟结果，分析不同流量下沿程流速分布（图 6-13），核算平均流速达到最小刺激流速和适宜流速的河段长度（图 6-14）。

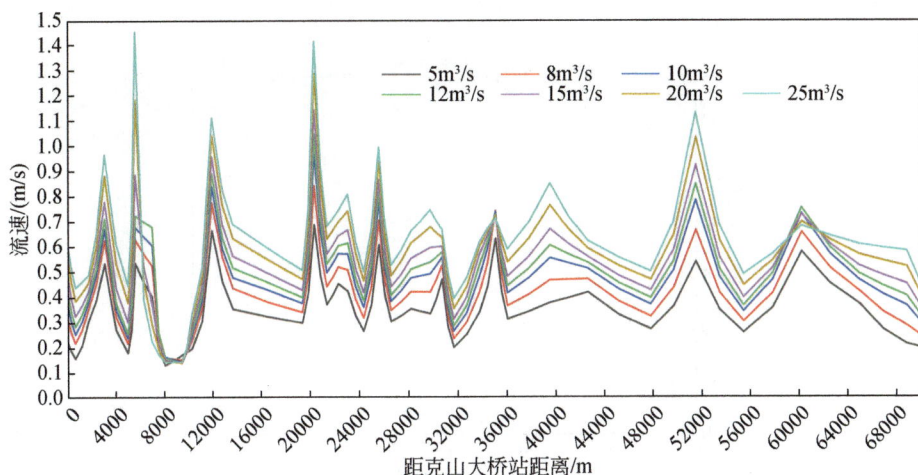

图 6-13　不同流量下沿程流速分布图

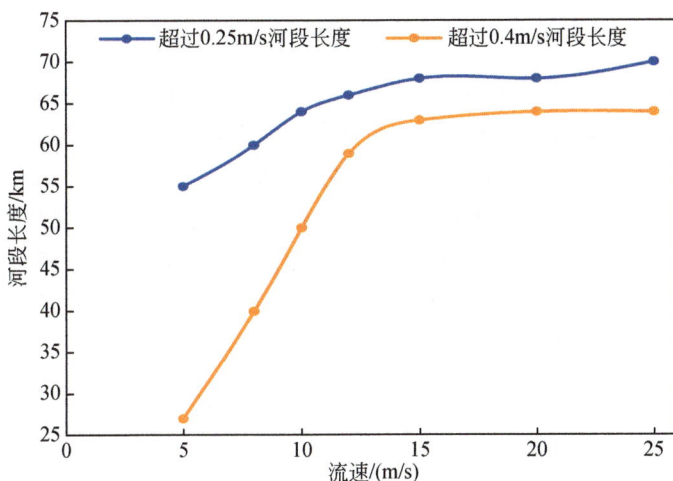

图 6-14　不同流量下达到洄游流速要求的河段长度

从结果可以看出，随流量增大，河道流速整体增大，流量 12m³/s 以上，绝大部分河段能达到 0.25m/s，只有距克山大桥站 7～10km 河段，由于该河段水面宽，主河槽宽达到 300～400m，而其余河段均为几十米宽，该段流速并没有随流量增大而明显增大。在 12m³/s 下，91% 河段平均流速能达到洄游最小流速，82% 河段平均流速达到洄游适宜流速，同时绝大部分河段最大流速能达到洄游适宜流速。

取 0.3m 的断面水深作为洄游通道限制水深条件，各断面平均流速作为目标参数，不同流量下鱼类洄游适宜河段长度的计算，结果如图 6-15。由结果可以看出，当流量超过 12m³/s 时，适宜河道长度不再随着流量增加而显著变化，因此综合确定 12m³/s 为鱼类洄游生态流量。结合鱼类洄游适宜水文条件实验所得鱼类洄游速度（0.1m/s），结合洄游河段长度，确定持续时间8d。

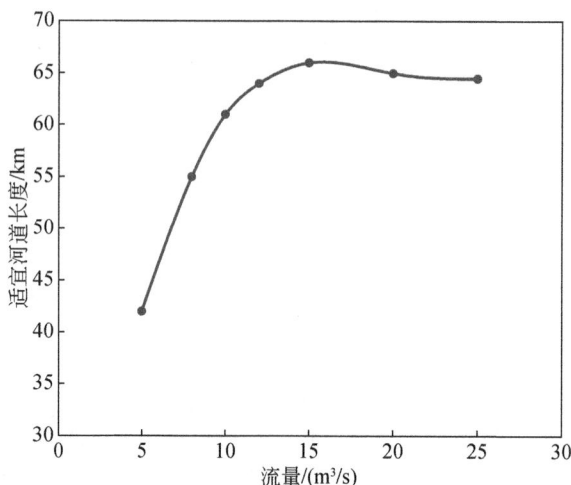

图6-15　不同流量下鱼类洄游适宜通道长度

2. 基于天然径流过程的产卵期脉冲流量核算

对于 N 值的选取，主要考虑鱼卵孵化时间，而鱼卵孵化时间随水温变化，在4月水温较低时产的鱼卵，相应的孵化时间较长，5月次之，在6~7月时水温升高到20℃左右后，孵化时间也会大幅缩短。乌裕尔河下游段主要鱼类及其产卵习性如表6-2所示，多为暖温性鱼类，缺乏冷水鱼类，最低产卵温度在12℃以上，因此产卵期研究范围缩小至5~7月。根据各月份产卵鱼类鱼卵孵化的平均时间，5月取值为8；6~7月（按6月计算）取值为5，即5月持续时间8d，能满足除狗鱼外其他鱼类鱼卵孵化需求；6~7月持续时间5d，产卵鱼类基本相同，能满足几乎所有鱼卵孵化的需求。

表6-2　主要鱼类产卵习性

鱼类名称	产卵时期	产卵类型	产卵温度	鱼卵孵化时间/d
湖鲅	5月	黏性	12℃~18℃	7
塘鳢	5月	黏性	15℃~20℃	5
黑龙江鳎鲅	5月	蚌体内	12℃开始产卵	4
狗鱼	5月	黏性	12℃~16℃	12
麦穗鱼	5~7月	黏性	18℃~21℃	12
鲤	6~7月	黏性	17℃~25℃	5
鲢	6~7月	漂流性	20℃~24℃	4
黄颡鱼	6~7月	黏性	23℃~30℃	3
红鳍鲌	6~7月	黏性	18℃~25℃	5
草鱼	6~7月	漂流性	18℃~25℃	4

鱼类名称	产卵时期	产卵类型	产卵温度	鱼卵孵化时间/d
乌鳢	6~7月	浮性	22℃~27℃	2
马口鱼	6~7月	黏性	20℃~26℃	2
苏氏鮈	6~7月	–	–	–
鳌条	6~7月	漂流性	22℃~28℃	3
泥鳅	6~7月	黏性	24℃~28℃	2
鳙鱼	6~7月	浮性	21℃~26℃	10

就乌裕尔河而言，以 5 月 75% 保证率下最大连续 8 日流量均值作为脉冲流量的下限值，为 21m³/s，同理得到其 6 月、7 月脉冲流量下限值分别为 32m³/s 和 88m³/s。综上，产卵期（5~7 月）脉冲流量过程共发生三次，5 月脉冲峰值流量 21m³/s，持续 8d；6 月脉冲峰值流量 32m³/s，持续 5d；7 月脉冲峰值流量 88m³/s，持续 5d。

6.3.3 造床洪水流量

洪水脉冲是河流-洪泛滩区系统生物生存、生产力和交互作用的主要驱动力，其生态意义主要体现在水流向洪泛滩区侧向漫溢所产生的营养物质循环和能量传递的生态过程，以及水位涨落过程对于生物的影响。洪水过程把河流主槽和滩区动态联结起来，提高了河流-滩区系统的动态连通性，在洪水脉冲的驱动下，河流-滩区系统依靠连通性特点，实现动水-静水系统的转换过程。洪水脉冲既是河流-滩区系统静水区与动水区相互转化的驱动力，同样也是生物因子与非生物因子交互作用的驱动力。根据洪水脉冲的生态意义，按照洪水频率和洪峰流量，本研究将洪水过程分为小洪水和大洪水进行研究。根据多年天然径流资料，结合生态流组分的计算标准，分别研究小洪水过程和大洪水过程的频率、峰值流量、发生时机及洪水历时。依据不同洪水要素对于鱼类自然繁殖的生态意义，以漫滩水位作为小洪水的下限水位，确定小洪水重现期为两年一遇，同时考虑到鱼类洄游和产卵刺激需求，单次小洪水过程历时以三天为宜，小洪水发生时机由各河段重点保护鱼类对于温度的适宜度决定。类似地，确定大洪水重现期 10 年一遇，单次大洪水持续期为 1d。在确定了洪水频率、洪水历时等因子的基础上，重点研究洪水过程的峰值流量。基于漫滩水位的计算标准，将超过河道横断面漫滩水位所对应流量作为小洪水峰值流量的下限值，在实际计算过程中，将各断面 50% 保证率下每年最大连续三日平均流量平均值作为小洪水过程峰值流量的下限值；将各断面 10% 保证率下每年最大流量值，作为大洪水过程峰值流量的目标值。

各年份最大三日平均流量和最大流量如表 6-3 所示，小洪水峰值 294m³/s，大洪水过程峰值 643m³/s。根据漫滩流量法，依安大桥站漫滩水位为 184.3m，依据水位-流量关系，对应流量为 278m³/s，与小洪水流量基本一致。

表 6-3　洪水过程计算　　　　　　　（单位：m²/s）

年份	最大三日平均流量	最大流量	年份	最大三日平均流量	最大流量	年份	最大三日平均流量	最大流量
1957	562.6	605.6	1976	23.3	24.1	1995	45.1	49.9
1958	535.0	562.8	1977	292.4	305.1	1996	472.0	492.4
1959	361.5	373.5	1978	72.1	74.0	1997	424.5	436.8
1960	352.9	368.2	1979	399.2	419.2	1998	846.1	929.6
1961	663.6	686.6	1980	215.6	223.0	1999	197.8	207.2
1962	610.9	630.3	1981	522.5	544.6	2000	139.2	142.5
1963	287.9	299.6	1982	294.3	303.1	2001	269.3	291.7
1964	82.4	84.9	1983	298.1	309.9	2002	157.8	170.4
1965	153.1	159.5	1984	260.7	271.1	2003	879.0	926.7
1966	325.4	342.8	1985	346.8	357.3	2004	65.3	67.5
1967	198.2	205.9	1986	269.7	278.7	2005	279.9	291.3
1968	207.1	217.2	1987	233.2	240.9	2006	310.5	323.4
1969	769.5	806.0	1988	191.6	197.5	2007	33.9	35.0
1970	142.7	147.0	1989	18.9	19.2	2008	62.9	66.8
1971	379.0	391.2	1990	339.0	351.3	2009	1124	1201
1972	620.8	643.6	1991	373.8	383.0	2010	111.7	115.4
1973	164.4	173.5	1992	253.2	265.3	2011	311.4	322.3
1974	170.5	180.8	1993	298.8	307.5	2012	508.3	533.0
1975	91.9	96.4	1994	335.6	359.4	2013	588.7	632.8

6.3.4　河流生态流量过程

河流生态流量过程以鱼类全生命周期需水为研究目标，分别提出了生态基流、产卵期生态流量以及汛期洪水过程，具体如图 6-16 所示。

其中，生态基流为 4.6m³/s，作为全年（冰封期除外）最低生态流量要求；洄游生态流量（5~7 月各发生一次）为 12m³/s，持续时间 8d，保证洄游鱼类顺利到达上游产卵区域；产卵期（5~7 月）脉冲流量过程共发生三次，5 月脉冲峰值流量 21m³/s，持续 8d；6 月脉冲峰值流量 32m³/s，持续 5d，7 月脉冲峰值流量 88m³/s，持续 5d，刺激鱼类产卵、满足鱼卵孵化水文要求；结合汛期洪水过程，保证一次峰值流量 294m³/s、持续三天的小洪水过程，以维持栖息地稳定、增强主河槽及洪泛区物质交换，大洪水过程 10 年一遇，不做具体要求。同时，考虑到河流在河沼系统的整体定位，对年生态需水量进行核算，以 75% 保证率下天然年径流量作为年生态需水量的标准，依安大桥站年径流总量为 3.78 亿 m³。

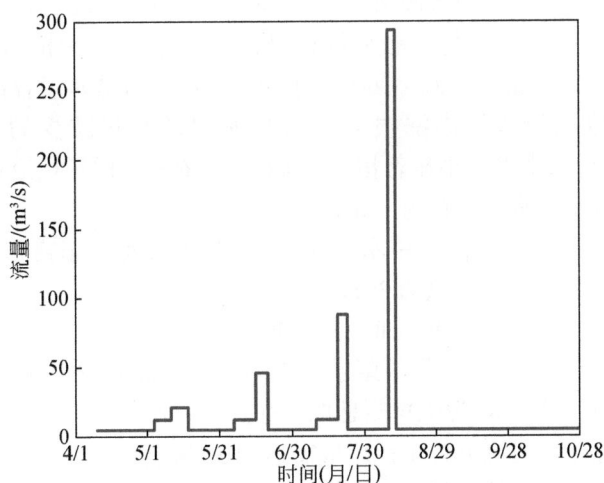

图 6-16　乌裕尔河生态流量过程

6.3.5　上游河流入湿地生态水量核算方法

天然状况下，沼泽湿地水量主要依靠上游河流来水，故根据上游河流天然来水量确定扎龙湿地年生态需水总量。考虑到河流在河沼系统的整体定位，对年生态需水量进行核算。本研究分别从河流下游年径流量、过渡区径流量及沼泽湿地生态需水量三个方面开展研究。

对于上游河流年径流量的核算，综合分析现有计算方法，选取年保证率法，以75%保证率下天然年径流量作为年生态需水量的标准。根据水文模型所得1956~2000年天然径流过程，依安大桥站年径流总量为3.78亿 m^3（图6-17）。

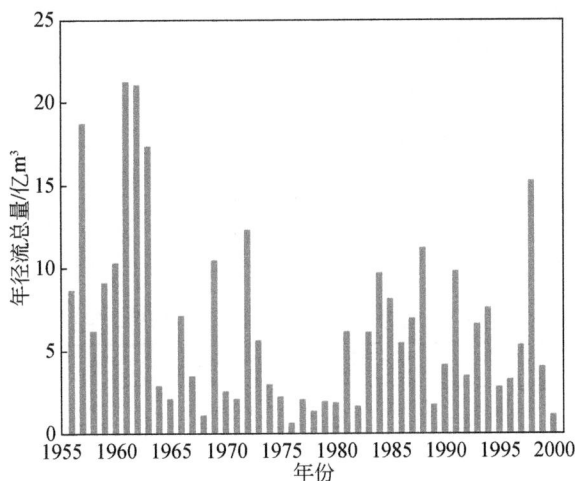

图 6-17　1956~2000 年依安大桥站天然年径流量

同时，在分析河沼过渡区径流漫散机理的基础上，利用径流系数法，核算河沼过渡区径流损失量。根据计算，入扎龙湿地水量相对河流下游依安大桥站来水减少约 60.3%（3.6 亿 m^3），区间湿地调蓄、蒸发渗漏损失水量和塔哈河分流水量合计远远大于区间产流量，其中径流漫散造成的蒸发渗漏损失是入扎龙湿地水量减少的主要原因（占比约 83%），且随依安大桥站来水大小显著相关（0.66）。依安大桥年径流量为 3.78 亿 m^3，综合分析，得到龙安桥生态水量目标为 1.5 亿 m^3。

最后，根据前期研究成果，利用水量平衡法核算湿地生态需水量，计算公式如式（6-2）所示。计算所得生态需水量为 3.12 亿 m^3。

$$W_L = W_p + W_w + W_S + W_u + W_h \tag{6-2}$$

式中，W_L 为湿地生态需水；W_p 为湿地植物需水；W_w 为水面蒸发消耗需水；W_S 为湿地土壤需水；W_u 为渗漏消耗需水；W_h 为生物栖息地需水。

综合 3 种计算思路，河流下游年径流量需达到 3.78 亿 m^3，考虑河沼过渡带漫散损失后，由主河道进入扎龙湿地的水量为 1.5 亿 m^3。

6.4 沼泽湿地生态水位核算方法

扎龙湿地生态水位研究主要针对鸟类筑巢繁殖的水域空间、植被生长的适宜水深、鱼类越冬水深要求，以及植被蒸腾、明水沼泽蒸发、渗漏补水量等耗水需求，结合水动力学模型，分别核算不同水位条件下丹顶鹤、鱼类、芦苇等主要生境范围内水深适宜度分布，建立生境面积与水位定量关系，进而确定扎龙湿地季节性生态水位变化过程，其中 4 月至 5 月中上旬依据芦苇出芽期生境需求进行生态水位核算，5 ~ 10 月生态水位重点以丹顶鹤生长期需求进行研究，9 月下旬至 10 月下旬依据鱼类越冬生境需求确定冻前高水位。

1. 芦苇出芽期（4 ~ 5 月）生态水位

沼泽湿地不同于湖泊，其内部水位存在坡降，因此需要结合水力学模型来研究湿地内部水位分布。基于沼泽二维水动力学模型，核算不同水位条件下，主要芦苇沼泽分布范围内各计算单元栖息地适宜度指数，根据芦苇出芽期生态-水文响应关系，4 月、5 月以 10 ~ 20cm 水深为最佳，计算不同水位条件下满足芦苇出芽水深要求的适宜生境面积，进而获得水位-适宜生境面积定量关系曲线，结果如图 6-18 所示。以滨洲线站水位为控制参数，水文情景设定根据 1971 年 1 月 1 日至 1972 年 12 月 31 日模拟结果，分别选取滨洲线水位 143.7 ~ 144.5m、间隔 0.1m 的水位分布，为提升水文数据的代表性和一致性，选取 1972 年 6 月至 10 月的一次涨水过程，作为各情境下初始水位，具体见表 6-4。

表 6-4 各水文情景选取及日期（1972 年） （单位：m）

水文情景	1	2	3	4	5	6	7	8	9
滨洲线水位	143.7	143.8	143.9	144	144.1	144.2	144.3	144.4	144.5
龙安桥水位	152.9	153.1	153.2	153.4	153.4	153.5	153.5	153.7	153.6
日期（月/日）	6/17	7/26	8/11	8/25	9/10	9/15	9/19	9/30	10/4

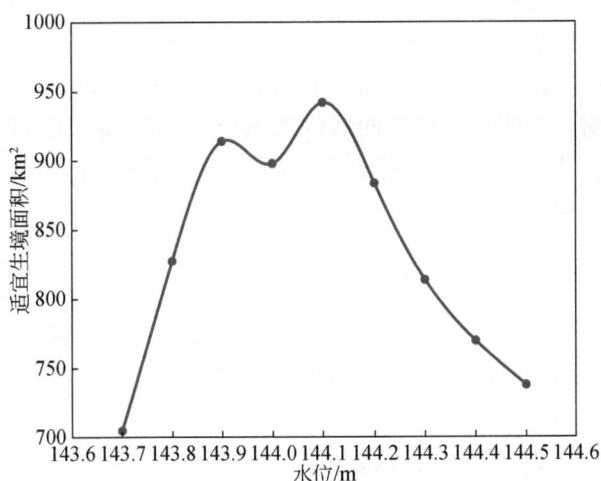

图 6-18　芦苇出芽期适宜生境面积–水位关系

计算结果显示，当滨洲线水位 144.1m 时，芦苇出芽期适宜生境面积最大，为 942.3km²，占研究面积的 63.5%，当滨洲线水位 143.9 ~ 144.2m 时，适宜生境面积基本能达到 900km²，因此，根据 80% 以上最大适宜生境面积的标准，确定滨洲线 143.9 ~ 144.2m 为芦苇出芽期（即 4 ~ 5 月）生态水位。

2. 丹顶鹤生长期（6 ~ 9 月）生态水位

基于沼泽二维水动力学模型，核算不同水位条件下，丹顶鹤主要活动范围内，满足其筑巢繁殖水深要求的栖息地面积。依据丹顶鹤栖息地生态–水文响应关系，丹顶鹤生长期（4 ~ 10 月）适宜水深为 0.1 ~ 0.3m。结合扎龙湿地丹顶鹤分布范围，分别核算各水位下各计算单元栖息地适宜度指数，计算不同水位条件下满足丹顶鹤筑巢繁殖水深要求的适宜生境面积，进而获得水位–适宜生境面积定量关系曲线，结果如图 6-19 所示，其中丹顶鹤栖息地总面积共 764km²。

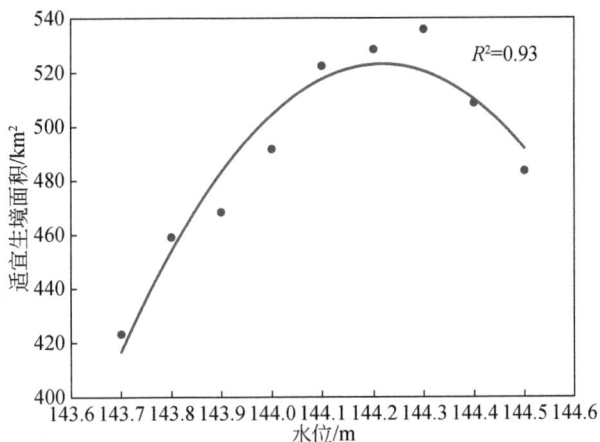

图 6-19　不同水位下丹顶鹤适宜生境面积变化图

计算结果显示，当滨洲线水位在 144.1~144.4m 范围内，丹顶鹤适宜生境面积均在 500km² 以上，且相差不大，而超过此范围后适宜生境面积有迅速缩减的趋势。当水位控制在 144.3m 时，适宜生境面积最大，为 536.9km²，占研究面积的 70.3%，但由于超过 144.3m 后，下降相对较为明显，拟合曲线的拐点位于 144.2m，此时生境面积 529.3km²，两者适宜生境面积相差较小，且考虑到丹顶鹤适宜水深为范围值，因此确定滨洲线 144.1~ 144.3m 为丹顶鹤生长期生态水位。

3. 冰封前期（10 月底前）生态水位

冰封前期水位是扎龙湿地生态水位控制的重点目标，一方面为维持水生生物越冬空间，另一方面冻前高水位有助于来年冰封期过后保持湿地水位和水面面积，因此需依靠鱼类越冬生境和冰封前后水位变化综合确定。

结合河沼系统生态水力学模拟，核算鱼类越冬栖息地适宜度，分析各水位条件下鱼类越冬期适宜生境面积，建立相应定量关系曲线。类似地，以滨洲线站水位为控制因子，水文情景设定根据 1971 年 1 月 1 日至 1972 年 12 月 31 日模拟结果，分别选取滨洲线水位 143.7~144.5m、间隔 0.1m 的水位日条件，核算不同水位条件下满足鱼类越冬水深要求的适宜生境面积，鱼类越冬期水位−适宜生境面积定量关系曲线如图 6-20 所示。

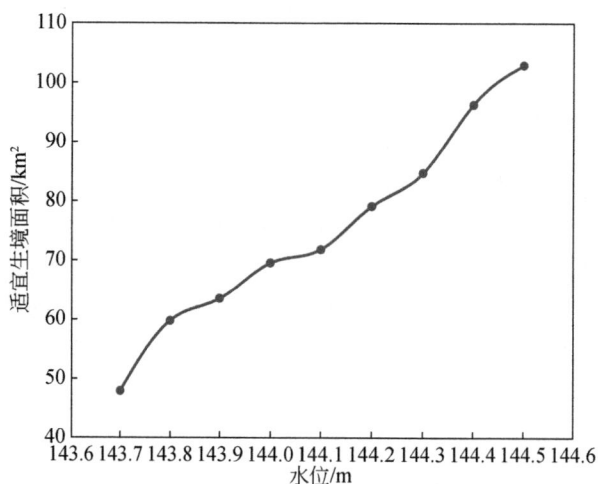

图 6-20　鱼类越冬期水位−适宜生境面积关系曲线图

计算结果显示，在模拟范围内，适宜生境面积随着水位抬升而持续增加，且上升趋势未见减缓，当滨洲线水位 144.5m 时，鱼类越冬期适宜生境面积最大，为 103.2km²，占研究区域总面积的 65.4%。虽然模拟范围内栖息地面积随水位的增加趋势并没有明显变缓，但考虑到 144.3m 水位下有效栖息地面积能达到 80% 最大适宜生境面积的标准，且过高水位要求难以短时间内满足，确定 144.3m 作为冰封前期最小生态水位，同时考虑到次年芦苇出芽期的水深需求，按照冰封期间水位降低约 10~20cm 计算，设定 144.4m 为冰冻前高水位的上限。综上，综合确定 144.3~144.4m（滨洲线）为冰封前期（即 10 月下旬）生态水位。

4. 沼泽湿地生态水位过程

由于沼泽湿地水浅滩多、地形复杂，湿地内部水位分布随着地表坡降而变化，但平衡状态下，不同地点的水位具有确定的相关关系，因此不同于湖泊生态水位的设定，沼泽生态水位需根据代表断面加以控制，本书以滨洲线断面水位作为表征，通过滨洲线断面的生态水位来确定沼泽湿地生态水位。结合各生态敏感期对应时段，4 月至 5 月中旬关键保护目标为芦苇出芽期生境，芦苇出芽期沼泽湿地生态水位（滨洲线控制断面，下同）为143.9 ~ 144.2m，5 月下旬至 9 月中旬，以丹顶鹤繁殖、栖息生境为关键保护目标，丹顶鹤生长期生态水位为 144.1 ~ 144.3m，冰封前期高水位为 144.3 ~ 144.4m，扎龙湿地全年生态水位过程如图 6-21 所示。

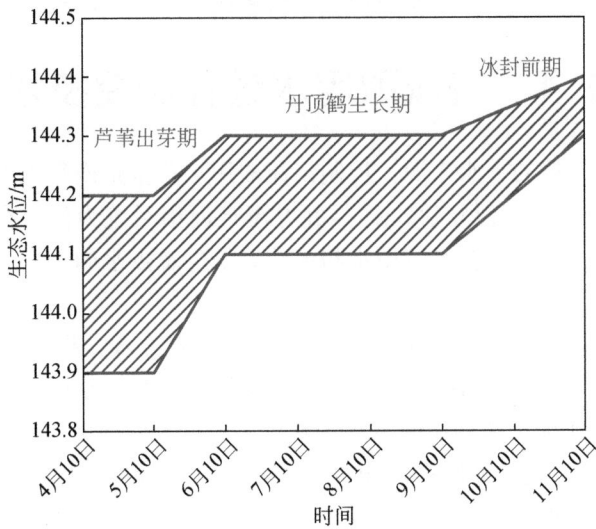

图 6-21　沼泽湿地生态水位过程（滨洲线）

第7章 | 寒区河沼系统生态需水调控保障技术

水利工程和取用水引起的水文过程变化导致了湿地生态系统退化，保障生态需水刻不容缓。湿地补水是国内外最直接有效的生态调控手段，但现阶段补水侧重于补水总量，缺乏对补水过程的考虑，生态效益不佳。本章以水库调度和生态补水为抓手，科学优化农业用水强度，缓解上游取用水对入湿地水量的侵占；同时提出湿地水文连通性分区方法，优化分区生态补水方案，并开发生态水位监测预警系统，为实时动态水文调控提供基础。

7.1 流域取用水过程调控技术

河流是沼泽湿地天然的补水来源，控制河流取用水总量是恢复入湿地水量和保障河沼系统生态需水的基础。本研究以乌裕尔河-扎龙湿地河沼系统为例，在分析现状用水规模和用水效率的基础上，协调社会经济用水与河沼系统生态需水的冲突，提出优化的取水总量方案。

农业灌溉用水是乌裕尔河流域社会经济用水的主要方式，根据齐齐哈尔市水资源公报，2016 年乌裕尔河流域 104301 万 m³，农业灌溉用水 92653 万 m³，农业灌溉用水占总用水量的 88.8%。乌裕尔河干流两岸现有灌区 9 处，包括东胜灌区、胜利灌区等，有效实灌水田面积 14.16 万亩①。现状灌区多以粗放式漫灌为主，同时库区为满足灌溉需求，汛期前长时期保持高水位蓄水，致使水库下游径流量极少。若能通过科学合理地调配措施，依据作物需水过程优化灌溉供水方案，针对不同作物及其相应生长阶段，确定最优配水过程，在保证灌溉用水的情况下，增大非汛期水库下泄流量，而不是盲目地拦蓄来水。同时进一步挖掘灌溉节水潜力，打造节水型灌区、改善灌溉方式，通过合理调整作物种植模式及优化灌溉面积，用最少的水量满足灌溉目标，实现灌溉用水效益最大化，协调社会经济与生态环境的用水矛盾。

本研究基于 2007~2015 年乌裕尔河流域社会经济取用水数据，设定未来 30 年（2020~2050 年）高、中、低农业水资源开发利用及水利工程是否进行生态调度情景，分析不同组合情景下流域农业用水缺口及河沼过渡区年来水量情况。其中 HWE、MWE、LWE 分别表征高、中、低水资源开发利用强度，EHWE、EMWE、ELWE 分别表征水利工程生态调度下高、中、低水资源开发利用强度情景。年最小月均流量对于鱼类生存繁殖及维持湿地水平衡具有重要意义，本研究通过分析不同情景下各年份年最小月均流量（图 7-1），进而计算农业用水保障率和生态基流达标率，为乌裕尔河流域取用水调控方案提供基础。

---

① 1 亩≈666.7m²。

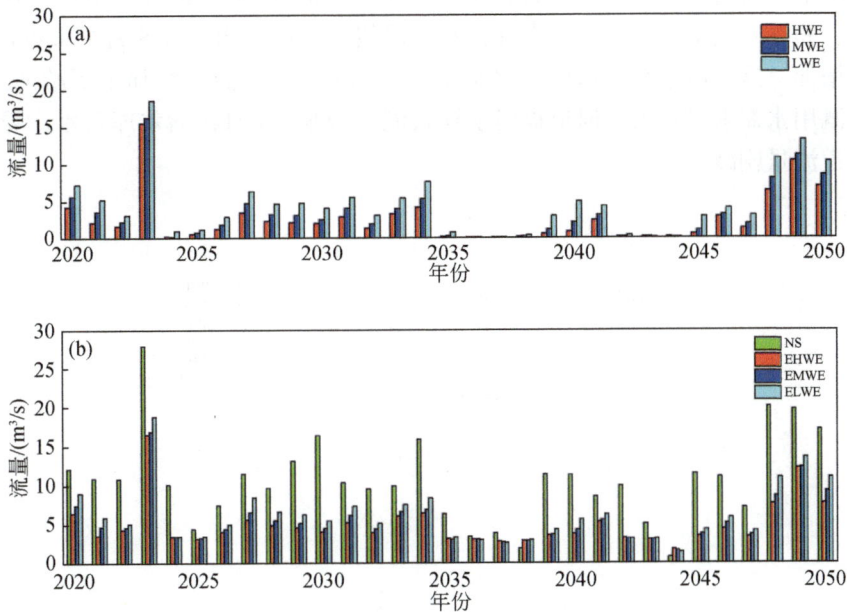

图 7-1　不同情景下依安大桥站年最小月均流量

为维持河流生态系统，依安大桥站生态基流设置为 3.01m³/s，为 1985～2000 年 7 个月非封冻期月均流量的 10%。在 EHWE、EMWE 和 ELWE 情景下，水库河道最小环境流量设置为水库运行的最小下泄流量。此外，引水工程的取水必须保证取水口的河流流量不低于生态基流。根据模型估算，北安、克东、克山、依安四地取水口河流的生态基流分别为 2.23m³/s、2.35m³/s、3.02m³/s 和 3.26m³/s。

在非封冻期内每年的最小河流流量对鱼类迁徙和生境有显著影响，在不考虑环境流量的 3 种水资源开发情景下，年最小月均流量小于自然情景下的年最小月均流量和 3 种生态开发情景（图 7-2）。高、中、低水资源开发情景下，多年平均年最小月均流量分别为 2.57m³/s、3.22m³/s 和 4.43m³/s，在生态高、中、低水资源开发情景下，多年平均年最小月均流量分别为 4.98m³/s、5.38m³/s 和 6.20m³/s。在 7 种情况中，自然情景的年最小月均流量最大（10.64m³/s）。在不考虑河流生态需水的情况下，干旱年份的年最小月均流量接近零，这将会对河流生态系统造成严重破坏，特别是在连续干旱年份。除极端干旱年份外，在 3 种生态开发情景下，年最小月均流量一般大于河流生态基流，生态状况得到改善。然而，生态环境的优越性意味着农业用水量较少，在相同的水资源开发水平下，考虑生态需水的高、中、低水资源开发情景平均年缺水量分别增加 1346 万 m³、967 万 m³ 和 663 万 m³。在许多极端干旱年（2035～2037 年、2042～2043 年），在高、中、低水资源开发情景下，流域缺水量分别达到 2000 万 m³、1600 万 m³ 和 1540 万 m³。

总体而言，随着水资源开发强度的增加，依安大桥站年最小月均流量逐渐降低。然而，许多极端干旱年（2038 年和 2044 年）自然情景下的年最小月均流量小于 3 个生态开发情景下的年最小月均流量（图 7-1），这是由于水利工程调度改变了径流年内变化。在非冰封期 7 种情景下，年最小月均流量出现月份频率分布如图 7-2 所示。在自然情景下，乌裕尔河年最小流量一般出现在 5 月，出现在 7 月、8 月、9 月的频率最小。在水资源开发情景下，非冰封期最小月均流量出现在 6 月的概率最高，出现在 5 月的概率降低、在 9 月的概率增加。这是由于 5 月水库放水腾空防洪库容，泄流过程增加了下游河道流量；6 月农业灌溉用水需求量较大，河道提引水导致流量减少；9 月汛后水库蓄水，导致部分年份下游河道流量剧减。

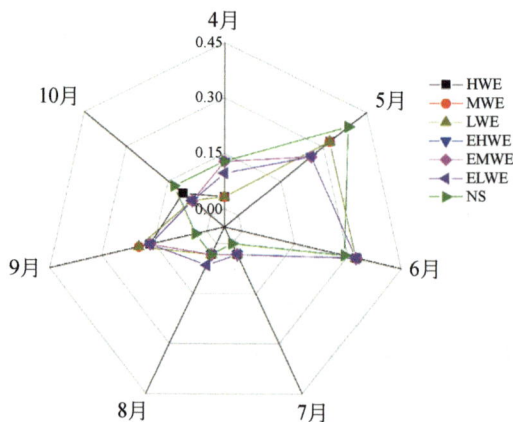

图 7-2 年最小月均流量出现频率

不合理的水资源开发利用对河–沼生态系统产生负面影响，协调农业用水和生态需水的矛盾是乌裕尔河流域水资源管理面临的重要挑战。为合理优化农业用水规模，本研究基于 WEP 模型模拟的不同开发情景下流域农业缺水和依安大桥站年最小月均流量，预测了 2020～2050 年农业供水保障率和生态基流达标率（图 7-3）。

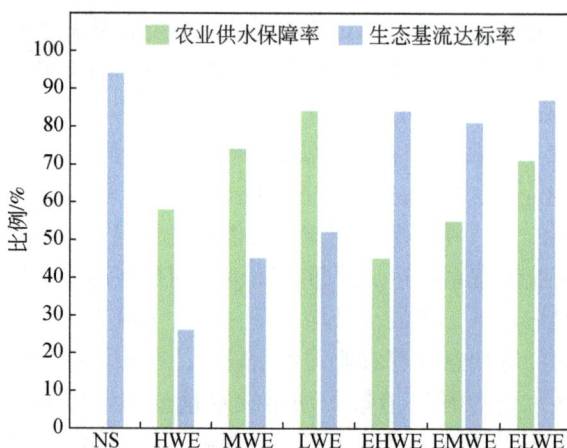

图 7-3 不同情景下流域农业供水保障率及生态基流达标率

结果表明流域农业水资源开发与下游河沼过渡区及扎龙湿地需水矛盾突出，在高、中、低水资源开发情景下，农业供水保障率分别为 58%、74% 和 84%，在中、低水资源开发情景下乌裕尔河流域为农业提供了相对充足的水资源，但依安大桥站生态基流保证率普遍较低（45%和52%）。表明在未考虑生态需水的水资源开发情景下，河流和湿地生态系统将受到严重破坏，生态流量长期缺乏将造成湿地萎缩和退化，水利工程生态调度高、中、低水资源开发情景下农业用水保障率分别为45%、55%和71%。水利工程生态调度情景下，依安大桥站河道生态基流达标率虽然达不到天然状况下的达标率，但都得以明显提升，生态高、中、低水资源开发情景下生态基流达标率分别为84%、81%和87%。模拟结果表明在人类活动强烈的流域，水库生态调度和引水工程是十分必要的。流域水资源本底状况难以支撑高水资源开发水平，中、低水资源开发状况下，农业用水挤占河道和下游湿地生态需水情况较为严重，但水利工程的生态调度能够一定程度上缓解生态需水匮乏状况，特别是在干旱年份。因此，乌裕尔河流域农业灌溉用水规模需在现状基础进一步削减，结合节水灌溉相关工作控制用水总量。

根据研究结果，在不同的水资源管理措施下农业发展和生态系统可能无法同时获得充足供水。但在目前情况下，建议采用考虑生态需水的低水资源开发水平，以尽可能平衡农业用水和生态需水。在 ELWE 情景下，仅极端干旱年份农田灌溉用水不足，在大多数年份得到有效灌溉。在枯水期，河流径流基本满足河道内大部分水生生物的基本需求。此情景可能会产生一些农业经济损失，通过对利益相关者的适当补偿可以缓解用水冲突。

7.2 基于水文连通性的沼泽湿地分区

7.2.1 基于聚类分析的沼泽湿地分区方法

首先，选取丰水年东升水库日均下泄流量过程作为边界条件输入 MIKE 21 二维水动力模型，模拟湿地研究区内 15085 个非结构网格的水动力过程。通过 Python 程序提取水动力模型模拟结果中湿地核心区各个网格的日尺度水位变化过程形成数据集，数据集内共 15085 组时间序列水位变化数据。由于湿地一个洪泛过程中部分地势较高的网格存在干湿交替或仅在降水较大时淹没，此时这些网格部分时间段水位为缺值，因此提取其中全部淹没的网格共计 5032 个。对于时间序列数据，并不能将其简单视为高维向量，传统的基于欧氏距离的聚类算法不能被直接利用。因此，对 5032 个时间序列水位数据提取水位变化特征值，最后对网格水位变化特征值进行多次聚类分析形成水文连通性较强的若干湿地分区。

本研究将丰水年非冰封期东升水库下泄流量过程作为二维水动力模型边界条件输入，模拟该水文条件下的湿地核心区水动力过程。研究区域内共 15085 个非结构网格，其中时间尺度上全部淹没的非结构网格有 5032 个，由于网格数量较多，本节提取部分网格水位变化过程进行说明，部分网格水位随时间变化过程如图 7-4。由于湿地核心区内天然地形地貌（如岛状高岗）和人类活动影响（如耕地开垦、道路水渠建设）的协同影响，研究区内各网格水位随时间变化过程不同，随机选取部分网格水位变化情况，并推测其产生的原因：①水位先下降后上升，水位变化曲线相对平滑。该网格枯季水位下降，汛期水位上升，来水通道和排水通道较为畅通，因而水位变化曲线平滑。②水位先上升随之下降后又上升，水位变化曲线呈双峰型，曲线平滑。该网格周围存在堤坝道路等工程设施阻隔，上游来水通畅但下游难以排出，造成枯季水位上升，曲线呈现双峰型。③水位较低时曲线震荡，水位较高时曲线平滑。该网格水域相对封闭，水位较低时受降水影响较大，水位对降水响应明显，汛期上游来水流量较大时能够冲破阻隔进行补给，网格水位逐渐上升后与其他水域相连。④水位较低时曲线震荡，水位较高时曲线同样震荡。靠近补给水源，对水库的下泄流量响应迅速。对水库下泄流量变化响应敏感程度的不同，造成了点位曲线的平滑或震荡。

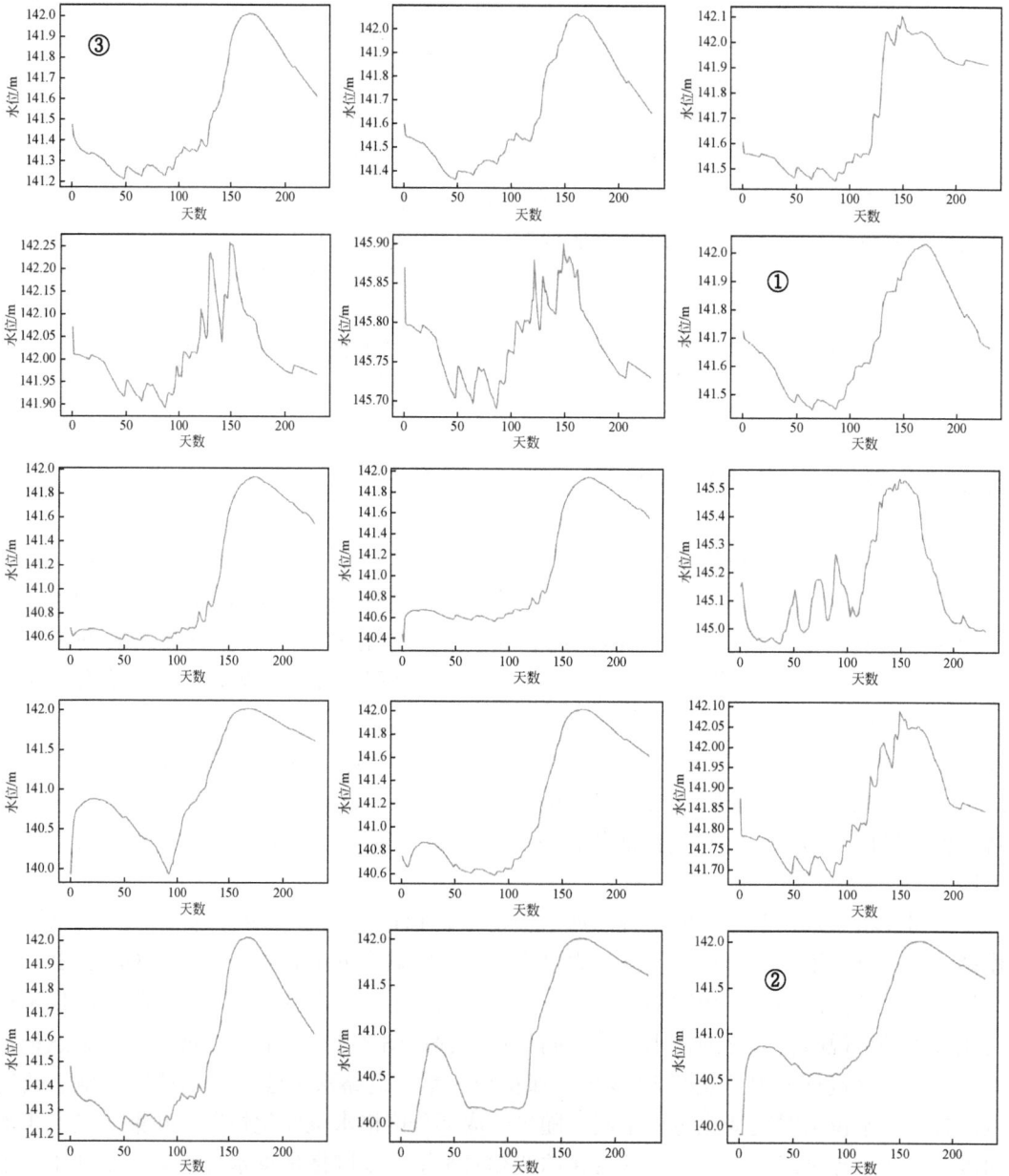

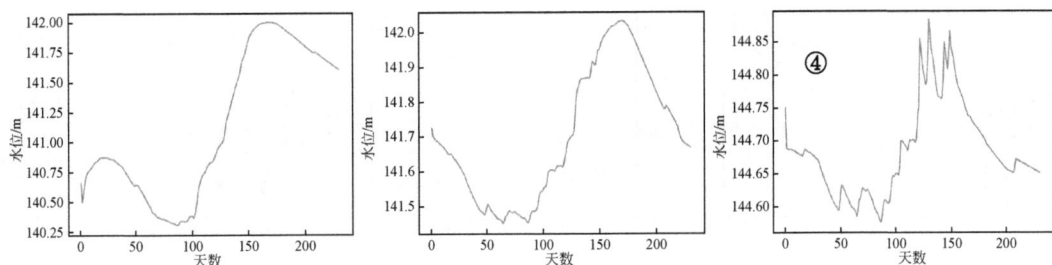

图 7-4 部分网格水位过程曲线线形图
①②③④为代表性网格及其对应的原因

为表征水位变化曲线特征，本研究将 5032 个网格的时间序列水位曲线与其中随机选择的一个网格的时间序列水位曲线进行拟合，并计算拟合优度 R^2 作为网格水位变化的特征值，其计算方式为式（7-1），以达到数据降维提取特征的目的。部分网格与某一个网格的水位变化过程拟合曲线如图 7-5 所示，图中位置与图 7-4 相对应，结果显示网格水位过程差异越大，其特征值 R^2 差异越大，网格水位变化特征值 R^2 越接近表示其水位变化过程曲线越相似。但同时存在特征值 R^2 接近，但水位变化过程曲线存在差异的情况，因此本研究提出两次聚类形成湿地水文连通性分区的方法，第一次聚类基于各网格水位变化特征值 R^2 进行聚类形成水文连通斑块，第二次聚类以斑块为单位进行聚类分析，同时考虑斑块空间位置，即通过聚类分析被分到一类，但空间上并不连接的斑块不进行归类，该步骤通过 ArcGIS 地理信息系统软件实现。聚类完成后，将各分区向周围洪泛区进行扩展形成基于水文连通性的湿地分区。

$$R^2 = \frac{\text{SSR}}{\text{SST}} = \frac{\sum_{i=1}^{n} (\hat{y}_1 - \bar{y})^2}{\sum_{i=1}^{n} (y_i - \bar{y})^2} \tag{7-1}$$

式中，SSR 为回归平方和；SST 为总平方和；y 为待拟合值，其均值为 $\bar{y}$；$\hat{y}_1$ 为拟合值。

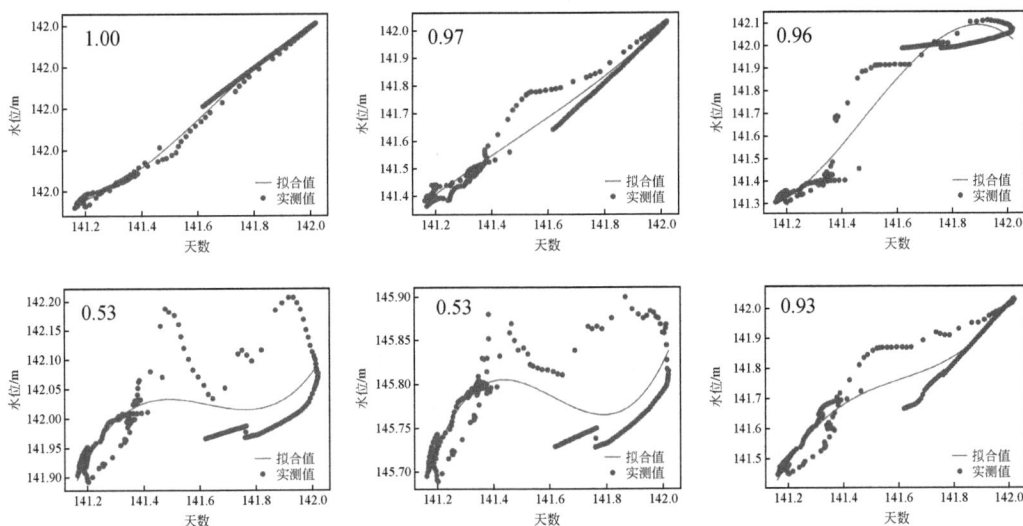

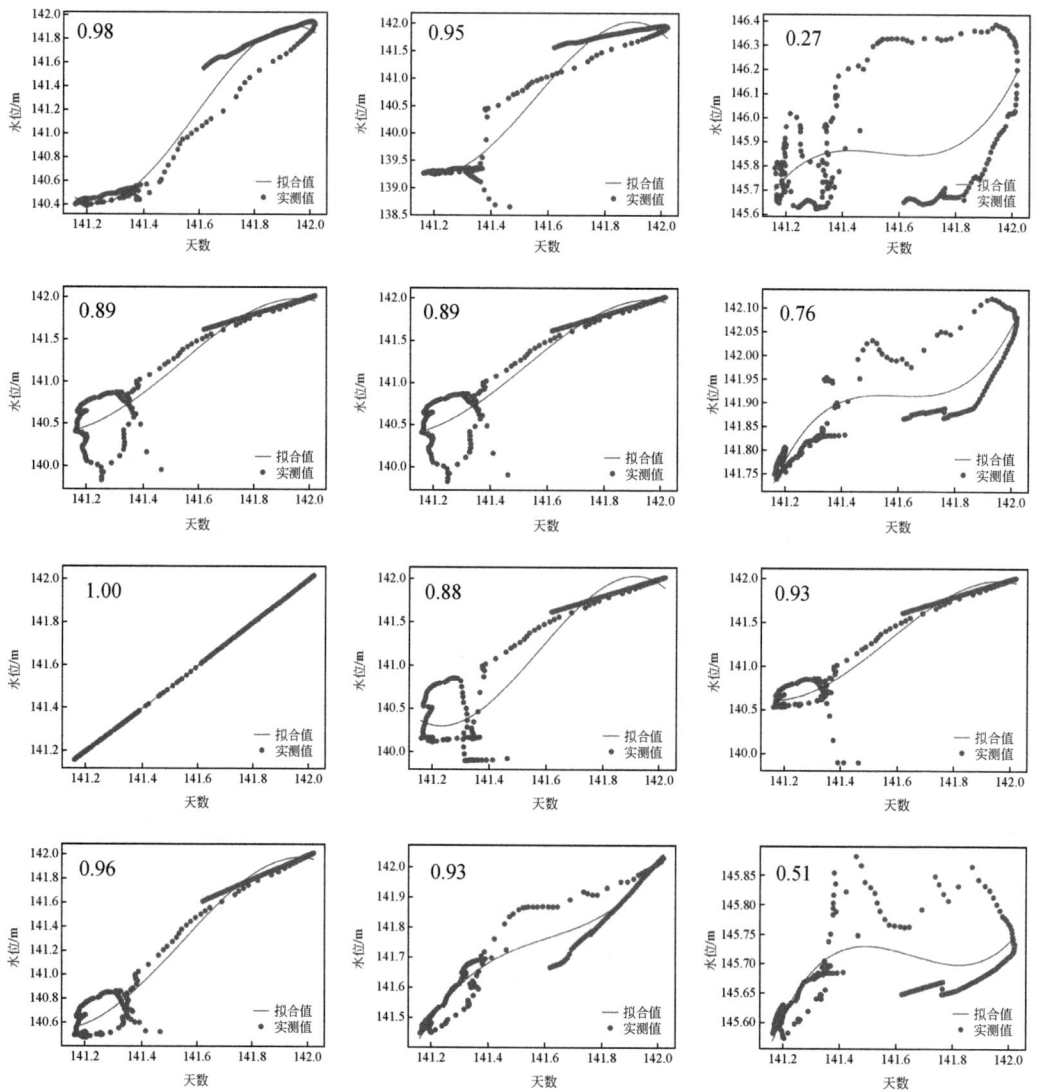

图 7-5　部分网格拟合曲线及拟合优度 R^2 值

1. 第一次聚类分析

K-means 聚类算法最早于 1967 年由 MacQueen 提出，是一种非常流行且有效的非监督分类算法，广泛应用于地理学、图文信息识别、异常信息检测等方面。该算法首先在给定的数据集的范围内随机选择 K 个中心点，基于数据集内各样本和中心点的差异进行聚类形成簇，其中差异由样本和中心点的欧氏距离定义。随后计算得到各数据簇内的质心作为新的中心点，再次基于各样本点和中心点的欧式距离进行聚类形成新的簇，使每个数据样本能够被分配到最相似的簇内。重复 K-means 聚类过程，不断迭代直到中心点不再改变。K-means 算法不断追求数据簇内差异最小化，簇间差异最大化，可以有效处理大型数据集。该算法通常采用误差平方和（SSE）评估划分数据样本，SSE 由式（7-2）计算得到。

$$SSE_{Kmeans} = \sum_{k=1}^{K} \sum_{x \in C_i} \text{dist}(X, c_i)^2 = \sum_{k=1}^{K} \sum_{x \in C_i} \| X - c_i \| \tag{7-2}$$

式中，C_i 表示第 i 个簇；c_i 表示第 i 个簇的聚类中心；dist 表示数据集中两个样本之间的欧氏距离；SSE_{Kmeans} 表示数据集中所有样本的误差平方和。

基于网格点位的水位变化特征值通过 K-means 聚类后，利用 ArcGIS 对分类后的网格点进行平面展布，基于分类后的斑块的空间分布再次进行分类，即对 K-means 聚类形成的同一类点位但在空间分布上不相连的再次进行分类，最终形成 24 个水文连通性斑块。

如图 7-6 所示，水位特征值的分布范围为 0.05 ~ 1.00，最小斑块包括 25 个网格点位，最大斑块包括 739 个网格点位。图 7-7 为扎龙湿地研究区域内基于水文连通性斑块分布，斑块内点位水位时间序列变化一致，因此被认为水文连通性较强。部分斑块空间上相连，同时水位变化特征值接近，因此需要以斑块内网格点位水位变化特征值的平均值表征斑块水位变化特征进行第二次聚类分析以形成湿地水文连通性分区。

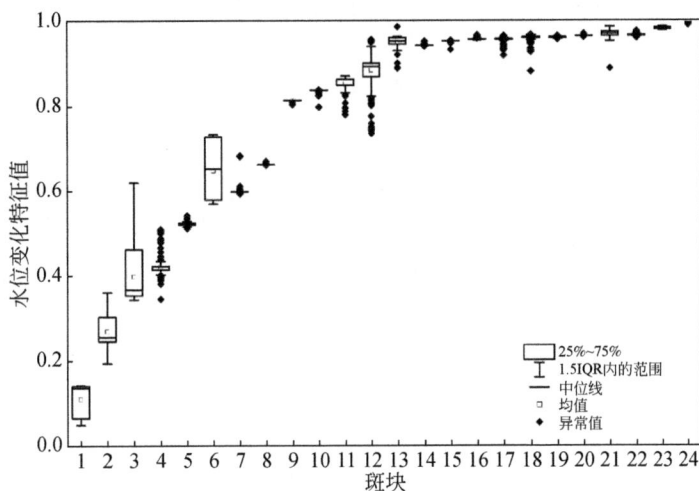

图 7-6　水文连通性斑块水位变化特征值分布

2. 第二次聚类分析

第一次聚类分析形成湿地水文连通性斑块，由于存在空间相连且水位变化特征值接近的斑块，因此基于斑块水位特征值并结合斑块内网格点的拟合曲线线形以及斑块的空间分布进行第二次聚类分析。过多的分区不利于湿地行政部门管理，湿地水文连通性分区数量最好不超过 10 个。如图 7-8 所示，第二次聚类分析结果表明湿地所有网格点水位变化特征值可分为 7 类，分区 7、分区 6、分区 3、分区 2、分区 1、分区 4 和分区 5 水位变化特征值均值分别为 0.11、0.36、0.67、0.75、0.88、0.96 和 0.98，其特征值范围分别为 0.05 ~ 0.14、0.19 ~ 0.54、0.59 ~ 0.81、0.51 ~ 0.95、0.73 ~ 0.96、0.88 ~ 0.98 和 0.95 ~ 1.00。分区 2 和分区 3 水位变化特征值分布存在较大范围的重叠，但在空间分布上不相连，因此作为两个单独的分区。

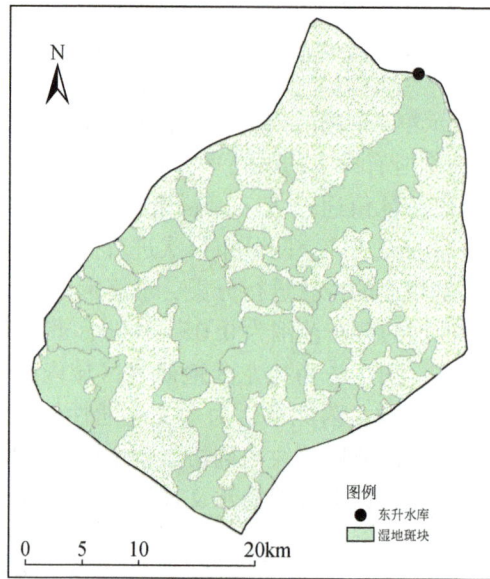

图 7-7　湿地水文连通性斑块分布

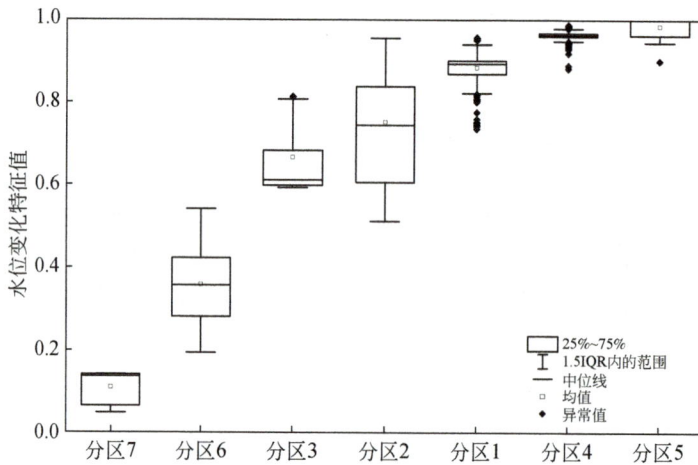

图 7-8　水文连通性分区水位变化特征值分布

图 7-9 为扎龙湿地水文连通性分区分布，分区 7、分区 6、分区 3、分区 2、分区 1、分区 4 和分区 5 网格数分别为 335、508、118、385、740、2186 和 47，其对应的湿地分区面积分别为 31.84km²、61.12km²、14.76km²、34.51km²、95.58km²、199.97km² 和 21.73km²。然而这 7 个湿地水文连通性分区面积并不是固定不变的，在极端洪水事件期间周围的干旱区域可能成为洪泛区使得分区面积增大，而枯水年湿地总体淹没区域面积较小，相应的各水文连通性分区面积减小。

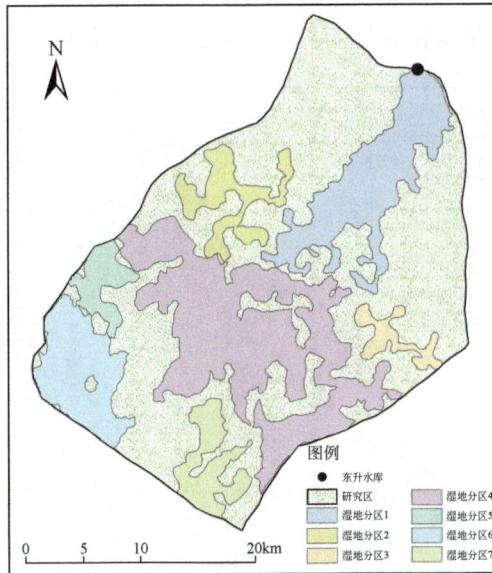

图 7-9 湿地水文连通性分区分布

7.2.2 扎龙湿地核心区分区结果

基于湿地研究区内各网格点水位变化特征值进行聚类分析,最终形成湿地水文连通性分区结果。湿地的水文连通性差异是水动力过程驱动形成的,受自然因素和人类活动因素协同影响下形成的水文格局。在扎龙湿地,人类活动因素的影响尤为剧烈,主要表现为水利工程的建设和人类活动对湿地地形地貌的改造。图 7-10 为扎龙湿地水文连通性分区与核心区土地利用/土地覆被及道路渠系叠加结果,东升水库坝下东西两侧地势较高且水库泄水长期冲刷形成狭长的河沟被称为九道沟,至湿地研究区中部由于存在零星岛状高岗、部分耕地阻隔以及下游的开阔地而发生漫散,水动力过程发生改变,因此该河沟作为分区 1。分区 2 和分区 3 位于分区 1 末端东西两侧,水流流量较大时能够突破阻隔对这两个分区进行补给。分区 4 位于分区 1 末端,地势开阔,是面积最大的湿地分区,分区 5 由于道路渠系建设被分割为相对独立分区,分区 4 和分区 5 水流汇流后进入分区 6,分区 6 被渠系以及东侧高岗包围,分区 7 由于四周存在高岗和铁路,同样与其他分区相对阻隔。

扎龙湿地剧烈的人类活动影响加速了湿地景观的破碎化,湿地景观破碎化不仅会改变湿地生态系统原有的地貌和景观结构,还会改变湿地原有的生物群落结构。破碎化导致湿地微地貌特征、水文梯度、水流方向和流速发生改变,使得生物多样性呈减少趋势。湿地整体统一的水域景观往往被人为地分割成几个不同的景观单元。随着每个单元的物质和能量循环路径的变化,不同单元往往演变成具有不同植被类型的栖息地斑块,斑块之间的能量、物质和信息的流动受到干扰或中断,在人类活动的长期影响下,湿地植物的群落结构、物种组成和演替方向发生改变，最终导致生态系统结构的空间异质化，而湿地水文连通性分区内部由于物质能量交换频繁而具有相对稳定和相似的生态系统结构。

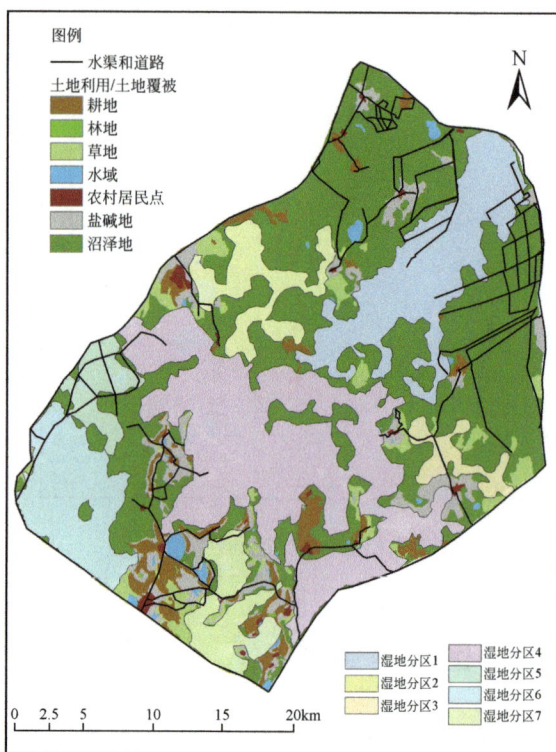

图 7-10 湿地水文连通性分区与核心区土地利用/土地覆被及道路渠系叠加结果

7.3 沼泽湿地生态水位分区监测与动态调控技术

7.3.1 分区控制点选取

水位波动是湿地生态服务功能的重要影响因素，决定着湿地生态系统的生态平衡和生物多样性，长期过低的水位导致湿地生态系统萎缩和退化，甚至直接消亡，因此水位波动的动态监测和过低水位的实时预警对于湿地管理部门的及时调控具有重要意义。扎龙湿地上下游水位落差较大，区域水动力过程异质化，单一水位无法即时反映整个湿地水位的空间分布，因此本研究在水文连通性分区的基础上选取各分区水位控制点，以及时反映不同来水条件下整个湿地的水位空间分布。基于水文连通性的湿地分区内部水动力过程较为相似，水位变化相对一致，可选取其中一个控制点的水位变化过程以表征分区内其他区域的水位变化特征，进而制定控制点位的生态水位阈值，在水位监测的基础上，对过低水位进行实时预警，为湿地管理部门动态调控提供指导。

湿地水位分区控制点分布如图 7-11 所示，其中湿地分区 2 和分区 3 距离主要流路较远，主要为受人类经济活动影响的泡沼，因此不设水位控制点。湿地分区 5 水动力过程受渠道和道路影响较大而相对独立，其介于分区 4 和分区 6 之间，不单独设立水位控制点。综合考虑湿地分区分布和点位的实际可到达性，设立分区 1、分区 4、分区 6 和分区 7 的水位控制点。

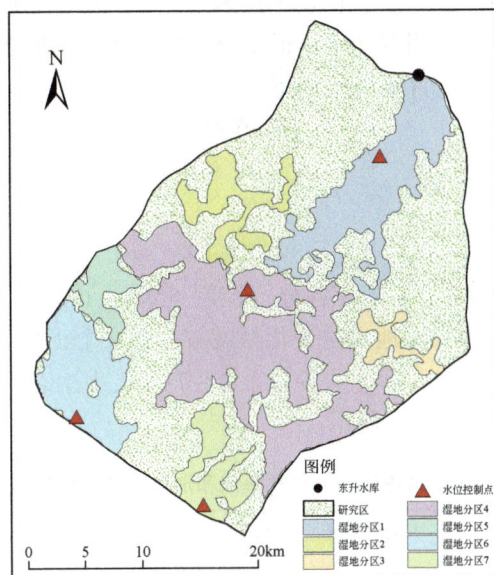

图 7-11　湿地水文连通性分区水位控制点分布

7.3.2　分区生态水位目标制定

根据 2021 年中华人民共和国水利部出台的《河湖生态环境需水计算规范》（SL/T712—2021）所确定的湖泊沼泽生态环境需水的基本原则，分别通过水文频率分析法计算出现频率为 90% 下的各分区生态水位，同时由于扎龙湿地地形地貌特征受人类活动改造较大，因此综合湿地形态分析法计算结果对分区生态水位进行校正，即选择水文频率法和湿地形态法计算结果中较高的水位作为湿地各分区红色预警水位，黄色预警水位则在红色预警水位的基础上上浮 10cm，以便于行政部门实时合理调控，其中红色预警水位具有生态学意义，黄色预警水位则面向湿地管理应用，以避免湿地红色预警的发生。

1. 水文频率分析法

根据 1970～2018 年湿地天然来水径流过程作为边界条件，输入已建立的二维水动力模型模拟多年天然来水情景下的湿地各分区水位时空分布。计算不同湿地分区各月平均水位，并通过 P-Ⅲ 型曲线拟合，获得 $P=90\%$ 频率下的各月平均水位作为最低生态水位。

2. 湿地形态分析法

湿地淹没范围对于其生态服务功能具有重要意义，利用湿地各分区控制点水位作为湿地地形特征指标，湿地淹没面积作为湿地生态服务功能指标，根据 2019 年湿地来水过程下模拟的湿地分区水位和分区淹没面积变化过程，分析湿地淹没面积变化率极大值，变化率极大值表示水位变化对应的淹没面积发生显著变化，湿地生态服务功能显著改变。若该水位值接近湿地最低水位，表明湿地水位低于该值时湿地生态服务功能发生明显退化，该水位值即为最低生态水位，其计算公式如下：

$$\begin{cases} F = f(Z) \\ \dfrac{\partial^2 F}{\partial Z^2} = 0 \end{cases} \tag{7-3}$$

$$(Z_{min} - a) \leqslant Z \leqslant (Z_{min} + b) \tag{7-4}$$

式中，F 为湿地淹没面积（m^3）；Z 为各分区控制点水位（m）；Z_{min} 为湿地分区控制点最低水位（m）；a 和 b 分别为和湿地水位变化幅度较小的一个正数（m）。

水文频率法和湿地形态法计算得到各分区 4 ~ 7 月最小生态水位如表 7-1 所示，各分区 8 ~ 11 月最小生态水位如表 7-2 所示。

表 7-1　4 ~ 7 月湿地各分区水文频率法和形态分析法计算最小生态水位（单位：m）

湿地分区	水文频率法（$P = 90\%$）				形态分析法
	4 月	5 月	6 月	7 月	
分区 1	145.00	144.98	144.99	145.02	145.02
分区 4	141.30	141.29	141.25	141.37	141.31
分区 6	140.76	140.47	140.33	140.36	140.37
分区 7	140.33	139.67	139.43	139.70	139.45

表 7-2　8 ~ 11 月湿地各分区水文频率法和形态分析法计算最小生态水位（单位：m）

湿地分区	水文频率法（$P = 90\%$）				形态分析法
	8 月	9 月	10 月	11 月	
分区 1	145.04	145.02	145.00	144.98	145.02
分区 4	141.54	141.43	141.33	141.22	141.31
分区 6	141.08	141.12	140.70	140.38	140.37
分区 7	140.49	140.48	139.67	139.40	139.45

人类经济活动造成扎龙湿地地形地貌与其天然形态差异较大，因此采用湿地形态分析法校核各分区各月的最低生态水位。形态分析法计算所得最低生态水位表示在当前湿地地形地貌下湿地水位低于这一水位值时，湿地淹没面积将显著减小，湿地生态服务功能显著下降。校核后形成湿地各分区的红色预警水位，黄色预警水位则以红色预警水位为基础上浮 10cm，结果如表 7-3 所示。

表 7-3　4～11 月湿地各分区黄色预警水位与红色预警水位

湿地分区	预警等级	水位/m							
		4月	5月	6月	7月	8月	9月	10月	11月
分区1	黄色预警	145.12	145.12	145.12	145.12	145.14	145.12	145.12	145.12
	红色预警	145.02	145.02	145.02	145.02	145.04	145.02	145.02	145.02
分区4	黄色预警	141.41	141.41	141.41	141.47	141.64	141.53	141.43	141.41
	红色预警	141.31	141.31	141.31	141.37	141.54	141.43	141.33	141.31
分区6	黄色预警	140.86	140.57	140.47	140.47	141.18	141.22	140.80	140.47
	红色预警	140.76	140.47	140.37	140.37	141.08	141.12	140.70	140.37
分区7	黄色预警	140.43	139.77	139.55	139.80	140.59	140.58	139.77	139.55
	红色预警	140.33	139.67	139.45	139.70	140.49	140.48	139.67	139.45

7.3.3　监测预警系统开发与应用

　　基于湿地水文连通性分区水位控制点选取结果，实地安装水位监测装置实时监测控制点水位，并通过无线传输装置将数据上传至服务器，通过软件进行可视化，并输入需要预警的湿地分区水位控制点的黄色预警水位和红色预警水位，当实时水位低于预警水位时，通过短信形式对湿地管理部门进行调控提醒。

　　水位监测装置采用荷兰 TD-Diver 探头，测量频率为 1h，无线传输装置布设在水位监测装置上方，传输频率为 6h，每天传输 4 次。每季度利用高精度高程测量仪对各监测点的基准点和水位进行实地测量，校正水位。水位监测装置分为水上部分和水下部分，水上部分用于大气压测量，水下部分测量水柱压力和大气压的总压力，通过压力换算得出探头位置的水深，进而基于基准点高程自动生成水位高程。当探头被置于水体中，传感器分别以固定时间间隔测量压力和温度，并把数据保存下来。水上部分同时集成数据无线传输装置，内置主板、电池和物联网流量卡，通过电缆连接 TD-Diver 传感器，将各传感器收集数据上传至服务器。

　　水位在线监测预警平台为系统的核心，实时监测和记录各分区控制点位实时水位、水温等信息，同时该系统具备预警功能，能够通过短信提醒及预警。具体功能包括：①各水位监测点的水位变化过程数据展示和记录。②各监测点气压、气温、水温等气象要素的变化过程数据展示和记录。③设置黄色预警和红色预警水位，当某一水位点低于预警水位时，通过短信提示。④将各监测点逐日平均水位以短信形式报送给相关责任人。

　　本系统基于 BootStrap 3、Echarts 5 和 Amap JS API 2.0 等开放框架，采用 PHP 和 Javascript 开发而成，数据库环境为 MySQL，软件结构见图 7-12。

　　主界面如图 7-13 所示，页面正中和左侧为站点管理、地图展示、最新日志、时间曲线、设备管理、数据管理、短信通知和设置选项卡，及主要功能按钮展示。上部为项目名称及用户名，管理人员可通过账号和密码登录扎龙湿地生态水位监测预警系统。

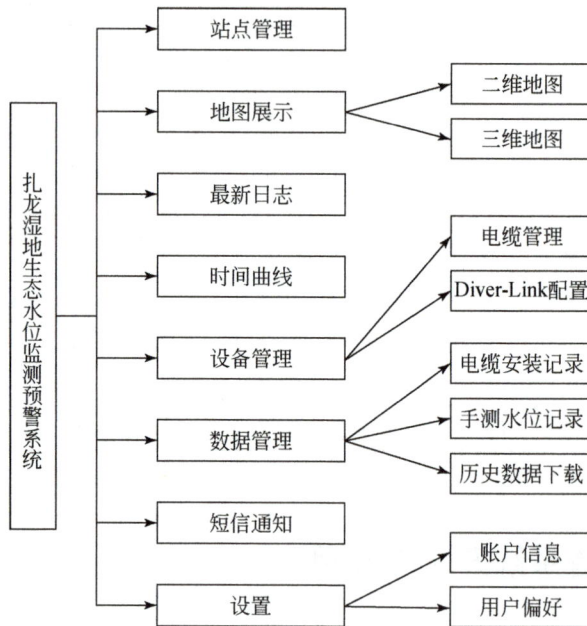

图 7-12　扎龙湿地生态水位监测预警系统软件结构图

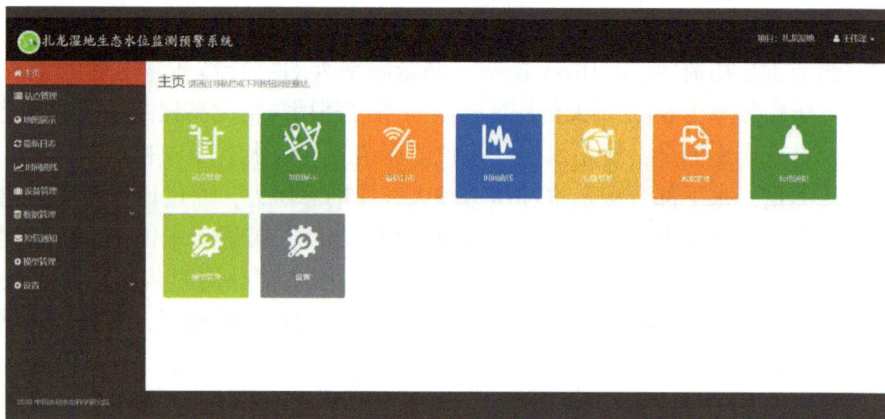

图 7-13　扎龙湿地生态水位监测预警系统软件主界面

站点管理如图 7-14 所示，页面显示已添加站点的站点名称、地名、地表高程（m）、固定点高程（m）、低水位黄色预警线（m）、低水位红色预警线（m）和短信通知状态。并且可通过各站点右侧按钮分别编辑各监测站点基本信息，添加站点现场图片或删除站点。短信通知为开启状态情况下，于每天指定时间将该站点的水位信息发送至指定手机，将计算得到的需要预警的湿地分区各月黄色预警水位和红色预警水位分别输入对应窗格，当该站点监测水位低于黄色预警线水位或红色预警线水位时，将向相关责任人发送短信进行提示以便采取调控措施。

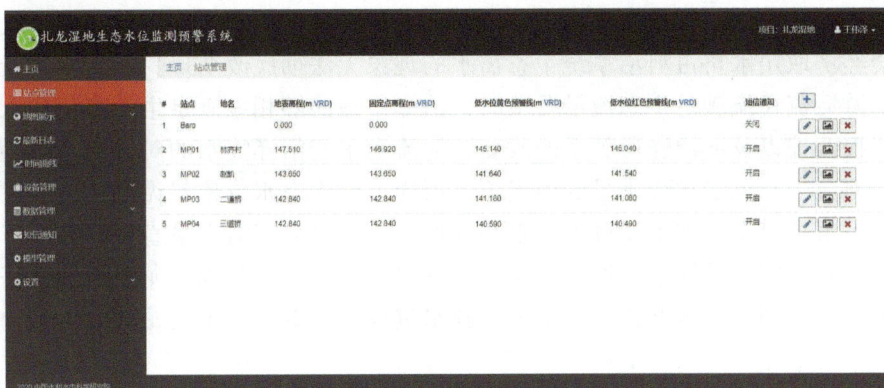

图 7-14 扎龙湿地生态水位监测预警系统软件站点管理

　　时间曲线选项卡如图 7-15 所示，主要显示站点名称及该站点首次传输和末次传输的日期时间，右侧为时间曲线按钮，点击该按钮显示该站点自首次传输以来的水温、气温、水压、气压和水位曲线。上方显示各项数据类型的图例，时间曲线图横坐标为日期时间，左侧纵坐标为水位和压力，单位为 m，右侧纵坐标为温度，单位为℃，鼠标点击某个数据类型图例，可取消或显示该项数据。右上角分别为区域缩放、区域缩放还原、还原和保存图片按钮，可对时间曲线进行缩放和保存图片操作。拖动下方条形栏可更改所显示数据的日期时间范围。

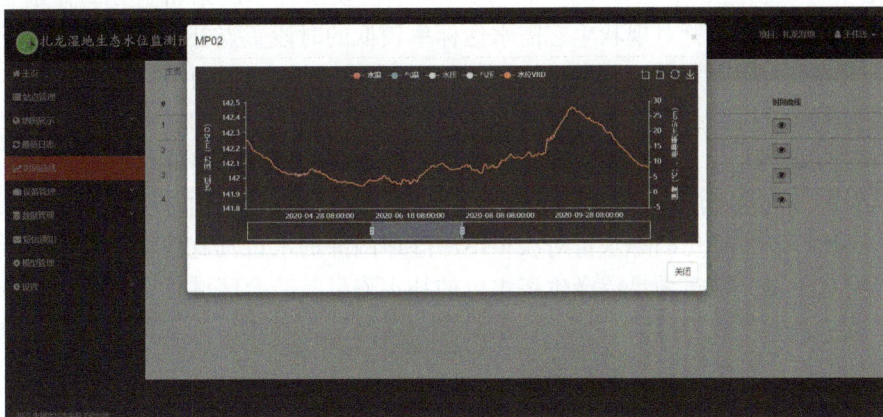

图 7-15 扎龙湿地生态水位监测预警系统软件时间曲线

7.4 沼泽湿地生态补水调控技术

7.4.1 生态补水方案优化思路

　　生态补水是现阶段保障寒区河沼系统生态需水最可靠的方式。一方面，东北地区是我国重要的粮食主产区，农业灌溉用水规模削减存在一系列现实阻碍，在未来较长时间内，社会经济取用水挤占河沼系统生态需水的现象无法彻底改变。另一方面，天然状态下，当上游河流径流满足生态流量要求时，沼泽湿地能够相应满足生态水位要求，但随着水利工程调控以及河沼连通关系的改变，河流需水与沼泽需水的对应关系也随之发生变化。在河流生态流量过程满足的前提下，沼泽湿地生态水位依然无法达标。在此情景下，经由引水渠道直接向沼泽湿地补水是满足河沼系统生态需水最直接的方式。合理制定生态补水调控方案是河沼生态需水保障的重要手段。本研究以扎龙湿地及乌裕尔河河沼系统为例，分别从补水路径、补水量、补水过程等角度，提出扎龙湿地生态补水优化方案。

结合生态需水目标，分析河流生态流量和沼泽生态水位现状满足程度，在评价现状补水方案和效果的基础上，根据不同区域、不同时段沼泽湿地生态需水过程达标率，对补水位置、补水时机及补水流量加以优化。具体思路如下：

1）在补水位置上，对沼泽湿地核心区域重点补水，加强关键区域的生态需水满足程度。如果对河沼系统整体进行补水，通过下游河道、河沼过渡带向沼泽湿地内部补水，虽然能够全方位提升河流、沼泽生态需水要求，但考虑到河沼过渡带的漫散和水流损失，补水效率往往较低。因此采取经由补水渠道向沼泽核心区直接补水的方式。同时，结合河沼系统水动力学模拟，采取多补水路径的方式，优化补水口设置，挖掘补水效率最大化的补水位置和补水路径方案。

2）在补水时机上，采取分期补水、错峰补水及动态补水的策略。分期补水指依据生态需水现状达标情况，针对现状生态需水达标率较低的时段重点补水；错峰补水指生态补水期避开区域集中用水期（比如农灌期），实行错峰补水策略；动态补水指基于生态水位要求设置监测预警机制，根据沼泽湿地水位实时监测调整补水量和补水时段。

3）在补水流量上，一方面根据前一年沼泽湿地来水情况调整补水总量，另一方面结合补水效果模拟优化不同补水口补水流量。沼泽湿地水流缓慢、内部水位变化滞后，与河流、湖泊相比，前一年份的降水量对次年沼泽湿地内部的水位具有较大影响。因此分别针对不同典型水平年，核算满足沼泽生态水位的补水流量，结合区域水资源综合调配，针对天然来水较少的年份或者时段，加大补水流量；同时在上一年份来水量较大、冰封期后水位较高的情况下，可酌情减少补水流量。

7.4.2 扎龙湿地现状补水及优化分析

1. 现状补水方案及效果分析

中部引嫩工程是扎龙湿地主要的生态补水途径，中部引嫩工程引水口位于嫩江干流富裕江段，齐齐哈尔以北约40km处，总长48.8km。中部引嫩工程将嫩江水引至扎龙湿地核心区东升水库。现状设计最大引水能力80m³/s，年引水能力10亿m³，其中为扎龙湿地供水2.5亿m³。扎龙湿地补水口位于东升水库，东升水库总库容1.6亿m³，主要任务为扎龙湿地补水及满足农业灌溉用水，水库设有三座泄洪闸，最大下泄流量551m³/s。

自 2001 年以来，扎龙湿地管理局和中部引嫩渠道先后补水达 25 亿 m³，中引补水已成为维持扎龙湿地基本水位需求的主要水量来源，现状补水时间、补水量和补水位置如表 7-4 所示。除 2013 年外，其余年份补水量基本维持在 2.5 亿 m³ 左右，补水时间从 5 月中旬至 9 月中旬，历时长达四个月，平均流量为 23.3m³/s，2013 年由于汛期整个嫩江流域降水量极为丰富，洪峰流量超过 50 年一遇，因此暂不考虑。

表 7-4 中部引嫩工程对扎龙湿地补水情况表

时间	补水位置	补水时间	平均流量/(m³/s)	水量/亿 m³
2011 年	第二节制闸	5 月 10 日~9 月 12 日	23.1	2.51
2012 年	第二节制闸	4 月 30 日~9 月 15 日	23.9	2.88
2013 年	第二节制闸	5 月 13 日~7 月 4 日	10.1	0.50
2014 年	第二节制闸	无	无	无
2015 年	第二节制闸	无	无	无
2016 年	第二节制闸	5 月 21 日~10 月 8 日	22.1	2.69
2017 年	第二节制闸	5 月 31 日~9 月 12 日	27.7	2.51
合计				11.05

据相关调查发现，补水前后，鸟类群落的丰富度、均匀度和多样性均表现出明显不同。补水后，随着湿地面积及水位变化，芦苇高度及密度均有所增加，其中芦苇密度相对补水前增大了 50%，同时补水也为鱼类栖息、繁殖和觅食活动提供了更为丰富的水域环境，有利于鱼类产卵、索饵和越冬等。而随着芦苇高度提升、密度加大，鹤类筑巢条件和隐蔽条件能够明显改善，而鱼类和软体动物种群数量的增加，为珍稀水禽提供了更丰富的食物来源。同时补水后对湿地周边环境及区域小气候的改善、地下水位的抬升也有积极的影响。总体上，得益于近年来持续补水，扎龙湿地的生态功能相对于 20 世纪初，得到了较大程度的恢复。但由于补水总量的限制，现状来水仅能维持扎龙湿地核心区的基本水位，沼泽湿地面积较 20 世纪 80 年代以前依然减少了近 20%，珍稀鹤类（如丹顶鹤）的种群和数量并未得到明显提升，湖泡内鱼类资源依然也没有得到有效保护。沼泽湿地补水对珍稀水禽的生境条件至关重要，但如果补水时间和补水量与水生生物的生活史，尤其是繁殖期需求相冲突，反而既造成了水资源浪费，又对生物群落产生了负面影响。

此外，通过核算现状补水方式下河沼系统生态需水满足程度，进一步分析生态补水效果和改进空间。结合 2006~2015 年依安大桥站逐日实测流量、龙安桥站逐日实测水位，分别核算乌裕尔河生态流量、扎龙湿地生态水位过程的现状满足程度，结果如表 7-5 所示。扎龙湿地生态水位满足程度年内起伏较大，4~6 月及冰封前期生态需水现状满足程度较低，尤其是 5 月达标率不足 40%，但汛期水位基本满足扎龙湿地生态水位要求；而乌裕尔河生态流量各月达标率普遍偏低，其中尤以 5~6 月缺水最为严重，达标程度不足三分之一，汛期达标率也仅为 60% 左右。乌裕尔河流量受上游水库蓄水及农业灌溉用水的影响，短期内无法大幅提高，现阶段扎龙湿地天然来水无法得到明显增加，同时现状补水方式并不完全符合生境保护的需求，冰封前期水位常年偏低，既无法满足冰封期冰下水深要求，同时也影响了次年 4 月、5 月的水位；而另一方面汛期水位则普遍偏高，尤其是在非枯水年份。因此需对现有补水方式进行优化调整，重点针对冰封期前后现状达标率较低的时段进行补水，最大限度提升补水的生态效益。

表 7-5　2006~2015 年年河沼系统生态流量（水位）过程满足程度

现状达标率/%	4 月	5 月	6 月	7 月	8 月	9 月	10 月
沼泽（龙安桥站）	45	38.7	50	80.6	100	90	35.8
河流（依安大桥站）	47.3	36.4	26.1	59.6	62.7	57.4	44.6

2. 优化补水方案情景

基于中引工程补水的现状方案和补水效果，分别从补水时机、补水路线和补水流量 3 个方面进行适当调整，以期更好满足扎龙湿地生态水位要求。

在补水时机设置上，现状中引补水从 5 月中旬至 9 月中旬，但结合沼泽生态水位现状满足程度，汛期生态满足率较高，而 5、6 月及冻前高水位满足程度较低，而从实测水位变化趋势来看，一年中水位最低点往往出现在 5~6 月，同时该时段又是丹顶鹤筑巢、芦苇出芽的关键期，维持足够的水域空间和水深要求具有重要的生态意义。因此在现状补水方案的基础上，提出分期补水的调整方案，即在补水总量不变的情况下，结合沼泽湿地生态需水过程，针对生态水位现状满足程度较低的时段重点补水。在分期补水方案中，补水期集中在 6 月（春灌期后）及 9~10 月，补水期共 90d，其中 6 月重点补水，主要针对该时段上游来水少、降雨少、湿地水位下降严重的问题，解决丹顶鹤筑巢及芦苇生长需求；9~10 月集中补水有助于抬升冰冻水位，提升鱼类及水生动物越冬空间，同时有助于次年冰封期过后保持湿地水位和水面面积。

在补水位置的优化上，现状补水完全依靠东升水库向核心区补水，但分期补水后，考虑到节制闸泄流能力的限制，补水期缩短，为缓解东升水库补水压力，拟同时采用赵三亮子闸为扎龙湿地核心区补水。结合中引工程干渠、东升水库及赵三亮子闸现状过流能力，维持现状补水量下（2.5 亿 m^3/a），建议赵三亮子闸补水流量为 10 m^3/s。

在补水总量控制上，原则上维持现状补水量不变（2.5 亿 m^3/a），枯水年份根据实际情况适当调整补水量，汛期降水量较大的年份，可减少或取消冰封前补水过程。

结合生态水位要求，分别针对不同典型水平年、补水时机、补水位置进行情景方案设置，如表 7-6 所示。典型水平年选取分别按照 25% 丰水年、50% 平水年和 75% 枯水年进行设置；时间设置上，全程补水按现状方案从 5 月中旬至 9 月中旬，共 120d，分期补水方案设置为 6 月春灌期后，以及 9~10 月，补水天数共 90d；补水流量和路径设置上，现阶段按照 2.5 亿 m^3 的总补水量进行分配，同时在分期补水方案中，以东升水库 23.8 m^3/s、赵三亮子闸 8.4 m^3/s 的补水流量进行模拟，枯水年则进一步加大补水量，以满足冻前高水位要求，赵三亮子闸补水流量增大至 14.8 m^3/s。

表 7-6　中引补水优化方案设置

| 典型水平年 | 总补水量/亿 m³ | 补水时机 | 补水流量/（m³/s） | | 补水天数/d |
			东升水库	赵三亮子闸	
情景一	25%丰水年	2.5	5 月中旬至 9 月中旬	23.8	0	120
情景二	25%丰水年	2.5	6 月、9~10 月	23.8	8.4	90
情景三	50%平水年	2.5	5 月中旬至 9 月中旬	23.8	0	120
情景四	50%平水年	2.5	6 月、9~10 月	23.8	8.4	90
情景五	75%枯水年	2.5	5 月中旬至 9 月中旬	23.8	0	120
情景六	75%枯水年	2.5	6 月、9~10 月	23.8	8.4	90
情景七	75%枯水年	3	6 月、9~10 月	23.8	14.8	90

结合沼泽二维水动力学模型，模拟各方案情景下水位的变化趋势，以此对补水方案进行比选。根据平均封冻和解冻时间，确定模拟时段 4 月 10 日至 10 月 31 日，入流条件根据龙安桥站不同水平年平均径流量及依安大桥站逐月流量进行换算（龙安桥站逐月平均流量），中引补水量按照各方案平均流量及相应补水时间输入，模型考虑降水、蒸发、植被蒸腾等耗水量，分别以龙安桥站多年逐月平均降水、蒸发数据（换算成大水面）以及 4~9 月月平均芦苇蒸腾损失量设置边界条件。

7.4.3　扎龙湿地核心区生态补水方案

针对沼泽生态水位达标率较低的时段，开展水资源优化调配，挖掘流域节水和配水潜力，以中部引嫩工程的水利工程调度为思路，提出相应的调配方案和补水优化方案，在对区域社会经济用水不产生较大压力的情况下，尽可能满足河沼系统生态需水要求，有效解决扎龙湿地水源短缺问题。

丰水年份扎龙湿地（滨洲线）水位变化如图 7-16 所示，从整体变化趋势上看，4 月、

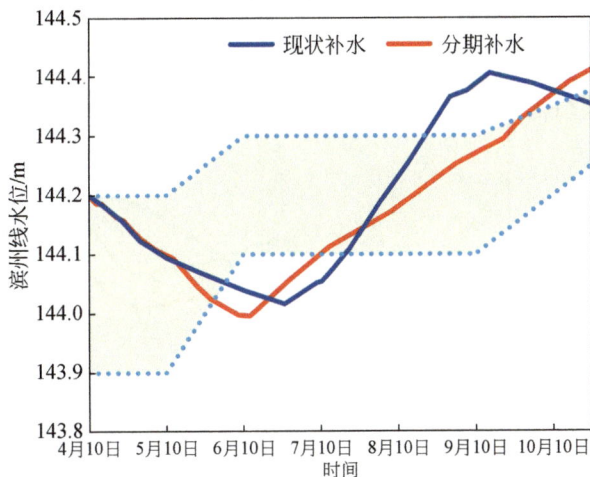

图 7-16　丰水年现状补水方案和分期补水方案扎龙湿地水位变化

5 月水位持续降低，现状补水方案下 6 月上旬水位开始缓慢升高，而分期补水方案至 6 月下旬起水位逐渐上升，这是由于沼泽内部水分运移缓慢，沼泽水位变化具有滞后性。丰水年份汛期水位上升加快，分期补水方案逐渐超过现状补水方案水位，且冰封前水位超过 144.4m，而现状补水方案 9 月中旬达到最高水位后，至冰封前会缓慢回落。从生态水位达标情况来看，分期补水方案基本全年都达到生态水位要求。

平水年现状补水方案和分期补水方案扎龙湿地水位变化如图 7-17 所示，从变化趋势看，其中现状补水方案生态水位达标率 55.1%，分期补水方案达标率 65.2%。现状补水方案 6 月及冰封前期水位均无法达到生态水位要求，8 月、9 月水位偏高；分期补水方案 6、7 月水位有明显上升，但依旧无法达到生态水位需求，但冻前高水位能基本满足要求。

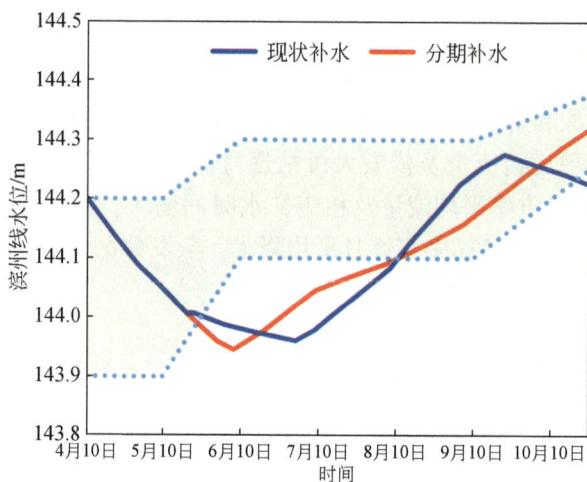

图 7-17　平水年现状补水方案和分期补水方案扎龙湿地水位变化

枯水年现状补水方案和分期补水方案扎龙湿地水位变化如图 7-18 所示，现状补水方

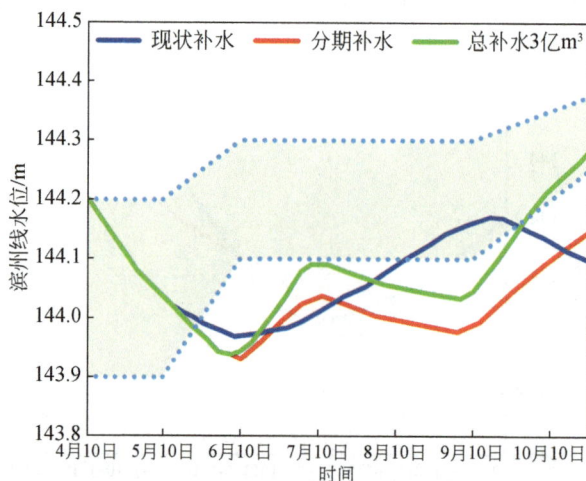

图 7-18　枯水年现状补水方案和分期补水方案扎龙湿地水位变化

案生态水位达标率 37.1%，分期补水方案达标率 26.4%；对于极端来水条件，各方案下沼泽湿地生态水位满足程度整体较低，分期补水方案无法满足冻前水位的要求，同时汛期生态水位不达标。现状补水方案整体达标情况与分期补水方案基本类似，且冻前高水位相比分期补水仅相差 8cm。

总体上，对于平水年，建议采用分期供水方案，即重点针对非汛期进行补水，同时分期供水时，建议采用东升水库与赵三亮子闸联合补水，缓解东升水库压力，提高补水效率。其中东升水库补水流量 23.8m³/s，赵三亮子闸补水流量 8.4m³/s；对于枯水年，建议增加补水量至 3 亿 m³/a，经由东升水库和赵三亮子闸联合补水，其中东升水库补水流量 23.8m³/s，赵三亮子闸补水流量 14.8m³/s；丰水年原则上采用分期补水方案，但补水量视具体情况而定，若降雨充沛且上游来水量较大，可考虑进一步削减补水量。

第8章 基于鸟类迁徙路径的 河沼系统连通性调控技术

本章从立体空间层面，提出区域尺度河沼系统水文连通性的优化调控策略。以丹顶鹤生境为重点研究对象，提出基于候鸟迁徙的松花江区水域连通性分析与调控方法，通过ArcGIS 等计算处理软件对松花江区的水域连通性进行分析，并结合实际情况提出若干调控方案，以期修复松花江区水域生态系统的功能现状。

8.1 丹顶鹤迁徙和栖息特征

丹顶鹤的繁殖地主要有黑龙江扎龙湿地、吉林向海湿地、兴凯湖等，中途停歇地主要有辽宁辽河口地区、山东黄河三角洲地区，越冬地主要有江苏盐城湿地等，其迁徙路径如图 8-1 所示。

图 8-1 松花江区主要生物栖息地及丹顶鹤迁徙路径

丹顶鹤的迁徙大多集中在春秋两季。其中，丹顶鹤春季迁徙期时长 32.5±3.5d，于每年 3 月中旬起，由南向北迁飞至松嫩平原，此时冰雪还未完全融化，气温较低，多在 4 月上旬迎来迁徙高峰时段，总体迁徙时长一般持续 1 个月左右。春季迁徙期集群多以 3、4 个家族群的方式活动，影响丹顶鹤春季迁徙期停歇地选择的因素主要为水面空间分布、气候要素、干扰要素、农田距离及其他水文要素。丹顶鹤春季迁徙期在松嫩平原的停歇地多为聚集性分布，多集中在松花江区的扎龙湿地、哈拉海湿地、向海湿地、图牧吉自然保护区、兴凯湖自然保护区等地。

此外，秋季迁徙期时长 47.5±0.5d，通常在 9 月中下旬飞至松嫩平原，停歇至 11 月初。丹顶鹤在秋季迁徙期的种群数量要明显小于春季，但影响丹顶鹤秋季迁徙期停歇地选择的因素与春季相似，与春季迁徙期不同的是，秋季迁徙期丹顶鹤活动方式更加分散，通常在停歇地内随机分布。

8.2 立体连通性重点保护区识别

根据第 3 章立体连通性现状分析结果，识别重点调控区，并提出调控方案。在调控过程中，结合研究区域的流域属性、地形地貌、人类活动以及土地利用现状等因素，识别现状条件下已连通区域内的重点保护区及未连通区域内的重点恢复区，形成连通性的调控方案。本研究选取 2018 年为现状年，采取"双重点区域"的方法，对黑龙江流域现状条件下的湿地格局进行恢复调控。

根据松花江区 2018 年水域连通区域分布现状，概化得到丹顶鹤在连通区域内的飞行轨迹如图 8-2（a）所示，计算得到水域连通路径共计 60 条。根据丹顶鹤的飞行轨迹，结合区域分布格局及水域生态系统功能需求，识别出了 5 处重点保护区，如图 8-2（b）所示。重点保护区是在研究区域立体连通的现状条件下，结合区域连通特点，有效保护丹顶鹤栖息区域的连通面积与连通路径筛选出的重点区域。从图中可以发现，识别出的重点保

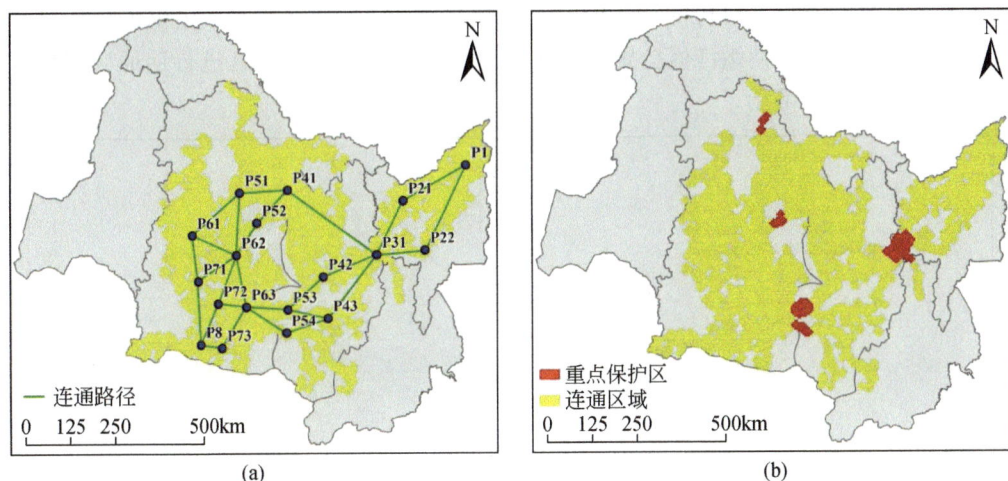

(a) (b)

图 8-2 连通路径现状及重点保护区识别

护区主要集中在嫩江区与松花江干流区，处于满足丹顶鹤栖息区域连通面积与连通路径的关键区域。从社会角度考虑，该区域人类活动频繁，自然环境受人类干扰十分剧烈，湿地系统相对脆弱，为保证现状条件下的立体空间连通性不被破坏，应提高保护力度。从空间角度考虑，筛选出的重点保护区处于连通丹顶鹤栖息区域的关键区域，分别连通三江平原湿地、黑龙江干流流域和西流松花江流域等地区，为湿地系统的立体空间连通性提供着重要保障。

8.3 连通性调控方案及预期效果

8.3.1 调控方案设置

基于松花江区 2018 年水域连通区域分布情况，结合不满足丹顶鹤栖息与迁徙的区域土地利用现状，筛选出可以显著增加丹顶鹤栖息与迁徙区域连通面积与连通路径的重点恢复区（图 8-3 和图 8-4）。在筛选重点恢复区的过程中，根据可行性和难易程度设置了"高–中–低" 3 种递进式调控方案。

方案（a）：高可行性，修复现有小水域，扩大潜在栖息面积。该方案可行性较高，在能够显著增加连通面积的关键节点上，根据历史水面状况，扩大现有不满足栖息条件的小水域面积，从而使生态环境得到改善后的水域满足丹顶鹤的栖息条件。

方案（b）：中可行性，开发可改造土地，提升潜在迁徙路径。方案（b）在方案（a）的基础上进行调控，可行性相较方案（a）难度增大。在能够增加丹顶鹤迁徙路径的关键节点上，综合考虑历史土地利用状况及政策影响因素，选取合适的区域，将旱地、林地、草地等可改造土地利用类型开发成为满足丹顶鹤栖息与迁徙条件的水域。

方案（c）：低可行性，增强跨流域连通，挖掘潜在连通可能。方案（c）在方案（b）的基础上再次进行调控，可行性难度较大。针对 2018 年较 1980 年水域萎缩的区域进行恢复，并通过人工手段，使嫩江区分别与黑龙江干流区和额尔古纳河区进行连通，提出一种大幅度提升连通性的可能。

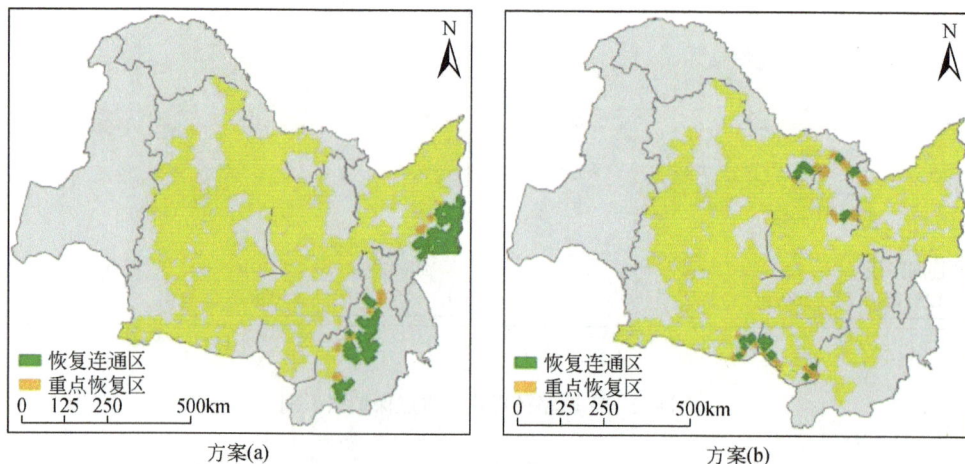

方案(a)

方案(b)

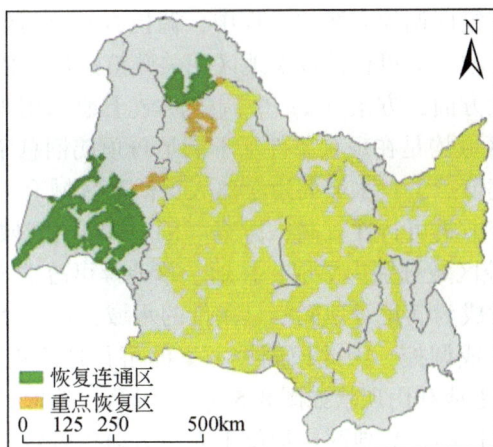

方案(c)

图 8-3　各调控情景下的恢复区域调控结果对比

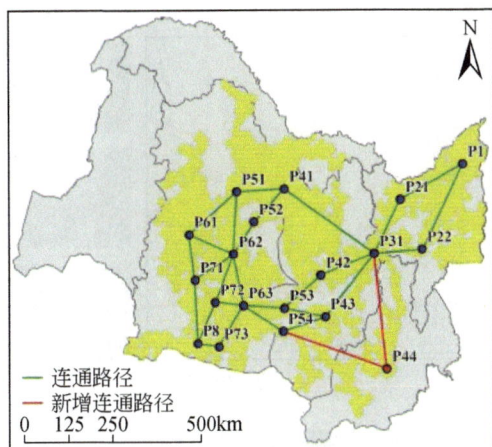

方案(a)

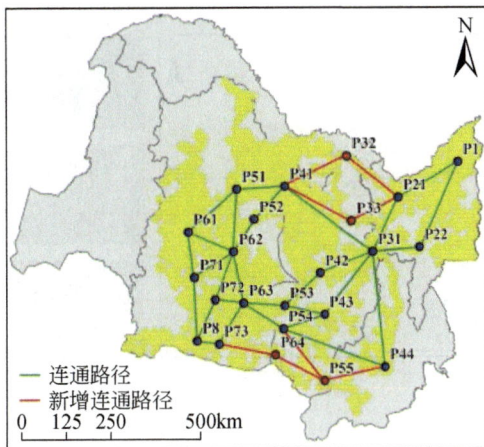

方案(b)

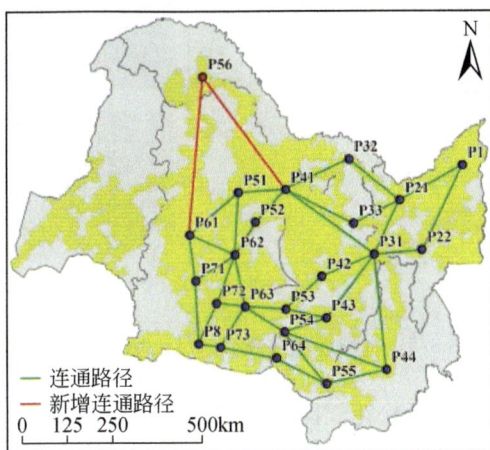

方案(c)

图 8-4　各调控情境下的恢复路径调控结果对比

本研究在提出重点恢复区调控方案的过程中，调控方案可行性"高–中–低"的设定，是以现状条件下土地利用改变的可行性以及地区相关政策法规为依据进行判断的。

在土地利用可调控性方面，方案（a）中调控区域土地利用现状的遥感影像如图 8-5（a）所示，选取的调控区域均是在现状条件下不满足丹顶鹤栖息条件的小水域面积，且均处于水域连通面积的关键节点上，水域周边距离人类活动区域有一定距离，具备水域适度扩张的条件，因此该调控方案可行性较高；方案（b）中调控区域的土地利用现状如图 8-5（b）所示，选取的调控区域分别为旱地、林地、草地等可改造土地利用类型，力图通过工程措施将上述区域开发成为满足丹顶鹤栖息条件的水域，该方案需要综合考虑区域发展规划，在政策的支持下完成调控，因此该调控方案的可行性难度较方案（a）略有升高；方案（c）中调控区域的土地利用现状如图 8-5（c）所示，选取的区域集中在嫩江区、黑龙江干流区和额尔古纳河区的边界地区，均位于人类活动相对较少的山区，需要一定工程措施和非工程措施并举，克服施工技术、水文条件、自然地理等多方面因素，使嫩江区分别与黑龙江干流区和额尔古纳河区进行跨流域的连通，目前来看该调控方案的可能性难度很大，但有机会大幅度提升松花江区的水域连通性。

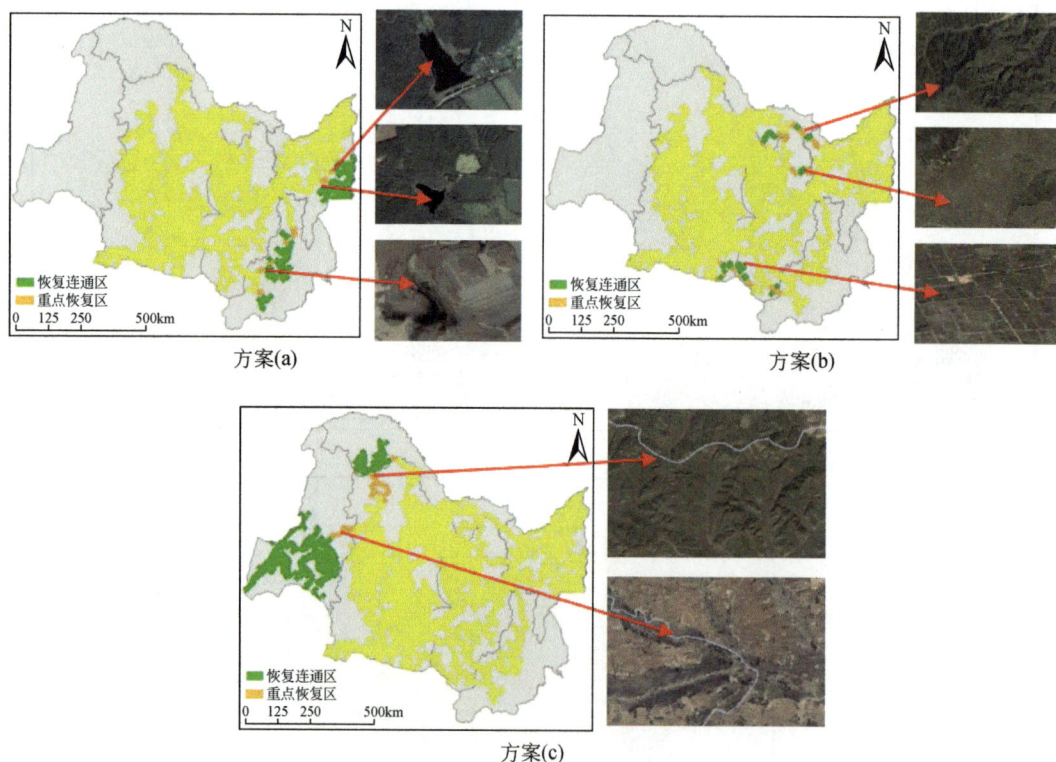

方案(a)

方案(b)

方案(c)

图 8-5　水域连通性调控区域土地利用现状

在相关政策法规方面，由于松花江区水域中沼泽湿地的面积占比超过六成，且沼泽湿地的保护对于水域生态系统功能健康状况具有至关重要的作用，因此松花江区所在地的政府机构对于沼泽湿地的保护与修复也格外关注。例如，1998 年黑龙江省政府颁布的《关于加强湿地保护的决定》，对于区域湿地系统面积的扩张与修复具有重要指导意义；此外，《黑龙江湿地保护条例》也提出了退耕还湿等相关政策，使区域生态安全得到了有效的保障。随着近些年经济社会的不断发展，在各类湿地资源严重退化的问题逐渐得到了政府重视的同时，野生动物生存环境的保护与修复也得到了更多的关注。

8.3.2 调控预期效果

松花江区基于候鸟迁徙的水域连通性调控结果及预期效果如表 8-1 和图 8-6 所示。在方案（a）的调控模式下，需要重点恢复的区域面积为 5025km²，可以恢复连通的区域面积 26211km²，从而实现调控后连通区域面积达到 333950km²，水域连通性指数从调控前的 35.1% 提升至 38.7%，增加幅度达到 10.3%；在方案（b）的调控模式下，需要重点恢复的区域面积为 13525km²，可以恢复连通的区域面积为 34125km²，实现调控后连通区域面积达到 350375km²，水域连通性指数提升至 40.6%，相较方案（a）仅增加了 4.9%，但连通路径从调控前的 60 条，增加至调控后的 116 条，增加幅度达到 93.3%；在方案（c）的调控模式下，需要重点恢复的区域面积为 20750km²，可以恢复连通的区域面积大幅度增加为 87050km²，促使调控后的连通区域面积显著提升至 410525km²，水域连通性指数提升至 47.6%，连通路径增加至 131 条。

表 8-1　各调控情景下的评价结果

	重点恢复区面积/km²	恢复连通区面积/km²	调控后连通区域面积/km²	水域连通性指数/%	连通路径/条
2018 年	—	—	302725	35.08	60
方案（a）	5025	26211	333950	38.69	70
方案（b）	13525	34125	350375	40.61	116
方案（c）	20750	87050	410525	47.57	131

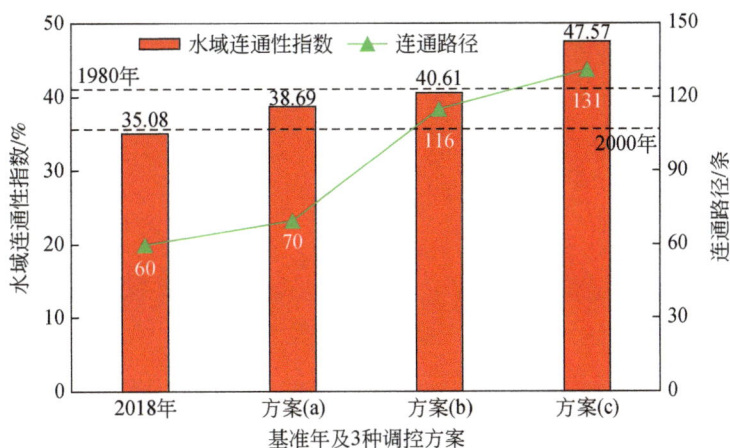

图 8-6　黑龙江流域立体连通性调控预期效果

　　进一步分析在不同方案调控后的预期效果，可以发现方案（a）通过小水域的生态修复，一方面使三江平原地区恢复大面积连通，另一方面使西流松花江流域和牡丹江流域增加一定连通区域，相较 2018 年水域连通性指数得到显著提升，但连通路径数量增加不明显；方案（b）通过可改造土地的开发利用，可以在方案（a）的基础上进一步小幅度提升连通区域，使水域连通性指数提升至接近 1980 年的水平，此外还能更加有效地在松花江区内部的北、中、南地区增加三条可迁徙路径；方案（c）通过实现跨流域连通，可以再次大幅度提升整个区域的水域连通面积和连通路径。

　　考虑到 1980 年之后松花江区社会经济开始高速发展，人类活动强度迅速提升，农垦开发规模大幅度扩张，对于水域生态系统的破坏也越来越显著。因此本研究将 1980 年的水域连通状况视为适宜标准，分别对比 2018 年和 3 种调控方案下的基于候鸟迁徙的连通性指数与 1980 年的变化情况，从而得出水域生态系统退化程度，并总结不同调控方案的恢复效果。通过比较发现，2018 年水域连通性指数较 1980 年下降了 15.0%，方案（a）和方案（b）分别仅比 1980 年的水域连通性指数下降了 6.3% 和 1.7%，而方案（c）的水域连通性较 1980 年上升了 15.3%。综上所述，在当前工程能力与政策法规的综合作用下，参考调控方案的可行性分析，确定前文提出的方案（b）是优先可行的，在该调控方案下松花江区的水域连通性能恢复至 20 世纪 80 年代的水平，而方案（c）提出了一种大幅度提升松花江区水域连通性的可能。

|第9章| 寒区河沼系统空间格局修复技术

为缓解农垦开发对沼泽湿地的不利影响，本章以三江平原七星河湿地为典型研究区，基于水文-水动力耦合模型，模拟不同农垦开发情景下的湿地生态水文过程，并基于湿地生态水位满足程度，评价不同开发强度下的湿地生态响应，筛选河沼系统空间格局修复方案，为退耕还湿、引水补湿等工程建设提供科学支撑。

9.1 不同农垦开发情景下的流域水文过程对比

9.1.1 农垦开发情景设置

农垦开发通过改变下垫面影响产汇流过程，进而对流域水文过程产生影响。为了探究七星河流域最佳土地利用格局，解决当前七星河湿地所面临的生态问题。本研究采用情景模拟法，结合当前七星河湿地的农垦开发现状，对七星河流域土地利用格局进行调整。按照耕地、林地、草地、城镇用地、沼泽湿地5种土地利用类型对现有七星河湿地以外的流域土地进行划分，分别设置13组情景，如表9-1所示。

表9-1 七星河流域不同情景土地利用类型占比

土地类型占比	耕地/%	林地/%	草地/%	城镇用地/%	沼泽湿地/%	耕地/沼泽湿地
情景1	65.08	31.26	1.12	2.54	0.00	全是耕地
情景2	59.16	31.26	1.12	2.54	5.92	10：1
情景3	57.85	31.26	1.12	2.54	7.23	8：1
情景4	55.78	31.26	1.12	2.54	9.30	6：1
情景5	52.06	31.26	1.12	2.54	13.02	4：1
情景6	43.39	31.26	1.12	2.54	21.69	2：1
情景7	32.54	31.26	1.12	2.54	32.54	1：1
情景8	21.69	31.26	1.12	2.54	43.39	1：2
情景9	13.02	31.26	1.12	2.54	52.06	1：4
情景10	9.30	31.26	1.12	2.54	55.78	1：6
情景11	7.23	31.26	1.12	2.54	57.85	1：8
情景12	5.92	31.26	1.12	2.54	59.16	1：10
情景13	0.00	31.26	1.12	2.54	65.08	全是湿地

情景设置以七星河流域林地、草地、城镇用地面积占比不变为基本条件，对沼泽湿地和耕地的比例进行调整。为了找到七星河流域最优土地利用情景，分别设置沼泽湿地全部开垦为耕地和耕地全部转化为沼泽湿地两种极端情景作为首组和末组情景，其余情景分别按照耕地与沼泽面积之比为 10∶1、8∶1、6∶1 时对流域内沼泽的面积占比进行逐步提升，共设置 13 组情景。

9.1.2　不同情景下流域水文变异过程

基于已构建的七星河流域水文–水动力模型，采用七星河流域平水年气象条件作为输入条件，细致模拟了 13 组情景下流域径流变异情况。农垦开发对七星河湿地带来的主要影响是汛期径流的激增以及入湿地流量的不稳定。通过水文–水动力耦合模型，对七星河流域 6～9 月汛期入湿地径流过程进行提取，如图 9-1 所示。可以发现，随着流域内湿地面积占比的不断提升，从情景 1 到情景 13，汛期入湿地日径流峰值在不断降低，径流过程波动显著降低。

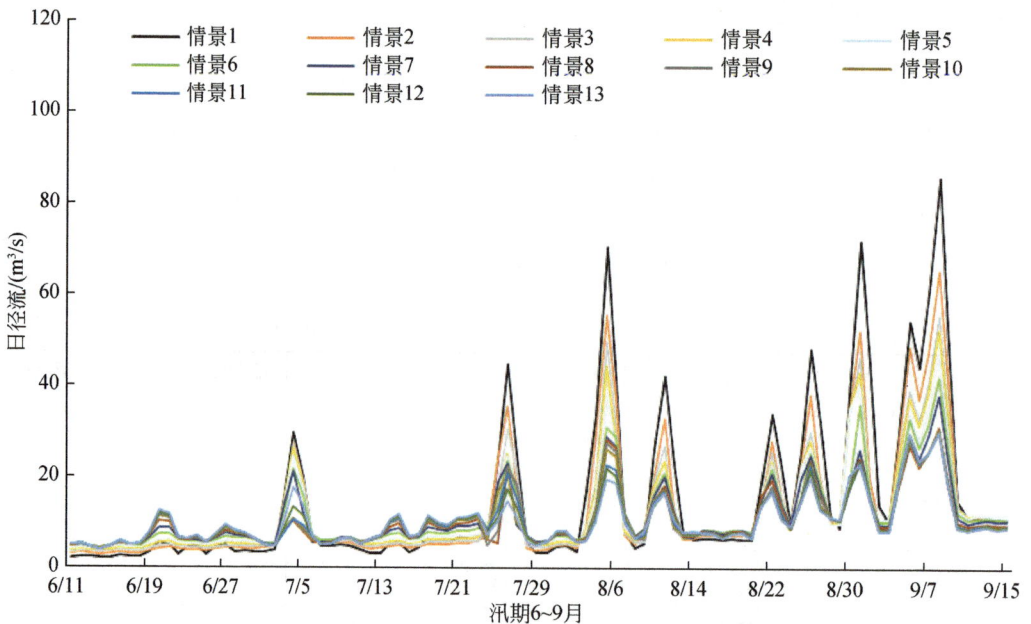

图 9-1　七星河流域不同农垦开发情景下汛期入湿地径流变化过程

七星河流域不同农垦开发情景下的水文变异情况如表 9-2 所示，可以发现，随着农垦开发的加剧，七星河流域全年水资源量在不断减少，从情景 13 到情景 1，年径流由 3.348 亿 m^3 下降至 2.333 亿 m^3。从日径流过程来看，随着农垦开发的加剧，日径流波动逐渐增强，日径流变差系数由情景 13 的 0.96 增加至情景 1 的 1.35。在汛期，径流极值比在湿地不断开垦为农田的过程中显著增大，从情景 13 的 7.48 增加至情景 1 的 41.18。

以上结果表明，在极端条件下，当流域内除现有七星河湿地以外的土地利用类型由沼泽湿地全部转化为农田，流域水资源量将锐减 21.4%，汛期径流极值比提高逾 5 倍。

表 9-2　七星河流域不同农垦开发情景下水文变异情况

土地类型占比	耕地/%	沼泽湿地/%	林草等/%	资源量/亿 m³	汛期径流极值比	日径流变差系数
情景 1	65.08	0.00	34.92	2.333	41.18	1.35
情景 2	59.16	5.92	34.92	2.345	21.95	1.29
情景 3	57.85	7.23	34.92	2.403	16.45	1.16
情景 4	55.78	9.30	34.92	2.502	13.78	1.12
情景 5	52.06	13.02	34.92	2.575	11.46	1.10
情景 6	43.39	21.69	34.92	2.679	9.94	1.10
情景 7	32.54	32.54	34.92	2.824	9.10	1.08
情景 8	21.69	43.39	34.92	2.964	7.59	1.06
情景 9	13.02	52.06	34.92	3.103	7.56	1.03
情景 10	9.30	55.78	34.92	3.175	7.52	1.02
情景 11	7.23	57.85	34.92	3.207	7.53	1.00
情景 12	5.92	59.16	34.92	3.228	7.51	0.97
情景 13	0.00	65.08	34.92	3.348	7.48	0.96

9.2　湿地水文生态过程模拟与分析

9.2.1　不同情景湿地水位变异过程

在 13 组农垦开发情景下，通过水文–水动力模型分别对不同农垦开发情景下七星河湿地平水年水动力过程进行模拟，对 13 组情景下的湿地核心区水位变化过程分别进行提取，结果如图 9-2 所示。

总体来看，在 13 组情景下，七星河湿地核心区水位变化情况差异十分显著。情景 1 ~ 情景 6 湿地核心区水位波动剧烈，全年日水位极值差均达到 0.6m 以上，其中情景 1 的全年日水位极值差最大，达到 0.96m。情景 7 ~ 情景 13 核心区全年水位波动则相对较小，全年日水位极值差均在 0.5 ~ 0.6m。

5 ~ 6 月处于七星河流域农业灌溉时期，同时这一时期降水较少，导致该时段内流域农业供水和湿地生态需水矛盾最为突出。由图 9-2 可以发现，情景 1 ~ 情景 7 在 5 ~ 6 月湿地核心区水位均出现不同程度的下降，情景 8 ~ 情景 13 在该时段内核心区水位无明显变化。7 月到 8 月中旬为该流域灌溉期与汛期的重叠时期，由于降水的增多，各情景之下的核心区水位均逐步回升，但耕地面积占比较高的情景水位回升速度较慢，湿地核心区长期处于低水位状态。随着主汛期的到来，在排水沟道的快速汇水作用之下，情景 1 ~ 情景 7

之下的核心区水位发生突变，在短时间内达到最大值，情景 1 的核心区水位变化尤为剧烈，水位峰值达到 59.11m。在 11 月封冻前期，由于湿地出口泄流能力有限，各情景下的水位均缓慢回落，情景 1~情景 4 湿地核心区水位明显壅高。

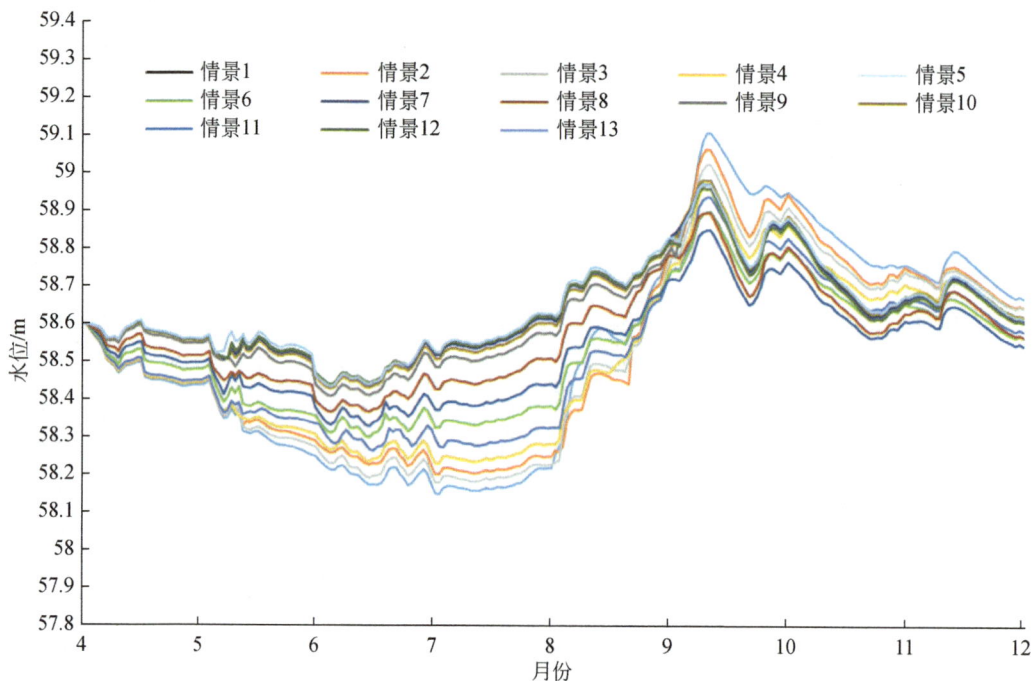

图 9-2　七星河湿地核心区不同情景下水位变化过程

以上结果表明，随着农垦开发规模的逐步扩大，湿地内的水位波动越来越剧烈。农垦开发的加剧导致灌溉期生态需水和农业用水的矛盾更加突出，湿地的洪峰和洪量均显著上升，致使湿地生态更加脆弱。

9.2.2　不同情景湿地适宜水位评价

为了筛选出最优的土地利用情景，基于七星河湿地适宜生态水位阈值，对 13 组情景下的湿地水位过程进行评价，分别评价各农垦开发情景下湿地核心区在 4~5 月、6~8 月、9~10 月、11 月四个时段以及全年的生态水位保证率，如表 9-3 所示。

表 9-3　不同情景下湿地核心区生态水位保证情况

情景设置	耕地/沼泽湿地	全年保证率/%	4~5 月保证率/%	6~8 月保证率/%	9~10 月保证率/%	11 月保证率/%
情景 1	全是耕地	31.1	78.7	23.9	0.0	20.0
情景 2	10∶1	37.7	96.7	25.0	1.6	30.0
情景 3	8∶1	38.1	83.6	28.3	6.6	40.0

续表

情景设置	耕地/沼泽湿地	全年 保证率/%	4～5月 保证率/%	6～8月 保证率/%	9～10月 保证率/%	11月 保证率/%
情景4	6：1	49.2	100.0	29.3	19.7	66.7
情景5	4：1	64.8	100.0	58.7	29.5	83.3
情景6	2：1	79.5	100.0	97.8	32.8	76.7
情景7	1：1	80.7	100.0	94.6	49.2	63.3
情景8	1：2	79.1	100.0	89.1	42.6	80.0
情景9	1：4	74.2	100.0	84.8	29.5	80.0
情景10	1：6	70.1	96.7	79.3	27.9	73.3
情景11	1：8	70.5	96.7	77.2	31.1	76.7
情景12	1：10	71.3	96.7	78.3	31.1	80.0
情景13	全是湿地	70.1	95.1	79.3	29.5	73.3

综合分析图9-2和表9-3可以发现，情景1在全年和各时段的湿地核心区适宜生态水位保证情况均为最差，全年适宜生态水位保证率仅为31.1%。情景2～情景4湿地核心区适宜生态水位保证情况较差，全年适宜生态水位保证率均低于50%。除4～5月外，情景1～情景4在其他时段适宜生态水位保证率均远低于其他情景，主要由于湿地核心区水位在6～8月长期较低，9～10月水位陡增且持续雍高导致。情景6～情景13湿地核心区适宜生态水位保证率较好，全年适宜生态水位保证率均超过70%。其中情景6～情景8湿地核心区适宜生态水位保证情况最好，3种情景之下，全年适宜生态水位保证率均在80%左右，且相差并不明显。

根据不同情景的土地利用类型占比，绘制土地利用类型占比-适宜生态水位保证率关系图，如图9-3所示。可以发现，在除当前湿地范围以外的七星河流域内，在林地、草地、城镇用地面积占比不变的情况下，随着沼泽湿地面积占比的逐步提升，七星河湿地全年适宜生态水位保证率呈现出先上升后趋于平缓的趋势，耕地沼泽比低于2：1后，适宜生态水位保证率趋于平缓，维持在70%以上。在情景6～情景8，适宜生态水位保证率达到最大值。这表明，当耕地与沼泽湿地面积比例达到2：1至1：2之间时，七星河湿地水位过程能够达到较为理想的状态，对湿地生态能够起到较好的维持作用。

考虑到三江平原是我国重要的粮食产区，对于保障我国粮食安全具有重要价值。对于七星河流域来说，保障生态安全和粮食安全都具有同等重要的地位。湿地恢复在湿地生态得到充分保障的基础上，应最大限度保留耕地面积。因此，在维持现有七星河湿地、林地、草地、城镇用地面积不变的情况下，将七星河流域内耕地与沼泽湿地的面积调整为2：1最为适宜，即耕地面积与沼泽湿地面积应分别调整为1163km² 和581.37km²。

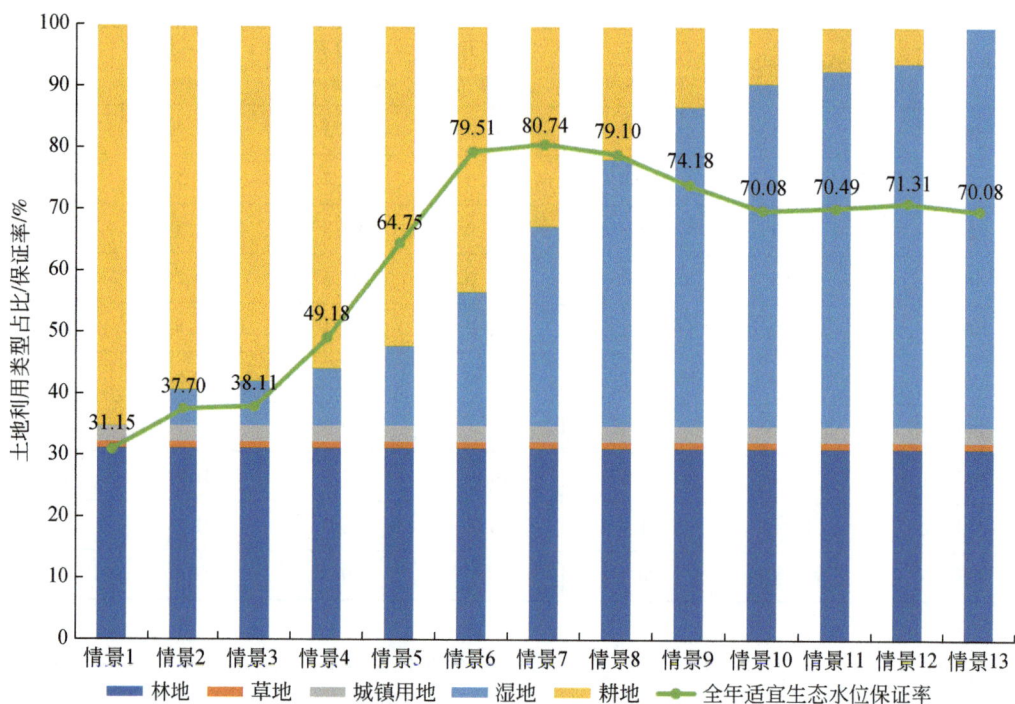

图 9-3　土地利用类型占比–适宜生态水位保证率关系图

9.3　湿地农垦开发格局调控措施

在确定七星河流域农垦开发对湿地生态水文过程影响机制的基础上，依据七星河湿地生态需求，通过多种措施对湿地水文过程进行调控，对于湿地生境的恢复、生态结构的稳定和物种多样性的提升具有重要价值，有助于从根源上解决七星河湿地当前面临的生态环境问题，保障湿地的生态安全。

（1）合理确定农垦开发规模，大力实施退耕还湿

大规模的农垦开发导致七星河湿地来水严重不均，剧烈的水位波动是当前湿地生态环境面临的首要威胁。农垦开发通过改变下垫面、增加取用水、沟道排水等方式，从根本上对流域的径流过程进行改变，进而影响湿地的水位过程，造成湿地水位的异常波动。过高或过低的水位均会对湿地生态造成冲击，致使生态系统更加脆弱。

退耕还湿是当前最有效的手段，适度减小耕地面积有利于流域的长期稳定发展，可以缓解当前流域灌溉期湿地来水不足，以及汛期湿地水位持续壅高的现状。同时退耕还湿可以有效提升湿地的蓄洪能力，有力应对七星河流域"连丰连枯"的气象条件，使得流域内地下水可以得到充分补给，解决当前农垦开发所引发的地下水漏斗问题。

（2）推广节水灌溉技术，提高农业用水效率

由于七星河流域水资源本底情况较好，且流域内土壤肥沃，农垦开发规模日益加剧。加之长期以来"以稻治涝"政策的推广，流域内水田大面积扩张，使得农业用水进一步增加。七星河流域长期以来一直采用大水漫灌的方式进行灌溉，农业用水效率较低，存在大量的渗漏以及无效蒸发。大规模的农垦开发加之长期的水资源浪费，导致七星河流域水资源赤字严重上升，湿地生态需水严重不足。

水资源是维持湿地生态稳定的决定性要素，推广节水技术有助于提高水资源的利用效率，提升流域内水资源的保有量，对于保障湿地生态需水具有重要意义。因此，应着力于提高当地居民的节水意识，对于旱地，大力推广喷灌、滴灌等技术，减少无效蒸发；对于水田，大力推广渠道防渗、低压输水等技术，降低渗漏率。

（3）扩大核心区面积，减少人为干扰

七星河湿地核心区是湿地的重点保护区域，为湿地内大量珍稀动物和植物提供了良好的栖息地和生长环境。当前七星河湿地面积较小，与其他大型湿地相比，物种的种类和数量相对较少，生态系统较为脆弱。白枕鹤、丹顶鹤、白琵鹭等重点保护性物种，对于人类活动较为敏感。核心区面积的不足，严重影响了众多鸟类繁殖、栖息、觅食的范围，导致其适宜生境范围下降，进而造成物种多样性的下降。

因此，应在退耕还湿的基础上，加快恢复湿地核心区面积。扩大湿地核心区有助于提升湿地的物种丰富度，提高湿地生态系统完整性，使湿地生态系统拥有更强的抗干扰能力。同时，管理部门应采取有效手段，确保核心区不受人类活动干扰，保障湿地生态系统的安全。

参 考 文 献

曹开银，丁海涛，邓超，等.2019.湿地水生植物对富营养化水体的净化效果研究.生物学杂志，36（1）：39-42.

陈敏建，王立群，丰华丽，等.2008.湿地生态水文结构理论与分析.生态学报，28（6）：2887-2893.

崔保山，蔡燕子，谢湉，等.2016.湿地水文连通的生态效应研究进展及发展趋势.北京师范大学学报（自然科学版），52（6）：738-746.

崔桢.2017.基于白鹤生境需求的湿地生态水文调控研究.北京：中国科学院大学硕士学位论文.

邓伟，白军红，等.2012.典型湿地系统格局演变与水生态过程：以黄淮海地区为例.北京：科学出版社.

董哲仁，张晶.2009.洪水脉冲的生态效应.水利学报，40（3）：281-288.

公雪婷，刘志红，阎奕维，等.2020.水文连通条件下向海湿地多水源补水研究.湿地科学，18（6）：719-723.

侯佳明.2020.基于改进阻隔系数法的全国主要河流纵向连通性评价.北京：中国水利水电科学研究院硕士学位论文.

胡胜杰，牛振国，张海英，等.2015.中国潜在湿地分布的模拟.科学通报，60（33）：3251-3263.

贾仰文，王浩，倪广恒，等.2005.分布式流域水文模型原理与实践.北京：中国水利水电出版社.

刘欢，胡鹏，王建华，等.2022.中国河流分区分类生态基流占比阈值确定.南水北调与水利科技（中英文），20（4）：748-756.

刘雪梅.2021.基于水动力-水质-水生态综合模型的查干湖多水源调控.北京：中国科学院大学博士学位论文.

孟博.2022.季节性冻土区地表水与地下水转化关系研究：以三江平原松花江流域为例.长春：吉林大学硕士学位论文.

那晓东.2014.中国东北典型沼泽湿地自然保护区遥感监测.北京：科学出版社.

齐云飞.2015.盘锦芦苇湿地多水源生态补水配置方案研究.东北水利水电，33（4）：19-21.

尚二萍，许尔琪，张红旗，等.2018.中国粮食主产区耕地土壤重金属时空变化与污染源分析.环境科学，39（10）：4670-4683.

孙才志，闫晓露.2014.基于 GIS-Logistic 耦合模型的下辽河平原景观格局变化驱动机制分析.生态学报，34（24）：7280-7292.

谭志强，李云良，张奇，等.2022.湖泊湿地水文过程研究进展.湖泊科学，34（1）：18-37.

陶蕊.2017.松嫩平原五种鹤迁徙期停歇栖息分布研究.哈尔滨：东北林业大学硕士学位论文.

田肖冉，姜宁，施巧，等.2022.基于改进年内展布法的河流生态流量研究.节水灌溉，（10）：31-36.

吴庆明，王磊，朱瑞萍，等.2016.基于 MAXENT 模型的丹顶鹤营巢生境适宜性分析——以扎龙保护区为例.生态学报，36（12）：3758-3764.

吴燕锋，章光新.2018.湿地生态水文模型研究综述.生态学报，38（7）：2588-2598.

肖协文，于秀波，潘明麒.2012.美国南佛罗里达大沼泽湿地恢复规划、实施及启示.湿地科学与管理，8（3）：31-35.

杨泽凡.2019.基于水流过程的河沼系统生态需水与调控措施研究.北京：中国水利水电科学研究院博士学位论文.

杨志峰，等.2012.湿地生态需水机理、模型和配置.北京：科学出版社.

杨志峰，于世伟，陈贺，等.2010. 基于栖息地突变分析的春汛期生态需水阈值模型. 水科学进展，21（4）：567-574.

杨志宏，邹红菲，邵淑丽，等.2020. 扎龙保护区圈养丹顶鹤野化飞行训练效果及影响因素. 野生动物学报，41（1）：125-131.

易雨君，徐嘉欣，宋劼，等.2022. 黄河河口区生态需水量及流量过程核算. 水资源保护，38（1）：133-140.

张弛，王明君，于冰，等.2021. 松辽流域水资源综合调控研究进展与四大难题探究. 水利学报，52（11）：1379-1388.

章光新，等.2014. 湿地生态水文与水资源管理. 北京：科学出版社.

章光新，武瑶，吴燕锋，等.2018. 湿地生态水文学研究综述. 水科学进展，29（5）：737-749.

周翠宁，孙颖娜.2023. 一种适用于寒区河流生态需水量计算方法. 中国农村水利水电，（4）：46-53.

周林飞，许士国，李青山，等.2007. 扎龙湿地生态环境需水量安全阈值的研究. 水利学报，38（7）：845-851.

Chi T V, Lin C, Shern C C, et al. 2017. Contamination, ecological risk and source apportionment of heavy metals in sediments and water of a contaminated river in Taiwan. Ecological Indicators, 82：32-42.

Du Laing G, Rinklebe J, Vandecasteele B, et al. 2009. Trace metal behaviour in estuarine and riverine floodplain soils and sediments：A review. Science of the Total Environment, 407（13）：3972-3985.

Everitt B S. 1988. A Monte Carlo investigation of the likelihood ratio test for number of classes in latent class analysis. Multivariate Behavioral Research, 23（4）：531-538.

Haghighi A T, Kløve B. 2017. Design of environmental flow regimes to maintain lakes and wetlands in regions with high seasonal irrigation demand. Ecological Engineering, 100：120-129.

Hu P, Yang Z F, Zhu Q D, et al. 2021. Quantifying suitable dynamic water levels in marsh wetlands based on hydrodynamic modelling. Hydrological Processes, 35：e14054.

Jiao W, Ouyang W, Hao F, et al. 2014. Long-term cultivation impact on the heavy metal behavior in a reclaimed wetland, Northeast China. Journal of Soils Sediments, 14：567-576.

Liu Q, Liu J, Liu H, et al. 2020. Vegetation dynamics under water-level fluctuations：Implications for wetland restoration. Journal of Hydrology, 581：124418.

Martinez E, Nejadhashemi A P, Woznicki S A, et al. 2014. Modeling the hydrological significance of wetland restoration scenarios. Journal of Environmental Management, 133：121-134.

Todd M J, Muneepeerakul R, Pumo D, et al. 2010. Hydrological drivers of wetland vegetation community distribution within Everglades National Park, Florida. Advances in Water Resources, 33（10）：1279-1289.

Wang W Z, Hu P, Yang Z F, et al. 2022. Prediction of NDVI dynamics under different ecological water supplementation scenarios based on a long short-term memory network in the Zhalong Wetland, China. Journal of Hydrology, 608：127626.

Yin X N, Hu P, Zhou J G, et al. 2022. Environmental flow mechanism and management for river-lake-marsh systems. Hydrological Processes, 36（6）：e14629.

Zhang F, Li J, Zhang B, et al. 2018. A simple automated dynamic threshold extraction method for the classification of large water bodies from landsat-8 OLI water index images. International Journal of Remote Sensing, 39（11）：3429-3451.